农业技术与农村财务管理

主 编 李绍立 杜玉平 韩少卿

天津出版传媒集团
天津科学技术出版社

图书在版编目（CIP）数据

农业技术与农村财务管理 / 李绍立，杜玉平，韩少卿主编. --天津 ：天津科学技术出版社，2023. 3

ISBN 978-7-5742-0792-9

Ⅰ. ①农… Ⅱ. ①李… ②杜… ③韩… Ⅲ. ①农业技术②农村－财务管理－中国 Ⅳ. ①S②F322

中国国家版本馆 CIP 数据核字（2023）第 025814 号

农业技术与农村财务管理
NONGYE JISHU YU NONGCUN CAIWU GUANLI
责任编辑：韩　瑞
责任印制：兰　毅
出版：天津出版传媒集团 / 天津科学技术出版社
地址：天津市西康路 35 号
邮编：300051
电话：（022）23332390
网址：www. tjkjcbs. com. cn
发行：新华书店经销
印刷：涿州汇美亿浓印刷有限公司

开本 787×1092　1/16　印张 13　字数 320 000
2023 年 3 月第 1 版第 1 次印刷
定价：45. 00 元

编委会

前 言

我国经济在快速发展过程中，农业作为重要的组成部分。新形势下，为了推动我国农业的健康发展，需要充分意识到农业技术的应用的意义，有助于推动我国农业的快速发展。在农业种养生产过程中广泛运用农业技术，可以逐渐提高农业整体生产效率以及生产质量。而且有利于促进我国农业的可持续发展。

农业经济的发展与其自身的财务管理工作有着直接的联系，做好财务管理，可以很大程度上提升农业经济的竞争力。但就目前的经济形势来看，经济全球化进程不断加快，经济改革不断深入细化，在这样的背景下，农村财务管理面临了一些新情况和新问题，村级财务会计制度也发生了新的变化，农村财务管理需要进一步规范，农村经济组织财务管理水平需要进一步提高。同时对农业发展而言，风险一直存在于参与市场竞争的过程中，要想获得稳健、快速发展，必须做好财务管理工作，深化财务管理改革，促进农业经济的发展。

本书共9章，内容包括农作物的发育、产量与品质，农作物种植制度作物布局，农业品种的改良，农业生产技术，农业技术发展展望，村集体经济组织财务管理，家庭农场管理，农村审计，完善农村土地制度等内容。可作为农民培训教材和农村干部、财会人员培训教材，亦可供广大农村干部和普通农民自学使用。

编　者

目　录

农业技术篇

财务管理篇

农业技术篇

第一章 农作物的发育、产量与品质

第一节 农作物的生长发育

一、生长和发育的概念

（一）生长

生长是指作物个体、器官、组织和细胞在体积、重量和数量上的增加，是作物植株或器官由小到大、由轻到重的不可逆的数量增长过程，它是通过细胞分裂和伸长来完成的。作物的生长包括营养体（根、茎、叶）的生长和生殖体（花、果实、种子）的生长。风干种子在水中的吸胀，只是体积上的量变，不是通过细胞分裂和伸长来完成的数量增长过程，因而不是生长。

（二）发育

发育是指作物一生中其形态、结构、机能的质变过程，表现为细胞、组织和器官的分化，最终导致植株根、茎、叶和花、果实、种子的形成。发育是作物发生形态、结构和功能上质的变化，有时这种过程是可逆的，如幼穗分化、花芽分化、维管束发育、分蘖的产生、气孔发育等。现以叶的生长情况来解释生长和发育。叶的长、宽、厚、重的增加谓之生长；而叶脉、气孔等组织和细胞的分化则为发育。

（三）生长与发育的关系

作物的生长和发育是交织在一起进行的。没有生长便没有发育，没有发育也不会有进一步的生长，因此生长和发育是交替推进的。

在营养生长期间，若植株生长健壮，地下有强大的根系吸收水分和养分，地上有大量的绿色叶片制造并积累有机物质，就能促进生殖器官的生长发育。

营养生长和生殖生长彼此影响。由于营养生长和生殖生长在相当长的时间内交错在一起，并行生长。在同一个时间，根、茎、叶、果（穗）、种子等各自处于生育进程的不同时期，彼此之间不可避免地会发生相互影响。如小麦，在拔节时茎的节间迅速生长，穗在分化，而低位叶片已趋向老化。此时，若及时适量施肥浇水则有良好的增产效果；但如果施肥灌水过多，则往往造成营养生长过盛，茎叶徒长，植株倒伏，籽实反而不饱满。

（四）营养生长和生殖生长的调控

由于不同作物的收获器官不同，在促控植株的生长发育、调节营养生长和生殖生长上就要因作物而异。对于以果实或种子为收获对象的作物，在开花之前，重点要培育壮苗，使营养器官生长发育健壮，先“搭好丰产架子”，为花、果、种子的生长发育奠定物质基础，但也要注意防止营养器官生长过旺，以免进入生殖生长阶段时不能建立起生殖器官生长的优势。

二、作物的生育期和生育时期

（一）作物生育期的概念

作物从出苗到成熟之间的天数，称为作物的生育期。在生产上，由于作物收获的产品器官不同，生育期的计算方法也不同。根据收获对象的不同，有以下 4 种情况：

（1）收获籽粒。一般以籽粒为播种材料又以新的籽粒为收获对象的作物，其生育期是指籽粒播种后从出苗开始到成熟所经历的总天数。这类作物在生产上最多，如小麦、玉米、大豆、高粱等。

（2）收获营养体。对于以营养体为收获对象的作物，如麻类、薯类、牧草、绿肥、甘蔗、甜菜、烟草等，其生育期是指播种材料出苗到主产品收获适期的总天数。烟草的生育期是从出苗到“工艺成熟”之间的天数。

（3）育苗移栽。需要育秧（育苗）移栽的作物，如水稻、甘薯、烟草等，通常还将其生育期分为秧田（苗床）期和大田期。秧田（苗床）期是指从出苗到移栽的天数，大田期是指从移栽到成熟的天数。

（4）棉花。棉花具有无限生长习性，在棉花开始吐絮后，要持续很长时间才能收获完毕。一般将播种出苗至开始吐絮的天数称为生育期，而将播种到全田收获完毕的天数称为大田生育期。

（二）作物的生育时期

生育时期是指作物一生中植株外部形态呈现显著变化的若干时期。依此显著变化可将每种作物的一生划分为若干个生育时期。现将常见作物的生育时期介绍如下：

（1）稻、麦类。一般划分为出苗期、分蘖期、拔节期、孕穗期、抽穗期、开花期、成熟期。

（2）玉米。一般划分为出苗期、拔节期、大喇叭口期、抽雄期、开花期、吐丝期、成熟期。

（3）豆类。一般划分为出苗期、分枝期、开花期、结荚期、鼓粒期、成熟期。

（4）棉花。一般划分为出苗期、现蕾期、花铃期、吐絮期。

（5）油菜。一般划分为出苗期、现蕾抽薹期、开花期、成熟期。

对各种作物生育时期的划分，目前尚未完全统一，有的划分粗些，有的划分细些。例如，成熟期还可细划为乳熟期、蜡熟期和完熟期。

需要说明的是，在日常的生产和科研实践中，对作物的生育时期的含义有两种解释，一种是把各生育时期视为作物全田出现形态显著变化的植株达到规定百分率的日期，如出苗期是指出苗植株达到全田植株 50％的那一天，即某月某日；另一种是把每个生育时期看成出现显著形态变化后持续的一段时期，并以该时期开始到下一生育时期开始的前一天为止之间的天数计算，例如，分蘖期，即是指从分蘖开始的那一天起至拔节期开始前一天之间的天数。在进行科学试验记载时，常常采用前一种方法。关于达到各生育时期的“％”

标准，一般以10%为始期，以50%为盛期作为记载某生育时期的标准。

第二节　作物产量及其形成

一、作物产量

作物栽培的目的是获得较多的有经济价值的农产品，单位面积土地生产的农作物产品数量即为作物产量。通常把作物的产量分为生物产量和经济产量。

(一) 生物产量

作物利用太阳光能，通过光合作用，同化二氧化碳、水和无机物质，进行物质和能量的转化和积累，形成各种各样的有机物质。作物在整个生育期间生产和积累有机物的总量，即整个植株（一般不包括根系）的干物质重量称为生物产量。组成作物体的全部干物质中，有机物质占总干物质的90%～95%，其余为矿物质。因此，光合作用形成的有机物质的积累是农作物产量形成的主要物质基础。

1. 经济产量

经济产量是指单位面积上所获得的有经济价值的主产品数量，也就是生产上所说的产量。由于人们栽培目的所需要的主产品不同，不同作物所提供的产品器官也各不相同。如禾谷类、豆类和油料作物的主产品是籽粒；薯类作物的产品是块根或块茎；棉花是种子上的纤维；黄红麻为茎秆的韧皮纤维；甘蔗为蔗茎；甜菜为肉质根；烟草和茶叶是它们的叶片；绿肥、饲料作物是全部茎叶。同一作物因利用目的不同，产量概念也随之变化，如纤维用亚麻，产量是指麻皮产量；油用亚麻，产量是指种子产量。玉米作为粮食作物时，产量指籽粒产量；作饲料作物时，产量包括叶、茎、果穗等全部有机物质的产量。

2. 经济系数

一般情况下，作物的经济产量仅是生物产量的一部分。在一定的生物产量中，获得经济产量的多少，要看生物产量转化为经济产量的效率，这种转化效率称为经济系数或收获指数，即经济产量与生物产量的比率。在正常情况下，经济产量的高低与生物产量成正比，尤其是收获茎叶为目的的作物。收获指数是综合反应作物品种特性和栽培技术水平的指标。

不同类型作物经济系数差异较大，这与作物所收获的产品器官及其化学成分有关。一般以营养器官为主产品的作物（如薯类、烟草等），形成主产品过程简单，经济系数高。以生殖器官为主产品的作物（如禾谷类、豆类、油菜籽等），经济系数低。同样是收获种子的作物，主产品化学成分不同，经济系数也不同。以碳水化合物为主的，形成过程中消耗能量较少，经济系数较高；而产品以蛋白质和脂肪为主的，形成过程中消耗能量较多，经济系数较低。

二、产量构成因素及其形成

(一) 产量构成因素

作物产量是指单位土地面积上的作物群体的产量。作物产量可以分解为几个构成因素，并依作物种类而异。田间测产时，只要测得各构成因素的平均值，便可计算出理论产量。由于该方法易于操作，在作物栽培及育种中被广泛采用。

（二）产量形成的特点

作物的产量构成因素是在作物整个生长发育期内随着生育进程依次重叠而成。不同作物由于收获的产品器官不同而具有不同的产量形成特点，可归纳为两个类型。

1. 收获营养器官的作物

麻类作物、烟草、饲料作物等，收获产品是茎、叶，主要在营养生长期收获。栽培管理技术相对简单，不需协调营养生长与生殖生长的矛盾。特别是绿肥、饲料作物，以争取最大生物产量为目标。烟草、麻类作物在生育前期和中期，采用合理密度、水肥管理等各项栽培措施，以使营养器官迅速而均匀地生长为主，同时须考虑品质形成。

薯类作物以地下部肥大的薯块作为主要收获物。薯块的形成与膨大，主要依靠茎的髓部和根的中柱部分形成层活动产生大量薄壁细胞，随着薄壁细胞体积增大和细胞中积储营养物质，根、茎体积随之膨大增粗。薯块形成的迟早、数量多少、形成后膨大持续期长短与速度等，决定着薯块产量的形成过程及最终产量。在产量形成过程中，需要经过比较明显的光合器官的形成、储藏器官的分化和膨大等时期，要求前期有较大的光合同化系统，才能有适宜的储藏器官分化及有利于储藏器官膨大的基础，最终获得理想产量。

2. 收获种子的作物

（1）禾谷类作物。这类作物产量构成因素需经历完整的生育前期、中期和后期 3 个阶段，各产量构成因素在生育进程中又依次重叠形成。产量构成因素的形成按穗数、每穗实粒数和粒重顺序进行，相互间又是重叠进行的。穗数形成从播种开始，分蘖期是决定阶段，拔节、孕穗期是巩固阶段。每穗实粒数取决于分化小花数、退化小花数、可孕小花数的受精率及结实率 4 个因素。每穗实粒数的形成开始于分蘖期，决定于幼穗分化期至抽穗期以及扬花、受精结实过程。粒重取决于籽粒容积以及充实度，主要决定时期是受精结实、果实发育成熟时期。

（2）双子叶作物。一般而言，单位面积的果数（如棉花铃数、油菜角果数、花生和大豆的荚数）取决于密度和单株成果数。因此，产量构成因素自播种出苗（或育苗移栽）就开始形成，中期和后期开花受精过程是决定阶段，果实发育期是巩固阶段。每果种子数开始于花芽分化，决定于果实发育。粒重（衣分、油分）决定于果实种子发育时期。这类作物在产量因素的形成过程中常是分化的花芽数多，结果少，或分化的胚珠数多，结子少，或籽粒充实度不够，饱粒少，千粒重低。其中大豆、棉花、蓖麻、花生是一种类型，它们的花果在植株上下各部都有（花生主要在下部），都是边开花结果，边进行营养器官生长，营养生长与生殖生长的矛盾比较突出，易发生蕾、花、果的脱落（花生则是能否入土和发育饱满的问题），结果数是影响产量的主要因素。另一类作物如向日葵、红花、油菜、芝麻、亚麻等，它们的果实着生在植株顶部或上部，在营养生长基本结束或结束之后（芝麻还有小部分营养生长）才开花结实，先开的花较易结实，后开的花常因环境已不适或植株衰老而不能结实，先结的果实中结子率高低常成为影响产量的主要因素。

三、提高作物产量的途径

（一）作物产量现状和潜力

提高作物对太阳能的利用率是农业生产上各种增产措施的主要目的。国内外学者从不同角度，根据光能利用的基本理论，均提出作物增产的潜力还是很大的，理论光能利用率的最大值为5%左右。

光能利用率不高的原因主要有：①漏光损失，作物从播种到出苗期间全部太阳辐射不能都被利用，苗期也由于很大一部分光照射在地面上而浪费，成熟期及以后，一部分光也要被浪费掉；②反射和透射损失，植物体包括叶片要将一部分光反射掉，透射损失较少；③光饱和现象，光照度超过光饱和点的那部分光，植物不能利用；④环境条件不适宜，如干旱、缺肥、温度过高或过低、涝害、二氧化碳浓度过低等，都降低光能利用率。

（二）提高光能利用率的途径

1. 选育高光合效率的品种

从提高光合效率的角度培育超高产品种，选择目标很复杂。因为具有高光合效率的作物群体，不仅整株的碳素同化能力强，更重要的是群体水平上的碳素同化能力强。这些光合性状的表现，涉及形态、解剖结构、生理生化代谢以及酶系统等各个层次。

研究表明，提高作物生产力，应从能提高群体光合生产力的性状来考虑，特别是根据植株形态特征、空间排列及各性状组合与产量形成的关系进行遗传改良，创造具有理想株型的新品种，对于提高作物产量潜力当有显著效果。如水稻半矮秆直立叶型、直立穗型品种，玉米紧凑型杂交种等，群体叶片反射损失明显减少，单位叶面积接受的太阳辐射量有所降低，量子效率提高，同时适宜密植，增加光合面积。已选育出玉米紧凑株型品种单产达到15 000 kg/hm^2以上，单季稻直立叶型品种单产达到13 200 kg/hm^2左右。目前在生理水平上提高光合效率的遗传改良重点正在向以下方向努力：改变光合色素的组成与数量，改造叶片的吸光特性，提高光饱和点，缓解光抑光合；改变二氧化碳固定酶，提高酶活性及对二氧化碳的亲和力。从研究现状看，在解剖结构和形态学水平上，育种者主要对叶色、叶形、叶片厚度、叶片伸展角度等形态特征相当重视。

2. 提高作物群体的光能截获量

提高作物群体的光能截获量主要是提高群体叶面积指数（LAI）和叶面积持续时间(LAD)。作物群体叶面积一生中需保持最适宜的叶面积指数，低于最适宜值，即光能未充分利用；高于最适宜值，群体过大，郁闭加重，导致减产。一般要求前期叶面积增长速度要快而稳，最大叶面积指数要适宜，高峰期限持续的时间较长，叶面积衰退缓慢。如高产优质棉花群体中叶面积指数的消长动态大致是：现蕾期为0.2，初花期为2左右，盛花期达高峰3.5左右，不宜超过4，并持续一个月左右的时间，吐絮期2.5左右。

3. 降低呼吸消耗

通过抑制光呼吸来提高净光合生产率，如3%的低氧条件下种植水稻，光呼吸受到抑制，干物重增加了54%。硫代硫酸钠、羟基甲烷磺酸、轻基－2－吡啶甲磺酸等化学药剂有抑制光呼吸的作用，但采用这些药剂喷洒，在大面积生产中尚未发现明显增产效果。总之，通过环境调控，防止逆境引起的呼吸过旺，减少光合产物损耗，是提高光合生产力的途径之一。

4. 改善栽培环境和栽培技术

作物的环境有两种，一是自然环境，包括气候、地形、土壤、生物、水文等因子，难以大规模加以控制；另一种是栽培环境，指不同程度人工控制和调节而发生改变的环境，即作物生长的小环境。作物产量潜力是由自身的遗传特性、生物学特性、生理生化过程等内在因素决定的，产量的表现受外部环境物质能量输入和作用效率所制约。

（1）复种与间作、套种。通过改一熟制为多熟制或采用再生稻等种植方式，采用间作套种的复合群体，既可以相对延长光合时间，有效地利用全年的太阳能，又能使得单位时间和单位面积上增加对太阳能的吸收量，减少反射、透射和漏射的损失。

（2）合理密植。使生长前期叶面积迅速扩大，生长中后期达到最适叶面积指数，且持续时间长，后期叶面积指数缓慢下降，增大叶面积，保持较高的光合速率，可提高大田光合产物总量。

（3）培育优良株型的群体。通过合理栽培，特别是延缓型或抑制型植物生长调节剂的使用，能在某种程度上改善作物株型和叶型，形成田间作物群体的最佳多层立体配置，造成群体上层和下层都有较好的光照条件。如棉花在旺盛生长期使用缩节胺对于调控株型、协调营养生长与生殖生长的矛盾十分有效。

（4）改善水肥条件。改善农田水肥条件，培育健壮的作物群体，可增强植株的光合能力。

（5）增加田间CO_2浓度。在大田生产中要注意合理密植及适宜的行向和行距，改善通风透光条件，促使空气中CO_2不断补充到群体内部，有利于增强光合作用。另外，在土壤中适当增施有机肥，有机肥分解时可放出CO_2。在温室和塑料大棚中施用CO_2（如干冰）可提高产量。

（6）使用植物生长调节剂。矮壮素、缩节胺、多效唑等植物生长延缓剂不仅可有效防止植株徒长，在培育壮苗、提高植株光合能力等方面也具有很好的作用。萘乙酸等植物生长促进剂，在水稻、小麦等作物的开花末期或灌浆初期喷施，可显著调节光合产物的分配方向，达到增加粒数、千粒重和产量的作用。

第三节 作物品质形成

一、作物产品品质及其评价指标

作物的品质是指收获目标产品达到某种用途要求的适合度。作物品质的优劣直接关系到产品对某种特定最终用途的适合性及其经济价值。

作物产品品质的评价标准，即所要求的品质内容因产品用途而异。对提供食物的作物，其品质主要包括食用品质和营养品质等方面；对经济作物而言，其品质主要包括工艺品质和加工品质等。

（1）食用品质。作物的食用品质是指蒸煮、口感和食味等特性。例如，稻谷加工后的精米，其内含物的90%左右均是淀粉，因此大米的食用品质在很大程度上取决于淀粉的理化性状，如直链淀粉含量、糊化温度、胶稠度、胀性和香味等。又如，小麦籽粒中含有多

量的面筋，面筋是麦谷蛋白和醇溶蛋白吸水膨胀形成的凝胶体。面团因有面筋而能拉长延伸，发酵后加热又变得多孔柔软。因此小麦的食用品质在很大程度上取决于面筋的特性，如麦谷蛋白和醇溶蛋白的含量及其比例等。

（2）营养品质。作物的营养品质是指蛋白质含量、氨基酸组成、维生素含量和微量元素含量等。营养品质也可归属于食用品质的范畴。一般来说，有益于人类健康的成分，如蛋白质、必需氨基酸、维生素和矿物质等的含量越高，则产品的营养品质就越好。例如，高赖氨酸玉米植株外观上与普通玉米没有什么不同，其主要特点是营养价值高，胚乳赖氨酸含量一般在0.4%以上，是普通玉米的2倍多。又如，小麦籽粒的蛋白质含量是小麦营养品质中最重要的指标，一等优质强筋小麦籽粒的蛋白质含量必须高于15%（干基）。

（3）工艺品质。作物的工艺品质是指影响产品质量的原材料特性，如棉纤维的长度、细度、整齐度、成熟度、转曲、强度等；烟叶的色泽、成熟度等外观品质也属于工艺品质。工艺品质不同可以加工成不同质量的产品，为了保证产品质量的稳定性，必须根据工艺品质对原材料进行分组。例如，棉花纤维长度与成纱指标有密切的关系，在其他品质指标相同时，纤维越长，其纺纱支数越高，强度越大。优质棉要求纤维长度在29～31mm。棉花纤维成熟度差时，纱布棉结多，染色性能较差，纺织价值较小。

（4）加工品质。作物的加工品质是指不明显影响加工产品质量，但对加工过程有影响的原材料特性。例如，糖料作物的含糖率、油料作物的含油率、棉花的衣分、向日葵和花生的出仁率，以及稻谷的出糙率和小麦的出粉率等，均属于与加工品质有关的性状。作物的加工品质会直接影响企业的效益。例如，大豆籽粒的脂肪含量不同，加工后单位重量的产油量也不同，尽管产出的油质量没有大的差异，但生产同样量的产品，加工费用会明显增加，使效益降低。又如，甜菜的含糖量低于规定要求，生产成本会大幅上升，甚至企业会因无利可图而拒绝收购。

二、提高作物产品品质的途径

（一）培育和选用优质作物品种

提高作物产品品质最根本的办法是培育选用品质优良的品种。近年来，国内外育种工作者十分重视对粮棉油等主要作物的品质育种，并已取得很大的成效，有的成果已得到推广，在生产上发挥了良好的作用。

粮食作物品质育种方向主要是提高蛋白质含量及改善氨基酸组成，特别是增加赖氨酸、色氨酸、苏氨酸等必需氨基酸的含量。现在，优质水稻和小麦品种的种植面积正日益扩大。

棉花纤维作为纺织工业原料，人们对其纤维品质一向比较重视。1949年以来，在我国主要棉区进行了4次大规模的品种更换工作，使棉花产量和品质得到大幅度的提高，在生产上起到了很大的作用。另外，今后随着无腺体棉育种的成功，对棉籽蛋由的开发利用日益引人注目。

油菜籽的产品主要是油和饼粕。目前已育成低芥酸和低硫代葡萄糖背的双低油菜新品种，提高了菜籽的含油量和营养价值，菜籽饼也由单纯作肥料而开发用作饲料，以促进畜牧业的发展。

培育优质作物品种主要有以下途径。

（1）利用常规育种改良作物品质。经过长期努力，品质育种的工作取得了长足的进步。例如，甜菜经过100多年的改良，含糖量已从6%提高到了24%。禾谷类作物中，不但蛋白质含量已经明显提高，而且已得到高赖氨酸的大麦、玉米和高粱品种，显著地提高了蛋白质的品质。

作物品质改良的主要障碍是品质与产量存在相互制约关系，如禾谷类作物的蛋白质含量与产量、油料作物的含油量与产量、棉花纤维强度与皮棉产量之间常呈负相关关系虽然这种关系并不是绝对的，但无疑会加大品质改良的难度。既高产又优质的农作物新品种是当今作物品质改良的重点发展方向。

另外，作物品质内部成分间也会出现相互制约现象。例如，大豆的含油量与蛋白质含量之间呈负相关关系。由于油分含量和蛋白质含量均是大豆品质的重要指标，因此在确立大豆育种目标时必须根据实际需要协调二者关系，或者有所取舍，即培育专用的高油大豆或高蛋白大豆。又如，水稻籽粒的蛋白质含量与食用口感之间常呈负相关，蛋白质含量越高，往往口感越差，因此在品质改良时要协调大米营养与食用口感之间的矛盾。

（2）利用生物技术改良作物品质。生物技术可将一些用传统育种方法无法培育出的性状通过基因工程的手段引入作物。例如，将单子叶作物中的性状导入双子叶作物中，或将双子叶作物中的性状导入单子叶作物中，以提高作物的营养价值，改进食用和非食用油料作物的脂肪酸成分等。

包括人在内的多数动物都不具有合成某些氨基酸的能力，因此必须从食物中获取这些必需氨基酸。谷物和豆类是人类必需氨基酸的主要来源，但种子所贮存的蛋白质中所含的氨基酸种类有限，特别是赖氨酸等必需氨基酸含量偏低，严重影响作物产品的品质。科学家正在如下方面开展品质改良工作：①将某作物的特定基因转到另一作物中，以提高相应作物中特定物质的含量。例如，通过分析发现，玉米的β－菜豆蛋白富含蛋氨酸，将此蛋内基因转入豆科植物中，就可以大大提高豆科植物种子贮存蛋白的蛋氨酸含量，而蛋氨酸正是豆科植物种子贮存蛋白所缺少的成分。②对种子贮存蛋白的编码基因进行改造，使其氨基酸组成发生改变。③用基因工程的方法提高种子中某种氨基酸的合成能力，从而提高相应的氨基酸在贮存蛋白中的含量。例如，可以对赖氨酸代谢途径中的各种酶进行修饰或加工，从而使细胞积累更大量的赖氨酸。

（3）品质优异的作物种质资源的利用。随着市场经济的发展，人们越来越重视对品质优异的作物种质资源的利用。例如，高油玉米新品种选育的材料主要来源于普通玉米，除了含油量高以外，高油玉米的其他生物学特性与普通玉米差别很小。

籼稻的直链淀粉含量通常明显高于粳稻，但当高直链淀粉含量品种与低含量品种杂交时，F_1 代的直链淀粉含量表现为中等含量，且不能固定地遗传下去，因此在水稻淀粉性质改良时需要一个直链淀粉含量中等的品种作亲本。大豆蛋白中的胰蛋白酶抑制剂会妨碍人体和动物对大豆蛋白的消化利用，甚至会引起胰脏肥大和含硫氨基酸短缺，在国外大豆资源中已发现了不含胰蛋白酶抑制剂的种质。在大豆成熟种子中，脂氧酶占蛋白质含量的1%～2%，脂氧酶的存在会使大豆蛋白制品产生豆腥味，降低豆制品的可食性和营养价值，因此应尽可能地将其降低或除去。消除脂氧酶活性，去除豆腥味的主要手段是加热处理。培育无脂氧酶的大豆则是消除豆腥味的根本方法。

（二）改善栽培技术措施

许多研究和生产实践表明，作物在生长发育过程中采取的种种栽培措施，几乎都能影

响产量和品质的形成，其中尤以轮作、施肥、灌溉排水、收获时期等影响较大。

作物通过合理轮作，可以消除和减轻土壤中有毒物质、病虫和杂草的危害，改善土壤结构，提高土壤肥力，有利于作物合理利用土壤养分，提高作物产量和品质。

在作物生育期中过量施用农药，作物中农药残留量过高，也会严重降低产品品质。大量研究表明，植物生长调节剂是改善籽粒灌浆，促进产量与品质提高的重要因素。例如，小麦灌浆期喷洒乙烯利、赤霉素、细胞分裂素可以提高籽粒蛋白质含量及面筋含量。在薯类作物植株生长中后期，施用植物生长调节剂可改善叶片光合性能，控制地上部分的生长，促进光合产物向产品器官转运，增加大中薯的比例，提高产量及淀粉含量。试验表明，植物生长调节剂也可调节营养元素，如氮素在各器官中的分配，从而改善大杆粒的品质。

第二章 农作物种植制度作物布局

第一节 种植制度与作物布局

一、种植制度的概念和特点

种植制度是耕作制度的核心部分，指一个地区或生产单位的作物布局与种植方式的综合，包括作物布局、复种和轮作（连作）问题。

合理的种植制度应体现当地生产条件下农作物种植的优化方案，具有以下 5 方面的特点。

(1) 注重提高土地利用效率和单位耕地面积的年生产力，能持续增产、稳产并提高经济效益。

(2) 以作物的生态适应性为基础。合理的种植制度应做到因地制宜，趋利避害，充分发挥当地的自然资源优势。

(3) 以多元多熟种植为途径。协调种植业内部粮、经、饲作物的关系，夏粮与秋粮的关系，主粮与辅粮的关系等，以及复种和间、混、套作等种植方式和技术。

(4) 考虑到社会经济因素。合理利用当地社会经济资源，协调国家、地方和农户之间对农产品的需求关系，促进畜牧业以及林、渔、副等产业的全面发展。

(5) 保护并改善资源与环境，保持农业的可持续发展。

二、资源与种植制度

一个地区或生产单位的农业生产潜力的大小，取决于自然资源和当地社会经济条件。因此，资源状况决定了种植制度。各地的热量、水分、土壤、地貌、植被等，是决定一个地区作物及其种植制度的基础。同时，在人类社会里，随着社会经济与科学技术的发展，最终形成了一个地区或生产单位的种植制度类型，乃至农业发展方向。

(一) 种植制度的类型

1. 按集约度划分

(1) 游耕制或撂荒制。人少地多，刀耕火种，几乎无投入的原始自然农业。土地开垦种植三五年即因杂草丛生或肥力退化而弃耕一二十年，土地利用率低于 50%。

(2) 休闲耕作制。土地种植 1～3 年，休闲 1～2 年，土地利用率为 20%～50%，适于降雨量少的半干旱地区或投入甚少的自然农业阶段。

(3) 常年耕作制。土地连年种植而不休闲，土地利用率达 100%。作物或实行连作，或与豆科作物轮作，有一定或较多的人工投入，有的现代化或科学化程度较高。

(4) 集约耕作制。人多地少，气候、土地条件良好，多为平原，人工投入多，科技水

平高，单产与产值高，土地利用率高，盛行多熟制或间套作。

2. 按种植业方向划分

（1）主粮型。离城市较远，工业不发达，农业比例高，人均耕地稍多，一般为平原或低丘，土壤适于粮作、旱作或灌溉农业。

（2）粮经型。除粮食外，经济作物较多。适于粮食基本能自给，而自然条件与市场等较宜发展经济作物的地方。投入多、积蓄多、商品率高、有一定的风险性。

（3）农牧型。除种植业外，以农产品及其副产品为饲料来源的畜牧业比例较大。适于人均粮食多、饲料来源广、有广阔的农产品市场或离城市工矿较近的地方。

（4）菜农型。适于城市郊区或特殊蔬菜生产地，多为灌溉地。粮食靠购入，投入高，产出收入也高。

（5）果农型。以种植果树为主。适于丘陵低山区，需有一定的运输与贮藏加工条件。

（6）混合型。兼有上述各种类型的优点。

3. 按水旱划分

（1）水田型。以水稻为主，单季稻或双季稻。要求气候温暖湿润，雨量或水源丰富，一般给水量在1000mm以上。适应于南方黏土，但北方非黏土也可种植。也适于平原或丘陵上的梯田。投入多、产出多、产值较高，以实行多熟为主。

（2）水浇地型。适于干旱到湿润地区，在旱地上实行人工灌溉，适于有水源保证的平原，投入高，一般实行一年两熟或三熟制。

（3）雨养型。无人工灌溉，只靠降雨种植，一般年降水量为450mm以上，半干旱地区采用较多，南方无灌溉的湿润区也有分布。在半干旱地区，一般一年一熟；在湿润或半湿润地区，也可两年三作或一年两作。投入较少，农业现代化程度较低，较粗放，产量较低。

4. 按熟制划分

（1）一年一熟制。盛行于生长期较短（100～160天）、积温少（≥10℃的积温少于4000℃）的地方；或生长期虽长，但雨季短，雨量少，又无灌溉的地方；或水热条件丰富，但人少地多的地方。

（2）一年多熟制。要求生长期160天以上，≥10℃的积温4000℃以上，雨量充沛或有灌溉，人多地少的地方。有旱旱两熟（如小麦－玉米）、水旱两熟（如小麦－水稻）、水田两熟（如双季稻）等。也有少量实行一年三熟制的，如麦－稻－稻、油菜－稻－稻、稻－稻－稻等。

（二）我国不同资源组合地区的种植制度类型

在我国，不同地区有不同的资源组合与需求关系，据此，大致可以找出不同地区的各种种植制度的类型。

（1）东北中温带半湿润地区。这里气候温和、土壤肥沃、人少地多，以常年耕作制为主；多禾本科（玉米、谷子、高粱）与豆科（大豆）轮作，水稻则以连作为主；为主粮型，主要是玉米、水稻、谷子、高粱、大豆；以一年一熟制为主；以雨养型为主，兼水田型。

（2）西北中温带半干旱地区。降水少（400～550mm），干旱与水土流失是主要威胁，以常年耕作制为主，有极少数的休闲耕作制；主粮型，以小麦、玉米以及其他杂粮等为主；一般为一年一熟制，雨养型；部分灌溉农业地区则实行集约耕作制，实行高产一年一熟或小麦玉米半间半套制。

（3）黄淮海平原暖温带半湿润地区。≥10℃积温在4000℃以上，以平原为主，水利较发达，以集约耕作制为主，精耕细作，部分为常年耕作制；多属水浇地型，少数为雨养型；粮经型，盛产小麦、玉米、棉花、花生、大豆、果品等；原以一年一熟与两年三熟为主，现一年两熟已占多数，为麦－玉米、麦－大豆、麦－棉等。

（4）南方中南亚热带湿润地区。≥10℃积温在4000～7000℃，年降水量为800～2000mm，人多地少，水热资源丰富。以集约耕作制为主，是世界上有名的精耕细作地区；以水田型为主；以粮为主，牧渔发达；以一年两熟或三熟为主，多双季稻、双季稻二熟制等。

（5）西南北中亚热带湿润多山地区。≥10℃积温在4500～6000℃，年降水量1000mm左右，人多地少，多山区、高原、丘陵。为半集约耕作制，部分地区仍较粗放；水田型与雨养型交叉；以主粮型为主，主要是水稻、玉米、薯类、油菜；多一年两熟制，部分为一年一熟制。

三、作物布局的含义与生产意义

（一）作物布局的含义

作物布局是指一个地区或生产单位作物组成与配置的总称。作物组成包括作物种类、品种、面积与比例等；配置是指作物在区域或田地上的分布，即解决种什么作物、种多少与种在哪里的问题。作物布局决定了种植制度的主要内容，是种植制度（从而也是耕作制度）的基础，复种、间套作、轮作等都是在作物组成的基础上进行的。

作物布局所指的范围可大可小，大到一个国家、省、市、县，小到一个自然村甚至一个农户；时间上可长可短，长的可以是5年、10年、20年的作物布局规划，短的可以是一年或一个生长季节作物的安排。作物布局是种植制度的主要内容与基础。作物组成确定后，才可以进一步安排适宜的种植方式，包括复种、间套作、轮作与连作等，因而不同的种植方式受作物布局制约，反过来作物布局本身也要受到复种、轮作等种植方式的影响。

（二）作物布局在生产上的意义

（1）作物布局是种植业较佳方案的体现。一个合理的作物布局方案应该综合气候、土壤等自然环境因子以及各种社会因素，统筹兼顾，以满足个人、集体、国家的需要，充分合理利用土地与其他自然与社会资源，以最小的投入，获得最大的经济、社会与生态效益。

（2）作物布局是农业生产布局的中心环节。农业生产是指农、林、牧、副、渔各部门生产的结构和地域上的分布，作物布局必须在整体的农业生产布局的指导下进行。另外，作物种植是农业生产的中心环节，尤其在我国，种植业在农业生产中占有重大比例，因此，作物布局关系到增产增收、资源的合理利用、农村建设、农林牧结合、多种经营、环境保护等农业发展的战略部署问题。

（3）作物布局是农业区划的主要依据与组成部分。综合农业区划必须以各种单项区划和专业区划为基础，农作物种植区划则是各种单项区划与专业区划的主体，而它是以作物

布局为前提。作物布局还是制定农业发展规划、土地利用规划、农业基本建设规划等各种农业规划的依据。

可见，作物布局是组织和领导农业生产的一项战略部署，也是一项复杂的、综合性很强的、影响全局的生产技术设计，必须认真对待，否则会顾此失彼，甚至导致全局被动。

四、作物布局的原则

合理的作物布局要根据以下一些基本原则。

(1) 统筹兼顾，全面安排，区域发展。根据国家计划和生产任务，结合本单位的具体条件和发展方向，确定本单位各种作物，特别是主要作物的种植面积和比例。要充分关心农民生活，增加集体和个人的收入，做到国家、集体、个人三兼顾。还要考虑扩大再生产对种子、肥料、饲料及副业原料的需要，经济收益、公共积累等方面的需要。某些工业原料作物，如棉花、甘蔗、烟草等要求气候、土壤严格，栽培技术也较复杂，可以适当集中管理。有些地区可建立某种作物的集中生产基地，有利于经营种植，发展商品生产。

(2) 掌握作物和品种特性，因地因土种植。作物布局要考虑到作物生产的严格季节性和强烈的地域性。气候和土壤具有地带性，地带性表现为两个方面：一是平面分布，二是垂直分布。按照气象学规律，随着地势每升高 100m，年平均气温下降 0.5～0.6℃；纬度每增高 1°，年平均气温下降 0.5～0.9℃。作物和熟制由低海拔到高海拔的垂直分布大致和由低纬度向高纬度的平面分布规律相似。在同一气候地带，因阳坡、阴坡不同以及地形土壤差异，作物分布也有不同。局部地形的变化，造成不同部分的土壤类型与水、肥、气、热条件的差异，影响作物的分布。南方地区的低山丘陵，上部由于雨水冲刷，水土流失，土层薄，缺水缺肥，一般为宜林宜牧地，不宜辟为耕地。中部坡地，水肥条件中等，土层较厚，种植早熟或较耐旱的作物，如早玉米、早大豆、甘薯、花生、大麦等。坡地下部以及丘陵之间的冲田，土层厚，比较肥沃，为良好耕地，多种植棉花、玉米、小麦等，有水利灌溉条件，则辟为水田，种植水稻。冲田或垄田也有上、中、下部位的不同。

(3) 适应生产条件，缓和劳畜力、水肥矛盾，提高劳动生产率。生产条件主要包括水利、肥料、劳力和农机具。水利条件是决定水旱作物比例的重要依据。在以手工操作为主的条件下，自然条件相同，劳力负担的面积则是决定熟制比例的主要依据。作物种类的合理安排和品种的巧妙搭配可以调节忙闲，错开季节，合理利用水肥及劳畜力。

(4) 坚持用地与养地相结合，实现农业可持续发展。实现农业可持续发展，保持农业生态平衡，核心就是养地水平与用地水平相适应。用地水平高，复种指数高，需肥面积大，则必须有相应的养地措施。要估算养分的收入与支出，力求达到作物内部的综合平衡。

(5) 坚持农牧结合、农林结合、种加结合，实现农业全面发展。要考虑农业全面发展，应以一业为主，各业配合，组成适合该地区的合理的农业生态系统。充分发挥资源优势和经济优势，提高农业的经济效益。

第二节　复种

一、复种的概念

农业生产中，增加作物产量有三种途径：一是扩大耕地面积；二是提高各种作物季单产；三是合理种植多种作物，利用多熟种植提高耕地的年单产。在一年内，于同一田地上前后或同时种植两种或两种以上作物称为多熟种植，也叫多作种植。多熟种植是国际上常用的概念，指时间和空间上的种植集约化。时间上的种植集约化方式有平播复种、移栽复种、再生复种；空间上的种植集约化方式有间作、混作；综合时间和空间上的种植集约化种植方式则为套作。

复种（sequential cropping）是指同一年内在同一块田地上种植或收获两季或两季以上作物的种植方式。

复种方法有多种，常见的复种方式有平播（sowing/planting after previous crop harvesting）和套作（relay intercropping）两种。平播是在上茬作物收获后直接播种下茬作物，套作是在上茬作物收获前，将下茬作物套种在其株间或行间。此外，还可以用移栽（transplanting）和再生（ratoon）来实现复种。

根据一年内在同一田块上种植作物的季数，把一年种植二季作物称为一年两熟，如冬小麦—夏玉米；种植三季作物称为一年三熟，如绿肥（小麦或油菜）—早稻—晚稻；两年内种植三季作物，称为两年三熟，如春玉米→冬小麦—夏甘薯（符号“→”表示年间作物接茬种植，“—”表示年内接茬种植，“/”表示套种）。熟制是我国对耕地利用程度的另一种表示方法，它以年为单位表示种植的季数。如一年三熟、一年二熟、两年三熟、一年一熟、五年四熟等都称为熟制，其中对播种面积大于耕地面积的熟制，如前三种，又统称为多熟制。

为表明大面积耕地复种程度的高低，通常用“复种指数”来表示，即全年作物收获总面积占耕地面积的百分比。公式为：复种指数（%）＝全年作物收获总面积/耕地面积×100。

式中“全年作物收获总面积”包括绿肥、青饲料作物的收获面积在内。根据上式，也可计算粮田的复种指数以及其他类型耕地的复种指数等。国际上通用的种植指数其含义与复种指数相同。套作是复种的一种方式，计入复种指数，而间作、混作则不计。一年一熟的复种指数为100%，一年两熟的复种指数为200%，一年三熟的复种指数为300%，两年三熟的复种指数为150%。

复种对农业增产的作用：①有利于增加播种面积与作物年产量；②有利于缓和粮、经、饲、果、菜等作物争地的矛盾，促进全面增产，促进用地与养地相结合；③可增强全年产量的稳定性。“夏粮损失秋粮补”。

复种的效益原理：①延长光合作用时间，集约利用光热资源；②提高对降水的利用效率；③扩大养分循环；④促进农业生产全面发展；⑤提高经济效益和生态效益。增加地面覆盖，减轻水土流失。

二、复种的条件

一定的复种方式要和一定的自然条件、生产条件与技术水平相适应。影响复种的自然条件主要是热量和降水量，生产条件主要是劳畜力、机械、水利设施、肥料等。

（一）热量

一个地区能否复种或复种程度的高低，当地的热量条件是决定因素。主要采用以下方法来确定。

1. 年平均气温法

年平均温度可以粗略地表示一个地区的热量状况。在我国一般以年均温 8℃以下为一年一熟区，8～12℃为两年三熟区或套作两熟区，12～16℃为一年两熟区，16～18℃以上为一年三熟区。

2. 积温法

在我国，≥10℃积温低于 3 000℃为一年一熟，3 000～5 000℃可以一年两熟，5 000℃以上可以一年三熟。中国农业科学院气象研究所以≥0℃积温作指标，一熟区低于 4 000℃，两熟区为 4 000～5 500℃，三熟区为 5 500℃以上。

一个地区复种程度的高低以及采取何种复种方式，除了解当地积温外，还需了解不同作物完成一个生育期对积温的要求。一个作物品种具有大致恒定的积温值。

3. 生长期法

以无霜期表示生长期，一般 140～150d 为一年一熟区，150～250d 为一年两熟区，250d 以上为一年三熟区。当以≥10℃日数表示生长期时，≥10℃日数 160～180d 以下为一年一熟区，180～230d 为一年两熟区，230d 以上为一年三熟区。

（二）水分

一个地区的热量条件决定复种的可能性，水分和其他条件决定可行性。在热量许可时，水分条件是决定可行性的关键。

影响复种和可能的复种程度取决于降水量、降水季节和灌溉条件。因此水分也就包括降水、灌溉水和地下水。我国年降水量与复种的关系是：小于 600mm 为一熟区，600～800mm 为一熟、两熟区，800～1 000mm 为两熟区，大于 1 000mm 可以实现多种作物的一年两熟或三熟。若有灌溉条件，也可不受此限制。另外，降水季节与作物生长季节基本一致是决定降水有效性的重要条件。而降水不足但热量丰富地区，需要通过灌溉来解决降水不足的矛盾，同时对降水分配不均也有很好的调节作用。干旱地区，没有灌溉就没有农业，无法复种；半干旱、半湿润地区，本来可以一年一熟，但降水不足，只好全年休闲蓄水，为下季需水多的作物提供条件。所以搞好农田基本建设，发展水利灌溉，是保证扩大复种，提高产量的根本措施之一。

华北地区低产水平的二年三熟年耗水 400～500mm，小麦一玉米一年两熟需水 700mm，高产水平需水 900mm。复种需要有灌溉条件。合理安排复种作物组合和方式，适应自然降水规律，可以节约灌溉用水。如套种玉米可以避免芽涝。

（三）地力、肥料条件

热量和水分条件具备后，地力和肥料条件是复种产量高低和效益好坏的决定因素。复种指数提高后，多种了作物，就要多施肥料，才能保证土壤养分平衡和高产多收。因此，提高复种指数，除安排养地作物外，必须增施肥料，否则多种不能多收。

（四）劳、畜力和机械条件

扩大复种，田间作业集中，季节紧张，因此对劳动力和机械条件要求较高。人均耕地多，机械化程度低，则复种少。南方多熟地区，一年有 2～3 次“双抢”，即收麦（油菜等）抢插水稻和玉米等，收水稻和红苕等抢栽油菜或抢种小麦，季节十分紧张，特别四川丘陵区，在两季有余三季不足的情况下，必须抢种抢收，才能发展三熟制。

（五）技术条件

相应的技术条件包括品种、栽培耕作技术、复种间套技术等。

此外，复种还必须考虑经济效益，避免出现“三三见九”，不如“二五一十”的情况发生。

三、复种技术

复种是时间、空间、投入、技术集约的作物生产方式，在农业技术上需要注意解决各季作物在肥水、劳力、机械化、品种、季节、病虫等方面的许多矛盾，才能获得好的效果。

（一）作物组合与品种搭配

1. 作物组合

（1）充分利用休闲季节增种一季作物。如南方利用冬闲田种植小麦、大麦、油菜、蚕豆、豌豆、马铃薯、冬季绿肥等作物；华北、西北以小麦为主的地区，小麦收后有 70～100d 的夏闲季节可供夏种开发利用，如可复种荞麦、糜子、早熟大豆、谷子、早熟夏玉米等。

（2）利用短生育期作物替代长生育期作物。甘肃、宁夏灌区的油料作物胡麻生育期长（120d），与其他作物复种产量不高，改种生育期短的小油菜与小麦、谷子、糜子、马铃薯等作物复种，就可获得较好的效益。浙江杭嘉湖地区麦稻稻三熟制生育期较紧，用生育期较短的大麦代替生育期较长的小麦，可有效解决复种与生育季节紧张的矛盾。

（3）开发短间隙生长期的填闲作物。短间隙期一般 2 个月左右，不足以生长一季粒用作物，常种植一些填闲作物，如短生育期的绿肥、饲料、蔬菜。四川成都平原两熟制收获至种麦还有 2 个月左右的时间，可增种一季秋甘薯或萝卜、莴苣、大白菜等秋菜或种紫云英等生育期短的作物。

（4）发展再生稻。再生稻的生育期比插秧的短 1/2 以上，一般为 50～70d，产量可达到一季稻或早稻的 30％～40％。如重庆市的再生稻，前季稻收获后只需要施用促芽肥，促壮苗，可获得 3 000～4 500kg/hm^2 的产量。

2. 品种搭配

在生长季节富裕地区应选用生育期长的品种。以浙江双季稻三熟制为例，以“一早两迟”为主，即冬作物选早熟作物，双季稻以晚熟品种的产量最高。生长季节紧张的地方应选用早熟高产品种。苏南地处北亚热带，双季稻三熟制季节特别紧张，应特别注意早晚稻品种的安排，以绿肥、大麦、元麦为双季稻的前作，并以早熟配中熟或中熟配中熟的双季

稻品种搭配方式较为适宜。

(二) 充分利用技术，争取复种季节

(1) 改直播为育苗移栽，缩短本田期。育苗移栽是克服复种后生长季节矛盾最简便的方法，在水稻、甘薯、油菜、烟草、棉花的复种栽培上应用广泛。如中稻的秧田期一般为30～40d，双季稻秧田期可长达75～90d。长江下游≥10℃积温为5 600℃，大麦、元麦双季稻三熟制现行品种需积温5 500℃，加上农耗期温度，总积温不能满足。但早稻育秧争取了650℃，晚稻育秧争取了1 200℃，弥补了本田期积温的不足。

(2) 套作技术的运用。套种是解决复种生长季节矛盾的又一有效方法，即在前作收获前于其行间、株间或预留行间直接套播或套栽后作物，如中稻、晚稻田套种绿肥，早稻田套种大豆或套种黄麻，麦田套种棉花、玉米、花生、烤烟等。

(3) 促进早发早熟的技术。促早发就是让作物幼苗生长时期有较好的水分、养分、光照等条件。早发是早熟的基础。具体做法有：第一，后作物及时播种，减少农耗期。据宁夏农学院试验，麦收后夏种大豆，7月10－15日播种，平均每晚播1d，每公顷大豆减产75kg。免耕播玉米、棉花，板田或板田耙茬播种小麦，板茬栽油菜等，都是行之有效的方法。第二，前作及时收获。小麦、油菜成熟后要及时收获，玉米蜡熟期可先去掉叶片，让其继续灌浆。第三，采用促进早熟技术。在玉米生育中后期喷乙烯利，可提早成熟7d左右。棉花、烤烟施用乙烯利也有促进成熟作用。

(4) 作物晚播技术。播种季节较紧的地区，如黄淮海平原北部，为确保玉米丰产，需用中晚熟品种，小麦只能晚播。长江中下游麦收后种棉，也是晚播棉。晚作物可以适当加大播种量，增加作物的密度。因晚播后营养生长期比较短，植株比较矮小，分蘖或分枝少，密植有利于主茎发育和提早成熟。湖南对麦棉连作的晚播棉花采用高密度低打顶的做法，使晚播棉产量增加。

(5) 地膜覆盖技术。采用地膜覆盖可提高地温，保持土壤湿度，可适当提前播种，有利于作物早发早熟。

四、主要复种方式

(一) 一年两熟

≥10℃积温在3 500～4 500℃的暖温带是旱作一年两熟制的主要分布区域，如黄淮海平原、汾渭谷地，4 500～5 300℃的北亚热带是稻麦两熟的主要分布区域并兼有部分双季稻的分布，如江淮丘陵平原、西南地区。这一地区的旱地以麦（油菜、蚕豆、绿豆）－玉米、麦－薯、麦－棉两熟为主。主要形式为麦田两熟和稻田两熟。

(二) 一年三熟

一年三熟主要是稻田三熟制，稻田三熟多是以双季稻为基础，主要分布在中亚热带以南的湿润气候区域，北亚热带有少量分布。冬作双季稻三熟制，包括麦—稻—稻、油菜—稻—稻、蚕豆—稻—稻等形式，分布在上海、浙江、江西、湖南、湖北、皖南、苏南及华南各省。小麦（或大麦、元麦）一双季稻，是双季稻三熟制的主要形式，主要分布于浙江杭嘉湖、宁绍地区、上海市，湖南、湖北、江西、福建、广东均有一定比例的种植。在三熟制地区，由于水源的限制，常采用两旱一水三熟制，如小麦—玉米—水稻（皖南、四川、苏南、湖南），小麦—大豆或花生—稻（福建、广东），小麦—稻—花生（福建、广东）。旱地三熟制，以南方丘陵旱地的油菜—芝麻（大豆）—甘薯和麦/玉/薯套作三熟为主要形式。

（三）两年三熟

两年三熟指的是在同一块地上两年内收获三季作物，是一年一熟与一年两熟的过渡类型。主要分布于暖温带北部，一季有余两季不足，≥10℃积温在3 000～3 500℃的地区。目前，两年三熟主要分布在晋东南、豫西山区及鲁中南山区、陇东及渭北平原。其主要形式有：春玉米→冬小麦—夏大豆（夏甘薯）；冬小麦—夏大豆→冬小麦；春甘薯→小麦或大麦—夏芝麻或夏大豆或夏花生；小麦→小麦—夏玉米等。

第三节　间作、混作和套作

一、单作、间作、混作和套作的概念及意义

（一）单作、间作、混作和套作的概念

1. 单作

单作指在同一块田地上种植一种作物的种植方式，也称为纯种、清种、净种。如大面积种植水稻、玉米、小麦等作物。这种方式作物单一，群体结构单一，全田作物对环境条件要求一致，生育比较一致，有利于田间统一种植、管理与机械化作业。这种种植方式，作物生长发育过程中，只存在个体之间的竞争关系。

2. 间作

间作指在同一田地上于同一生长季内，分行或分带相间种植两种或两种以上生育期相近作物的种植方式。以“｜｜”表示间作，如小麦间作蚕豆，记为“小麦｜｜蚕豆”。分行间作是指间作作物单行相间种植；分带间作是指间作作物成多行或占一定幅度的相间种植，形成带状，构成带状间作，如2行棉花间作4行甘薯、2行玉米间作3行大豆等。间作因为成行或成带种植，可以实行分别管理。特别是带状间作，较便于机械化或半机械化作业，与分行间作相比能够提高劳动生产率。

间作与单作不同，间作是不同作物在田间构成的人工复合群体，是集约利用空间的种植方式，个体之间既有种内竞争又有种间竞争。间作时，不论间作的作物有几种，皆不增计复种面积。间作的作物播种期、收获期相同或不同，但作物共生期长，其中至少有一种作物的共生期超过其全生育期的一半。

3. 混作

混作指在同一块田地上，同期混合种植两种或两种以上生育期相近作物的种植方式，也称为混种。以“X”表示混作，如小麦与豌豆混作，记为“小麦×豌豆”。混作和间作都是于同一生长期内由两种或两种以上的作物在田间构成复合群体，是集约利用空间的种植方式，也不计复种面积。但混作在田间分布不规则，不便于分别管理，并且要求混种作物的生态适应性要比较一致。

4. 套作

套作指在前季作物生长后期的株、行间播种或移栽后季作物的种植方式，也称为套种、串种。以“/”表示套作，如小麦套作玉米，记为“小麦/玉米”。对比单作，套作不仅能在作物共生期间充分利用空间，更重要的是能延长后作物对生长季节的利用，提高复种指数，提高年总产量，是一种集约利用时间和空间的种植方式。

套作和间作都有作物共生期，所不同的是，套作共生期较短，小于1/2全生育期，能提高复种指数，集约利用时间；间作共生期较长，大于1/2全生育期，集约利用空间。

(二) 间作、混作和套作的意义

1. 增产

合理的间作、混作和套作比单作具有增产的优越性。在单作的情况下，时间和土地都没有充分利用，太阳能、土壤中的水分和养分有一定的浪费，而间作、混作和套作构成的复合群体在一定程度上弥补了单作的不足，能较充分地利用这些资源，把它们转变为更多的作物产品。实行间作、混作和套作可以充分利用多余劳力，扩大物质投入，与现代科学技术相结合，实行劳动集约、科技密集的集约生产，在有限的耕地上，显著提高单位面积土地生产力。

2. 增效

合理的间作、混作和套作能够利用和发挥作物之间的有利关系，可以用较少的经济投入换取较多的产品输出。间作、混作和套作是目前许多地区发展立体种植、提高种植业效益的技术手段。如黄淮海地区大面积的麦棉两熟，一般纯收益比单作棉田提高15%左右。四川米易县在甘蔗前期间作西瓜、黄瓜、茄子、番茄等作物，每公顷可增收6 000～9 000元，甘蔗产量也可适当提高。

3. 稳产保收

合理的间作、混作和套作能够利用复合群体内作物的不同特性，增强对自然灾害的抗御能力。

4. 协调作物争地矛盾

间作、混作和套作在一定程度上可以调节粮食作物与棉、油、烟、菜、药、绿肥、饲料等作物及林果间的矛盾，促进多种作物全面发展。

二、间作、混作和套作效益原理

间作、混作和套作是人类模仿自然生态系统的人工复合群体。自然生态系统具有两个重要特点：一是植物在空间上的层次性，使不同植物的叶冠占据着不同的垂直层，如森林中的乔木（上层）、灌木（中层）、草本或苔藓植物（下层），这样群落便能充分地利用空间；二是时间上的层次性，如温带的草原群落随季节而变动，初夏双子叶植物先占优势，夏末禾本科草类植物兴起，秋季菊科、蒿类占优势，这就充分利用了生长季节。间作、混作和套作就是模拟自然生态群落的层次规律和演替的特点，在人类的干预下建立合理的人工复合群体，克服竞争，实现互补，充分利用自然资源。

(一) 空间上的竞争与互补

在间作、混作和套作复合群体中，不同类型作物的高矮、株型、叶型、需光特性、生育期等各不相同，把它们合理地搭配在一起，在空间上分布就比较合理，就有可能充分利用空间。若搭配不合理或密度过大，就可能使竞争激化。

（二）间作、混作和套作能提高种植密度，增加叶面积

单作群体的株型、叶型、植株高度、根系分布一样，对生活因素的竞争必然加剧。因此密度和叶面积指数的增加受到了限制。而间作、混作和套作群体是由两种或两种以上的作物构成，作物有高有矮，根系有浅有深，对生活因素的要求和反应不同，有的喜光，有的耐阴，有的吸肥力强，有的吸肥力差，有的需 N 多，有的需 P、K 多。利用这些差别，把不同的作物搭配起来构成复合群体，其密度和叶面积指数将会提高，这就充分利用空间，提高土地利用率。

（三）间作、混作和套作使光能得以充分利用

单一作物的群体在生长前期和后期叶面积较小，利用光能不充分，而采用间作、混作和套作就可以克服这一矛盾，从而提高光能利用率。在单作时，太阳光只是从上面射来，而在间作、混作和套作时，除上面射来的光线外还有侧面光，增加处于间作、混作和套作的中上位作物的受光面积，也增加了中午高光强时总的受光面积。这样，尽管在单位土地面积上单位时间内光量并没有改变，但受光面积却发生了变化，提高了光能利用率。另外，能变平面用光为立体用光。单作时，上层叶片光照充足，中、下部的叶片往往光照不足，有的甚至由营养器官变为消耗器官。而间作、混作和套作把不同株型、叶型、高矮的作物组合起来，改单作的平面受光为立体受光，从而提高了光能利用效率。

（四）改善通风和 CO_2 的供应状况

采用高秆和矮秆作物间作、套作，矮位作物的生长带成了高位作物通风透光的“走廊”，有利于空气的流通与扩散。据中国农业大学测定，套作玉米宽行的风速比单作玉米窄行的风速增大 1～2 倍，促进了复合群体内 CO_2 的补充和更新。

（五）地下部分的竞争与互补

各种作物根系特点不同，对水、肥、气的要求就不同。首先是氮素营养，国外研究指出，豆科和非豆科作物有共生促进作用。非豆科作物可促进豆科作物的固氮，豆科作物又供给非豆科作物氮素营养。因此，豆科与非豆科作物进行合理间作、套作，既用地又养地。其次是难溶性营养元素的相互交换。不同作物利用难溶性养分的能力不同，间作、混作和套作通过根系的相互影响，可以提高难溶性物质的利用率。再次，粮食、棉、油作物与绿肥间作、混作和套作可增加土壤有机质和各种营养元素。第四是根系分布的深浅不同，能充分利用不同土壤耕层的养分和水分。

（六）时间上的竞争与互补

各种作物都有一定的生育期。在单作时，只有前作收获后才能种植后作，间作时通过充分利用空间达到充分利用时间，而套作充分利用时间的效果就更显著。一般来说，作物的生育期长，产量就高，反之产量低。套种能提早作物的播种或移栽时间，相对延长了生长季节，从而延长了作物的生育期，提高单产。

国际上也强调间作与套作的时间互补。Baker（1974－1976 年）等认为，如果两个作物没有 25％以上的生长期差别或者 30～40 d 成熟期的间隔，那么间作与套作的益处不大。

（七）生物间的竞争与互补

1. 充分发挥边行优势

边际效应是指在间作与套作中相邻作物的边行产量不同于内行的现象。高位作物的边行由于所处高位的优势，通风透光好，根系吸收养分水分的能力强，生育状况和产量优于内行，成为边行优势；与此相反，矮位作物的边行往往表现为边行劣势。合理的间作与套作，能有效发挥边行优势，减少边行劣势，使主作物明显增产，副作物少减产或不减产。

2. 减轻自然灾害、稳产保收

不同作物有不同的病虫害，对恶劣的气候条件有不同的反应。一般单作抗自然灾害的能力较弱，当发生严重的自然灾害时，往往会给生产带来严重损失，甚至颗粒无收。但是采用间作、混作和套作就可以减轻损失。如德国在气候不稳定地区，燕麦和大麦混作很普遍，在旱年大麦生长良好，在涝年燕麦生长良好，两者混播，无论是旱年或是涝年产量都很稳定。间作、混作和套作还可以减轻某作物的病虫害。如高秆作物与矮秆作物相间种植，高秆作物的宽行距加大，荫蔽轻，可减轻玉米叶斑病，小麦白粉病和锈病；小麦与棉花套种，小麦繁殖了棉蚜的大量天敌——瓢虫，可减轻棉蚜的危害。

3. 发挥作物分泌物的互利作用

一种植物在生长过程中，通过向周围环境分泌化合物对另一种植物产生直接或间接的相生相克的影响，亦称为对等效应。对共生作物或后作可能有利，也可能有害。这种分泌物有 3 个来源，一是来自植物的叶子，二是来自根系，三是来自死亡植株或腐解植株。因此，实行间作和套作可利用有益的一方，促进共生互利，提高产量。据国外研究，洋葱与食用甜菜，马铃薯与菜豆，小麦与豌豆，春小麦和大豆在一起种植，可互相刺激生长。农作物与蒜、葱、韭菜等间作，会使农作物的一些病虫害减轻。另外，分泌物还有抑制杂草危害的作用，如甜菜根系分泌物可抑制麦仙翁种子萌发，荞麦根系分泌物能抑制看麦娘的生长。当然也有的根系分泌物对间作作物或下茬作物有不利的作用，如冬黑麦与冬小麦，荞麦与玉米，番茄与黄瓜，菜豆与春小麦，向日葵与玉米、蓖麻，洋葱与菜豆等。因此，在作物组合时应特别注意。

间作、混作和套作增产原因虽然是多方面的，但也有一些不利因素。如高秆作物与矮秆作物间作时，矮秆作物的光照条件太差；套种在小麦地的玉米，易使地老虎、黏虫、蓟马、玉米螟等害虫的为害加重，套种愈早，危害时间愈长，危害程度愈重；玉米与棉花套种时，玉米和棉花的害虫有的可以互相为害，比单作时重。因此，要使间作、混作和套作增产必须采取相应的技术措施。

三、间作、混作和套作技术

（一）选择适宜的作物种类和品种

1. 不同形态的作物搭配

所选择作物的形态特征和生育特性要相互适宜，以有利于互补地利用环境。例如，作物高度要高低搭配，株型要紧凑与松散对应，叶片要大小尖圆互补，根系要深浅疏密结合，生育期要长短前后交错。农民群众形象地总结为“一高一矮，一胖一瘦，一圆一尖，一深一浅，一长一短，一早一晚”。

2. 生态适应性的选择

间作和套作作物的特征特性要对应互补，即选择生态位有差异的作物，才能充分利用空间和时间，利用光、热、水、肥、气等生态因素，增加产量和效益。在品种选择上要注意互相适应，以进一步加强组配作物的生态位的有利差异。间（混）作时，矮位作物光照条件差，发育延迟，要选择耐阴性强而适当早熟的品种。套作时两种作物既有共生期，又有单独生长的阶段，因此在品种选择上，一方面要考虑尽量减少与上季作物的矛盾，另一方面还要尽可能发挥套种的增产作用，不影响其正常播种。

3. 不同生育期作物的搭配

在生育季节许可的范围内，两种作物时间差异越大，竞争越小。如间作、混作中，长生育期与短生育期作物搭配。套作中，套种时期是套种成败的关键之一。套种过早，共生期长，下茬作物苗期生长差，或植株生长过高，在上茬作物收获时下茬作物易受损害；但又不能过晚，过晚套种就失去意义。套种时期的确定有多方面的情况，如配置方式、上茬长势、作物品种等。一般地说，宽行可早，窄行宜晚；上茬作物长势好应晚套，长势差应早套；套种较晚熟的品种可早，反之宜晚；耐阴作物可早套，易徒长倒伏的宜晚套。

4. 选择分泌物互利的作物搭配

如洋葱与食用甜菜，油菜与大蒜，甜菜与小麦，荞麦与小麦，马铃薯与玉米、菜豆等进行搭配，有利于互利共生。

5. 综合效益高于单作

间（混）作、套作选择的作物是否合适，首先看经济效益，在增产的情况下，其经济效益比单作要高。一般来说，经济效益高的组合才能在生产中大面积应用和推广。如我国当前种植面积较大的玉米间作大豆、麦棉套作和粮菜间作等。如果某种作物组合的经济效益较低，甚至还不如单作高，其面积就会逐步减少，而被单作所代替。其次，要考虑生态效益和社会效益。只有经济效益、生态效益和社会效益兼顾的种植模式才能得到广泛而持续的应用。

（二）确定合理的田间结构

在作物种类、品种确定后，合理的田间结构是发挥复合群体充分利用自然资源的优势，解决作物之间一系列矛盾的关键。只有田间结构恰当，才能增加群体密度，又有较好的通风透光条件，发挥其他技术措施的作用。如果田间结构不合理，即使其他技术措施配合得再好，也往往不能解决作物之间争水、争肥，特别是争光的矛盾。合理的田间结构包括以下几个方面。

1. 种植密度

提高种植密度，增加光合叶面积指数是间作、套作增产的中心环节。生产运用中，各种作物种植密度要结合生产的目的和水肥条件来考虑。间（混）作时，一般以一种主作物为主，其种植密度应与单作时相同或略低，以不影响主作物的产量为原则。副作物的种植密度大小根据水肥而定，水肥条件好，密度可大一些，反之，密度要小。套作时，各种作物的种植密度与单作时相同。

2. 行数、行株距和幅宽

一般间作、套作作物的行数可用行比来表示，即各作物实际行数的比值，如2行玉米间作2行大豆，其行比为2∶2。行距和株距实际上也是密度问题，配合的好坏，对于各作物的产量和品质关系很大。

间作作物的行数，要根据计划作物产量和边际效应来确定，一般高位作物不可多于、矮位作物不可少于边际效应所影响行数的2倍。在实际应用时应根据具体情况增减，也要与机械配合。套作时，上茬作物与下茬作物的行数取决于作物的主次。如小麦套种棉花，以棉花为主时，应按棉花丰产要求，确定平均行距，套入小麦；以小麦为主兼顾棉花时，小麦应按丰产需要正常播种，麦收前晚套棉花。

幅宽是指间作、套作中每种作物的两个边行相距的宽度。在混作和隔行间作、套作的情况下，无所谓幅宽，只有带状间套作，作物成带种植才有幅宽可言。幅宽一般与作物行数成正相关。如果幅宽过窄，对生长旺盛的高秆作物有利，但对不耐阴的低秆作物不利；如果幅宽过宽，对高秆作物增产不一定明显。因此，幅宽应在不影响播种和适合农机具的前提下，根据作物的边际效应来确定。

3. 间距

间距是相邻作物边行的距离。这里是间作、套作中作物边行争夺生活条件最激烈的地方，间距过大，减少作物行数，浪费土地；间距过小，则加剧作物间矛盾。应根据不同作物合理布局间距。

4. 带宽

带宽是间作、套作的各种作物顺序种植一遍所占地面的宽度，它包括各个作物的幅宽和间距。带宽是间作、套作的基本单元，一方面各种作物的行数、行距、幅宽和间距决定带宽，另一方面作物数目、行数、行距和间距又都是在带宽以内进行调整，彼此互相制约。

5. 高度差

间作、混作和套种的两个作物若有适当的高度差，可以在太阳高度角高的时候增加受光面积，变强光为中等光，或者使两作物生长盛期能交错地处于高位上，这样光能利用较经济合理。

6. 行向

在单作时，南北行向比东西行向增产；但在间作、套作时，为了取得两种作物丰产，缓和作物争光矛盾，东西行向在一定情况下对矮作物有利。

（三）作物生长发育调控技术

1. 适时播种，保证全苗

间作、套作播种时期的早晚，不仅影响到一种作物，而且会影响复合群体内的其他作物。套种时期是套作成败的关键之一，套种过早或前一作物迟播晚熟，延长了共生期，抑制后一作物苗期生长；套种过晚，增产效果不明显。因此，要着重掌握适宜的套种时期。套作中共生期的长短，应根据具体种植方式、种植规格、前作物的长相来确定。间作时，也要考虑到不同间作作物的适宜播种期，以减少彼此的竞争，并尽量照顾到它们的各生长阶段都能处在适宜的时期。混作时，一般要考虑混作作物播种期与收获期的一致性。

2. 加强水肥管理

间（混）作、套作的作物间存在肥水竞争，需要加强水肥管理，促进生长发育。在间（混）作的田间，由于增加了种植密度，对水肥的要求也相应增加。应加强追肥和灌水，强调按株数确定施肥量，避免按占有土地面积确定施肥量。为了解决共生作物需水肥的矛盾，可采用高低畦、打畦埂、挖丰产沟等便于分别管理的方法。在套作田里，矮位作物受到抑制，生长弱，发育迟，容易形成弱苗或缺苗断垄。为了全苗壮苗，要在套播之前施用基肥，播种时施用种肥，在共生期间做到“五早”：早间苗、早补苗、早中耕除草、早施肥、早防治病虫害，并注意土壤水分的管理，排渍或灌水。前作物收获后，及早进行田间管理，水肥猛促，以补足共生期间所受亏损。

3. 应用化学调控技术

实践证明，应用植物生长调节剂，对复合群体条件下的作物生长发育进行调节和控制，具有控上促下、调节各种作物正常生育、塑造理想株型、促进发育成熟等一系列综合效益。它具有用量少、投资少、见效快、效益高、使用简便安全等特点。

4. 综合防治病虫害

间（混）作、套作可以减少一些病虫害，也可增添或加重某些病虫害，对所发生的病虫害，要对症下药，认真防治，特别要注意防重于治，否则病虫害的发生可能会比单作田更加严重。

5. 早熟早收

为削弱复合群体内作物之间的竞争关系，应促进各季作物早熟早收，特别是对高位作物，早熟早收是不容忽视的措施。

四、间作、混作和套作主要类型

（一）间（混）作的主要类型

间（混）作的主要类型有禾本科作物与豆科作物间作，禾本科作物与非豆科作物间作，经济作物与豆科作物间（混）作，粮菜间作，林、桑、果、药与粮、豆、肥间作等。

（二）套作的主要类型

套作的主要类型有以棉花为主的套作，以玉米为主的套作，以小麦为主的套作和以水稻为主的套作等。

（三）间套作的主要类型

间套作的主要类型有粮粮间套作，粮经间套作，粮菜饲料（肥）间套作等，农鱼、农燕种养结合间套模式（如稻田养鱼、稻田养蟹、稻田养鸭、稻田种菇、玉米和蔗田种菇、果园种菇等）。

第四节 轮作与连作

轮作是在同一田地上不同年度间按照一定的顺序轮换种植不同作物或采取不同的复种形式的种植方式。如一年一熟条件下的大豆→小麦→玉米三年轮作，这是在年间进行的单一作物的轮作。在一年多熟条件下既有年间的轮作，也有年内的换茬，如南方的绿肥—水稻—水稻→油菜—水稻—水稻→小麦—水稻—水稻轮作。这种轮作由不同的复种方式组成，因此，也称为复种轮作。

连作与轮作相反，连作是在同一田地上连年种植相同作物或采取相同的复种方式的种植方式。而在同一田地上采用同一种复种方式连年种植的称为复种连作。

生产上把轮作中的前作物（前茬）和后作物（后茬）的轮换，通称为“换茬”或“倒茬”。连作也叫“重茬”。

一、轮作

（一）轮作的作用

作物生产中是否需要轮作主要取决于前后茬作物的病虫草害和作物的茬口衔接关系，而茬口的衔接还与各作物的用养关系、种收时间有关。

1. 减轻农作物的病虫草害

作物的病原菌一般都有一定的寄主，害虫也有一定的专食性或寡食性，有些杂草也有其相应的伴生者或寄生者，它们是农田生态系统的组成部分，在土壤中都有一定的生活年限。如果连续种植同种作物，通过土壤而传播的病害，如水稻纹枯病、小麦全蚀病、棉花黄枯萎病、油菜菌核病、烟草黑胫病、谷子白发病、甘薯黑斑病必然会大量发生。实行抗病作物或非寄主作物与感病作物轮作，使病原菌得不到寄主，改变其生态环境和食物链组成，使之不利于某些病虫的正常生长和繁衍，从而达到减轻农作物病害和提高产量的目的。

一些作物的伴生或寄生的杂草，如稻田里的稗草、麦田里的燕麦草、粟田里的狗尾草等，不仅生活习性与相应作物相似，甚至形态也相似，所以难以根除。一些寄生性杂草，如大豆菟丝子、向日葵列当、瓜列当等连作后更易滋生蔓延，不易防除，而轮作则可有效地消灭这些杂草。

2. 协调、改善和合理利用茬口

轮作可以均衡地利用土壤养分水分。各种作物的生物学特性不同，自土壤中吸收的养分种类、数量、时期和吸收利用率也不相同。小麦等禾谷类作物与其他作物相比，对氮、磷和硅的吸收量较多；豆科作物能固氮，而磷的消耗量却较大；块根块茎类作物吸收钾的比例高，数量大，同时氮的消耗量也较大；纤维和油料作物吸收氮磷皆多。如果连续栽培对土壤养分要求倾向相同的作物，必将造成某种养分被片面消耗后感到不足而导致减产。因此，通过对吸收、利用营养元素能力不同而又具有互补作用的不同作物的合理轮作，可以协调前、后茬作物养分的供应，使作物均衡地利用土壤养分，充分发挥土壤肥力的生产潜力。

不同的作物需要水分的数量、时期和能力也不相同。水稻、玉米和棉花等作物需水多，谷子、甘薯等耐旱能力较强。对水分适应性不同的作物轮作换茬能充分合理地利用全年自然降水和土壤中贮积的水分，在我国旱作雨养农业区轮作对于调节利用土壤水分，提高产量更有重要意义。如在西北旱农区，豌豆收获后土壤内贮存的水分较小麦地显著增多，使豌豆成为多种作物的好前作。

各种作物根系深度和发育程度不同。水稻、谷子和薯类等浅根性作物，根系主要在土壤表层延展，吸收利用上层的养分和水分；而大豆、棉花等深根性作物，则可从深层土壤吸收养分和水分。所以不同根系特性的作物轮作茬口衔接合理，就可以全面地利用各层的养分和水分，协调作物间养分、水分的供需关系。

轮作改善土壤理化性状，调节土壤肥力。各种作物的秸秆、残茬、根系和落叶等是补充土壤有机质和养分的重要来源，但不同的作物补充供应的数量不同，质量也有区别。如禾本科作物有机碳含量多，而豆科作物、油菜等落叶量大，且还能给土壤补充氮素。有计划地进行禾、豆轮作，有利于调节土壤碳、氮平衡。

轮作还具有调节改善耕层物理状况的作用。密植作物的根系细密，数量较多，分布比较均匀，土壤疏松结构良好。玉米、高粱根茬大，易起坷垃。深根性作物和多年生豆科牧草的根系对下层土壤有明显的疏松作用。据山西省农科院调查，苜蓿地中的水稳性团粒比一般小麦地增多20%～30%。土壤物理性质的改善，可以提高土壤肥力。

3. 合理利用农业资源，经济有效地提高作物产置

根据作物的生理生态特性，在轮作中前后作物搭配协调、茬口衔接紧密，既有利于充分利用土地、自然降水和光、热等自然资源，又有利于合理使用机具、肥料、农药、灌溉用水以及资金等社会资源，还能错开农忙季节，均衡投放劳畜力，做到不误农时和精细耕作。合理轮作还是经济有效提高产量的一项重要农业技术措施。在澳大利亚的Kamala，羽扇豆在小麦轮作中的效果相当于施用氮肥80kg/hm^{2}也就是说在小麦之后种小麦，需施氮肥80kg/hm^2，才能获得与羽扇豆茬小麦相等的产量。这说明并不要特殊的投资或增加劳力，只是把作物合理换茬，就可以获得比连作更高的效益，国内外大量的生产实践和长期试验（美、英、俄、日等国内均进行过连续十年或几十年的轮、连作试验）结果，均给予了有利的证明。

（二）特殊轮作的作用与应用

（1）水旱轮作。指在同一田地上有顺序地轮换种植水稻和旱作物的种植方式。这种轮作对改善稻田的土壤理化性状，提高地力和肥效有特殊的意义。

水旱轮作比一般轮作防治病虫害效果尤为突出。据日本九州农试站1975年的试验，油菜菌核病、烟草立枯病、小麦条斑病的病菌等，通过淹水2～3个月均能完全消灭。水田改旱地种棉花，可以扼制枯黄萎病发生，改棉地种水稻，水稻纹枯病大大减轻。

水旱轮作更容易防除杂草。据观察，老稻田改旱地后，一些生长在水田里的杂草，如眼子菜、鸭舌草、瓜皮草、野荸荠、萍类、藻类等，因得不到充足的水分而死去；相反，旱田改种水田后，香附子、苣荬菜、马唐、田旋花等旱地杂草，泡在水中则被淹死。

（2）草田轮作。指在田地上轮换种植多年生牧草和大田作物的种植方式，欧美较多，我国甚少，主要分布在我国西北部地区。

草田轮作的突出作用是能显著增加土壤有机质和氮素营养。据资料介绍，生长第四年

苜蓿每公顷地（0～30cm）可残留根茬有机物 12 600kg，草木樨可残留 7500kg，而豌豆、黑豆仅残留 675kg 左右。苜蓿根部含氮量为 2.03%，大豆为 1.31%，而禾谷类作物不足 1%。可见，多年生牧草具有较强的丰富土壤氮素的能力。多年生牧草在其强大根系的作用下，还能显著改善土壤物理性质。据原州区农科所测定，种草木樨二年压青后，土壤水稳性团粒含量增加 42%，容量降低 0.28g/cm³，空隙度增加 34%。

在水土易流失地区，多年生牧草可有效地保持水土，在盐碱地区可降低土壤盐分含量。草田轮作有利于农牧结合，增产增收，提高经济效益。该种轮作应在气候比较干旱、地多人少、耕作粗放、土地瘠薄的农区或半农区应用。

二、连作

（一）不同作物对连作的反应

实践证明，不同作物，不同品种，甚至是同一作物同一品种，在不同的气候、土壤及栽培条件下，对连作的反应是不同的。按照作物对连作的反应敏感性差异，结合我国主要作物种类以及各地经验，可归纳为下列几种情况。

（1）忌连作的作物。忌连作作物基本上又可分为两种耐连作程度略有差异的亚类。一类以茄科的马铃薯、烟草、番茄，葫芦科的西瓜及亚麻、甜菜等为典型代表，它们对连作反应最为敏感。这类作物连作时，作物生长严重受阻，植株矮小，发育异常，减产严重，甚至绝收。其忌连作的主要原因是，一些特殊病害和根系分泌物对作物有害。据研究，甜菜忌连作是根结线虫病所致。西瓜怕连作则被认为是根系分泌物——水杨酸抑制了西瓜根系的正常生长。这类作物需要间隔五六年以上方可再种。

另一类以禾本科的陆稻，豆科的豌豆、大豆、蚕豆、菜豆，麻类的大麻、黄麻，菊科的向日葵，茄科的辣椒等作物为代表，其对连作反应的敏感性仅次于上述极端类型。一旦连作，生长发育受到抑制，造成较大幅度的减产。这类作物的连作障碍多为病害所致。陆稻（水稻旱种）连作减产的主要原因是轮线虫及镰刀菌数量增加所致。这类作物宜间隔三四年再种植。

（2）耐短期连作作物。甘薯、紫云英、苕子等作物，对连作反应的敏感性属于中等类型，生产上常根据需要对这些作物实行短期连作。这类作物在连作二三年受害较轻。

（3）耐连作作物。这类作物有水稻、甘蔗、玉米、麦类及棉花等作物。它们在采取适当的农业技术措施的前提下耐连作程度较高。其中又以水稻、棉花的耐连作程度最高。水稻喜湿，可在较长期的淹水条件下正常生长。这是因为水稻体内通气组织发达，氧气可从地上部源源不断地供给地下根部，使根际中的还原性有毒物质 Fe、Mn 等氧化使其毒性丧失，根系免遭其害。其次，水稻与旱作物轮作，土壤处于不断的干湿交替之中，还原性有毒物质积累受阻，使作物受害不明显，也为长期连作创造了条件。棉花根系发达，分布广而深，吸收土壤养分的范围宽，且较均匀。在无枯黄萎病感染的情况下，只要施足化肥和有机肥，可长期连作而表现出高产稳产。如棉区有的地块连作年限可长达一二百年以上。麦类、玉米皆为耗地的禾谷类作物，在种植过程中，土壤有机质和矿质养分下降迅速。通过及时补足化肥和有机肥，在无障碍病害的情况下。长期连作产量较为稳定。但若施肥不足，则连作产量锐减。

（二）连作的危害

合理的轮作可以增产，而不适当的连作不仅产量锐减，而且品质下降。导致作物连作受害的基本原因有生物的、化学的、物理的三个方面。

（1）生物因素。土壤生物学方面造成的作物连作障碍主要是伴生性和寄生性杂草危害加重、某些专一性病虫害蔓延加剧以及土壤微生物种群、土壤酶活性的变化等。

农田杂草危害作物主要是与作物争夺养分、水分，争夺空间，恶化生态环境，与作物共生期间更为突出。作物连作使伴生性和寄生性杂草对作物的危害累加效应突出，产量锐减，品质下降。

病虫害的蔓延加剧是连作减产的另一个生物因素。小麦根腐病、玉米黑粉病、西瓜枯萎病等，在连作情况下都将显著加重，使作物严重减产。

连作减产的第三个生物原因是长期连作下土壤微生物的种群数量和土壤酶活性的强烈变化所引起的。旱种水稻连作多年后，产量急剧下降，其重要原因是土壤中轮线虫和有关镰刀菌的种群密度陡增。大豆、玉米、向日葵等作物连作使根际真菌增加，细菌减少，导致减产。另外，大豆孢囊线虫的增加，使根瘤减少，这也是大豆连作减产的主要原因之一。

土壤酶在土壤中的数量不多，但作用甚大，它影响着土壤的供肥能力。有研究认为，随着大豆连作年限的增加，土壤中磷酸酶、脲酶的生物活性显著降低，而且这两种关键酶活性与土壤中可提供的速效氮、磷养分之间有显著的相关性。通过轮作可使这两种酶活性大大提高。因此，连作通过对土壤酶活性的影响间接地影响到作物的产量。

（2）化学原因。指连作造成土壤化学性质发生改变而对作物生长不利，主要是营养物质的偏耗和有毒物质的积累。

营养物质的偏耗。同种作物连年种植于同一块田地上，由于作物的吸肥特性决定了该作物吸收矿质养分元素的种类、数量和比例是相对稳定的，而且对其中少数元素有特殊的偏好，吸收量大。年年种植该种作物，势必造成土壤中这些元素的严重匮乏，造成土壤中养分比例的严重失调，作物生长发育受阻，产量下降。

有毒物质的积累。植物在正常的生长活动过程中不断地向周围环境分泌其特有的化学物质，这种分泌物有三种主要来源：活根、功能叶片和作物残体腐解过程中所产生的特有产物。这三部分的分泌物，对一些作物自身的生长发育具有强烈的抑制作用。寄生于陆稻稻根上的棘壳孢霉菌上分离出一种粉红色有毒有机物，当这种物质浓度超过10mg/L时，对陆稻产生毒害效应。大豆根系的分泌物对其自身根系的生长有着强烈的阻碍作用。土壤中另一类有毒物质为还原性有毒物质，主要有Fe、Mn及还原性物质如（H_2S）、有机酸等。我国南方稻区，常年实行早晚季双季稻连作，还原性有毒物质积累加强。这些有毒物质对水稻根系生长有明显的阻碍作用。

（3）物理因素。某些作物连作或复种连作，会导致土壤物理性状显著恶化，不利于同种作物的继续生长。如南方在长期推行双季连作稻的情况下，因为土壤淹水时间长，加上年年水耕，土壤大孔隙显著减少，容重增加，通气不良，土壤次生潜育化明显，严重影响了连作稻的正常生长。

第三章 农业品种的改良

第一节 作物改良的材料基础——种质资源

种质资源是现代育种的物质基础，关键性种质资源对于新的育种目标能否实现、对于提高育种成效起着十分重要的作用。同时，那些稀有特异种质重要种质资源也是生物学理论研究的重要基础材料。

一、种质资源的概念

种质资源，又称遗传资源，是指一切具有特定种质或基因，可供育种、栽培及其他生物学研究的各种生物类型的总称。种质资源是生物多样性的重要组成部分，更是人类赖以生存和发展的重要物质基础。种质往往存在于特定品种之中，如古老的地方品种、新培育的推广品种、重要的遗传材料以及野生近缘植物，都属于种质资源的范围。育种的原始材料、品种资源、遗传资源、基因资源与种质资源的概念大同小异。

不断地收集、研究和保存丰富的种质资源是作物育种能否成功和能否取得突破性进展的重要物质基础。我国发现了“矮脚南特”和“矮仔占”等矮秆资源，育成了“珍珠矮”“广场矮”等一批矮秆籼稻品种。而“低脚乌尖”籼稻矮源、“农林 10 号”小麦矮源的发现和利用，进一步推动了世界范围的“绿色革命”浪潮，成了解决世界粮食安全问题的关键。同样，籼稻野败型雄性不育资源的发现、小麦矮败材料的创制及应用，分别奠定了籼稻杂种优势利用和小麦群体改良的基础。因此，种质资源在作物改良中有着十分重要的作用。

有关作物种质资源的类型有多种划分方法。其中，按其利用价值和来源的不同，可将种质资源分为以下 4 种类型。

（1）本地种质资源本地种质资源是育种工作最基本的原始材料，包括地方农家品种和改良品种。地方农家品种是指没有经过现代育种技术改良的，在当地长期栽培而适应性强的品种。地方改良品种是指那些经过现代育种方法育成的，在当地有较大推广面积的优良品种，它包括本地育成的，也有从外地或国外引种成功的。

（2）外地种质资源外地种质资源是指从外地或国外引进的作物品种或类型。

这些种质反映了各自原产地的自然和栽培特点，具有不同的生物学、经济学和遗传性状，往往具有本地种质资源所不具有的特殊性状，特别是来自作物起源中心的作物种质，往往反映了该作物的遗传多样性，是改良本地品种的主要材料。

（3）野生种质资源野生种质资源主要指作物的各种近缘野生物种和有利用价值的野生植物。它们是在特定自然条件下、经历长期自然选择形成的，往往具有一些栽培种所没有的特殊性状，如对病毒病的抗性，对逆境的高度适应性和独特的品质等。野生种质资源的成功利用能在作物育种中取得重大突破，如我国水稻野败型细胞质雄性不育系的成功选育就是一例。

(4) 人工创造的种质资源人工创造的种质资源是指在自然界原有种质资源的基础上，通过人工杂交、理化诱变和基因工程等途径创造的各种植物突变体或中间材料。这些人工创造的新种质在丰富作物育种基因库的同时，也往往携带有一些特殊的遗传因子，对新品种培育和作物科学研究产生深远影响。

二、种质资源工作

种质资源的收集与保存是种质资源工作的重要环节。

(1) 种质资源的收集种质资源的收集包括野外考察收集、种质资源机构或育种单位间交换和群众性征集等方法，20 世纪二三十年代，苏联以植物育种家和遗传学家瓦维洛夫为首的科学界进行了首次世界性的植物资源考察收集活动。而考察收集是最直接和最基本的途径。野外考察收集主要集中于作物的起源中心和栽培历史悠久的生产区，主要目的在于充分保留该作物的遗传多样性和抢救其中的濒危物种。

(2) 种质资源的保存对收集到的种质资源，应及时记录品种或类型名称，产地的生态条件、来源、生物学特性等数据，并及时归类存档，以便日后查询。

种质资源的保存方法是指利用人工或天然的适宜环境保存种质资源，主要目标在于维持样本的一定数量，保持各样本的生活力和原有的遗传特异性，以供研究和利用。其主要方法有以下几种。

①种植保存。隔一定时间（如 1～5 年）播种种质资源的种子（或无性繁殖）一次即为种植保存。种植保存一般可分为原地种植保存和异地种植保存。前者是指种质资源在其原生境继续生长，保持其遗传变异和进化，如建立各种自然保护区等。异地种植保存是指将种质资源保存在植物园、种质圃中，并尽可能地与原产地的种植条件相一致，以减少由于生态环境改变、人为差错、天然杂交、世代交替等而造成的生物学混杂现象的发生，如不同类型的种质库等。

②贮藏保存。贮藏保存是将含水量低于安全水分的健全作物种子放在密闭容器中，存放在适当的低温、干燥和低氧的贮藏库中，长期保存种质资源的方法。其原理在于：在低温、干燥和缺氧条件下，种子的呼吸作用受到抑制而延长种子寿命。现在，该方法已成为世界各国保存种质资源的通用方法。其贮藏库分为 3 种类型：短期库（温度 20℃，相对湿度 45%，保存 2～5 年）；中期库（温度 4℃，相对湿度 45%，保存 25 年）；长期库（温度 −10℃，相对湿度 30%，保存 75 年）。

③离体保存。利用植物细胞的全能性原理，用试管保存植物组织或细胞培养物的方法称为离体保存。该法解决了某些顽拗型种子、水生植物和无性繁殖作物种子的保存问题。作为离体试管保存种质资源的材料包括植物的愈伤组织、悬浮细胞、幼芽、幼胚、花粉、体细胞、原生质体等。

第二节　作物的遗传改良

一、作物品种概念与类型

（一）作物品种的概念

作物品种是人类在一定的生态和经济条件下，根据自己的需要而创造的某种作物的一种群体。作物品种不同于植物分类学上的变种、亚种。它是人工进化、人工选择的产物，是重要的农业生产资料，它在农业生产的特定时期，在其所适应的地理范围和耕作栽培条件下，发挥其丰产性、抗逆性和优质性等特性。所以，优良品种一般都具有地域性、群体性和时效性等特点。如果不符合生产上的要求，没有直接的利用价值，它不能作为农业生产资料，也就不能作为品种。

农作物品种应在一个或多个性状上具有区别于同一作物其他品种的特异性，在生物学、形态学尤其是在农艺性状和经济性状上有相对的一致性，在遗传学上有相对的稳定性。这是对作物品种的 3 个基本要求，简称 DUS。而基于品种这 3 个特性基础上的 DUS 测试，是植物新品种保护的技术基础和品种授权的科学依据。

（二）作物品种的类型

根据作物繁殖方式、商品种子的生产方法、遗传基础、育种特点和利用形式等，可将作物品种分为以下 4 种类型。

1. 自交系品种或纯系品种

自交系品种又称纯系品种是指生产上利用的遗传基础相同、基因型纯合的植株群体，是由杂合或突变基因型经多代连续自交选择育成的同质纯合群体。严格来讲，它们是来自一个优良纯合基因型的后代，是基因型高度纯合与优良性状相结合的群体。一般认为，纯系品种的理论亲本系数不低于 0.87，即具有亲本纯合基因型的后代植株数达到或超过 87%。农作物品种如水稻、小麦、大麦、大豆、花生等自花授粉作物的品种就是纯系品种。异花授粉作物和常异花授粉作物由于它们的授粉习性和基因型的杂合性，经多代强迫自交（或兄妹交）而得到的纯系（如玉米的自交系）在作为杂交种的亲本时，亦属于纯系品种范畴。

2. 杂交种品种

杂交种品种是指在严格筛选强优势组合和控制授粉条件下产生的各类杂交组合的 F_1 代植株群体。由于其个体基因型高度杂合，而群体具有不同程度的同质性，所以表现出较强的杂种优势和生产力。杂交种品种不能稳定遗传，F_2 代将发生基因分离，杂合度下降，性状整齐度降低，导致产量下降。所以，生产上一般不利用 F_2 代。

异花授粉植物（如玉米）中利用杂交种品种，一般采用品种间杂交种和自交系间杂交种两种类型。杂交种主要包括顶交种、单交种、三交种、双交种等不同类型。自花授粉作物和常异花授粉作物利用杂种优势的主要方法是利用雄性不育系和优良恢复系杂交而成。过去主要在异花授粉作物中利用杂交种品种，现在随着雄性不育系在多种作物中的先后发现及成功转育，解决了自花授粉作物的去雄和制种难问题，使自花授粉作物和常异花授粉作物也开始利用杂交种品种。我国已在水稻和油菜杂种优势利用方面走在世界的前列。

3. 群体品种

群体品种的遗传基础比较复杂，群体内个体间植株基因型有一定程度的杂合性和（或）异质性。根据作物种类和组成方式不同，群体品种可分为以下 4 种类型：

自花授粉作物的杂交合成群体。此类群体是用自花授粉作物的两个以上自交系品种杂交后，在特定的环境条件下，进行繁殖、分离和自然选择，逐渐形成的一个较为稳定的群体。实际上经过若干代以后，最后形成的杂交合成群体是一个由多种纯合基因型组成的混合群体，该类型品种的抗病虫害能力较纯系品种强。如哈兰德大麦（Hariand）和麦芒拉（Mezcla）利马豆均为由纯系材料杂交而成的群体品种。

自花授粉作物的多系品系。由自花授粉作物的几个近等基因系种子混合繁殖而成。由于近等基因系具有相似的遗传背景，只在个别性状上存在差异。因此，多系品种在大部分性状上是整齐一致的，仅在个别性状上存在差异。此类品种主要用于抗病育种中。如布劳格博士（N. E. Borlaug，1914—）在墨西哥育成的抗秆锈病的小麦多系品种。

异花授粉作物的自由授粉品种。异花授粉作物品种在生产、繁殖过程中，品种内植株间随机授粉，同时也会和邻近的另一品种授粉。因此，群体中存在来自杂交、自交和姊妹交所产生的后代，个体植株的基因型是杂合的，群体的基因型是异质的，但保持着一些本品种的主要特性，可以区别于其他品种。如玉米、黑麦等异花授粉作物的多数地方品种均属于自由授粉品种。此类品种又叫开放授粉品种。

异花授粉作物的综合品种。由一组异花授粉作物的多个交自系在隔离区内，经随机授粉而组成的遗传平衡群体。此类群体表现为：群体内个体基因型杂合，群体的基因型异质。群体品种育种的基本目的是创建和保持广泛的遗传基础和基因型多样性。

4. 无性系品种

由一个无性系经过营养繁殖而成，其基因型由母体决定，表现型与母体相同。如多数薯类作物属于无性系品种。由专性无融合生殖（如孤雌生殖、孤雄生殖等）产生的种子繁殖的后代，也属于无性系品种。

二、作物遗传改良的任务

作物遗传改良是指通过对植物遗传特性有目的地进行改良，使之更加符合人类生产、发展和生活的需要。也称为作物品种改良或作物育种。在原始农业时期，在人类对野生植物进行驯化并使之成为栽培作物的过程中，就已经初步显示出遗传改良的作用。而随着社会的进步和人类对自然规律的掌握，人们还通过人工合成途径创造作物新类型，丰富了作物种类，使作物品种的产量、品质、抗逆性和生态适应性得到了大幅提高。

现有的各种农作物都是从野生植物演变而来，这种自然的演变过程称为进化。进化是自然变异和自然选择的结果。而对动植物品种的改良则是人们根据生产的需要，人工创造变异和选择变异的结果。其中包括有意识地利用自然变异和自然选择的作用。自然选择有利于个体生存和繁殖后代的变异，以及形成新物种、亚种、变种和生态型。人工选择决定作物品种选育的进程和方向。因此，作物遗传改良的任务就是适当利用自然进化和人工进化，创造、选育和繁殖新的作物品种。随着农业生产水平和遗传改良技术的提高，作物遗传改良的方法基本上可划分为传统遗传改良技术和现代遗传改良技术。

三、种质资源

（一）种质资源的概念与类型

种质资源是指一切具有特定种质或基因，可供育种、栽培及其他生物学研究的各种生物类型的总称。种质资源是生物多样性的重要组成部分，更是人类赖以生存和发展的重要物质基础。随着植物育种学的发展，种质资源概念的内涵已大大延伸。育种的原始材料、品种资源、遗传资源、基因资源与种质资源的概念大同小异。

有关种质资源的类型有多种划分方法。其中，按利用价值和来源的不同，可将种质资源分为以下四种类型。

（1）本地种质资源。本地种质资源是育种工作最基本的原始材料。它包括地方农家品种和改良品种。地方农家品种是指没有经过现代育种技术改良的，在当地长期栽培而适应性强的品种。地方改良品种是指那些经过现代育种方法育成的，在当地有较大推广面积的优良品种。它包括本地育成的，也有从外地或国外引种成功的。

（2）外地种质资源。是指从外地或国外引进的作物品种或类型。这些种质反映了各自原产地的自然和栽培特点，具有不同的生物学、经济学和遗传性状，往往具有一些本地种质资源所不具有的特殊性状，特别是来自作物起源中心的品种，往往集中地反映了该作物的遗传多样性，是改良本地品种的主要材料。

（3）野生种质资源。主要指各种作物的近缘野生种和有利用价值的野生植物。它们是在特定自然条件下，经过长期的自然选择进化而形成，具有一些栽培种所没有的特殊性状。如对病虫害的高度抗性，对逆境的高度适应性和独特的品质等。野生种质资源的成功利用能在作物育种中取得重大突破。如我国水稻野败型细胞质雄性不育系的成功选育就是一例。

（4）人工创造的种质资源。是指在自然界原有种质资源的基础上，通过人工杂交、理化诱变和基因工程等途径创造的各种植物突变体或中间材料。其中一些具特殊的遗传基因，丰富了作物育种的种质资源。

（二）种质资源的收集与保存

种质资源的收集与保存是种质资源工作的重要环节。

（1）种质资源的收集。概括起来，种质资源的收集方法包括野外考察收集、种质资源机构或育种单位间交换和群众性征集等方法，而考察收集是最直接和最基本的途径。野外考察收集主要集中于作物的起源中心和栽培历史悠久的生产区，以充分保留该作物的遗传多样性和抢救其中的濒危物种。

（2）种质资源的保存。对收集到的种质资源，应及时记录品种或类型名称，产地的生态条件、来源、生物学特性等数据，并及时归类存档，以便日后查询。

种质资源的保存方法是指利用人工或天然的适宜环境保存种质资源，主要目标在于维持样本的一定数量，保持各样本的生活力和原有的遗传特异性，以供研究和利用。其主要方法有：

种植保存。隔一定时间（如1—5年）播种种质资源的种子（或无性繁殖）一次即为种植保存。种植保存一般可分为原地种植保存和异地种植保存。前者是指种质资源在其原生境继续生长，保持其遗传变异和进化。易地种植保存是指将种质资源保存在植物园、种质圃中，并尽可能地与原产地的种植条件相一致，以减少由于生态环境改变、人为差错、天然杂交、世代交替等而造成的生物学混杂现象的发生。

贮藏保存。贮藏保存是将含水量低于安全水分的健全作物种子放在密闭容器中，存放在适当的低温、干燥和低氧的贮藏库中，长期保存种质资源的方法。其原理在于：在低温、干燥和缺氧条件下，种子的呼吸作用受到抑制，从而延长种子寿命。现在，该方法已成为世界各国保存种质资源的通用方法。其忙藏库分为 3 种类型：短期库（温度 20℃，相对湿度 45%，保存 2－5 年）、中期库（温度 4℃，相对湿度 45%，保存 2－5 年）、长期库（温度－10℃，相对湿度 30%，保存 75 年）。

离体保存。利用植物细胞的全能性原理，用试管保存植物组织或细胞培养物的方法称为离体保存。该法解决了某些顽拗型作物、水生植物和无性繁殖作物的种质资源保存难的问题。作为离体试管保存种质资源的材料包括：植物的愈伤组织、悬浮细胞、幼芽、幼胚、花粉、体细胞、原生质体等。

第三节　作物育种的主要方法

作物育种的方法很多。本节主要介绍系统育种、杂交育种、杂种优势利用、诱变育种和生物技术育种。

一、系统育种

（一）系统育种的意义和作用

系统育种就是采用单株选择法，优中选优。群众俗称为“一株传”“一穗传”“一粒传”。从现有大田生产的优良品种中，利用自然界出现的新类型，选择具有优良性状的变异单株（穗），分别种植，每个单株（穗）的后代为一个品系，通过试验鉴定，选优去劣，育成新品种，繁殖应用于生产。这样由自然变异的一个个体，发育成为一个系统的新品种，就叫作系统育种。它是自花授粉作物、常异花授粉作物和无性繁殖作物常用的育种方法。它是改良现有品种的一个重要方法，也是育种工作中最基本的方法之一。它具有两个特点。

1. 简单易行、时间短、见效快

由于所选的优良个体，是利用自然变异材料，一般是同质结合体，后代没有分离，不需要经过几代的分离和选株过程，而且育成的品种对当地自然条件和栽培条件的适应性较好，容易推广。工作过程简单，试验年限短，一般进行二年的产量比较试验证明确较原品种优良后，即可参加区域试验。所以既适宜于专业育种单位采用，也适宜于群众育种采用。

2. 连续选优，品种不断改进提高

自然界在变，栽培技术在不断提高，品种也会出现变异。只要经常到田间去仔细观察，就会发现优良的变异类型，为进一步系统育种提供材料。事实上，全国各地生产上应用的许多作物良种，就是用系统法育成的。如水稻的矮脚南特首先是从鄱阳早中经过系统育种育成南特号，又从南特号育成南特 16 号，再从南特 16 号育成高度耐肥抗倒的我国第

一个矮秆籼稻良种矮脚南特。此外，在南特号中经过不断的系统育种，还选育出许多适应不同地区、不同栽培条件的高秆和矮秆水稻良种。

（二）系统育种的基本原理

1. 品种自然变异现象及产生的原因

任何优良品种都有一定的特点，并具有相对稳定性，能在一定时间内保存下来。但是，自然条件和栽培条件是不断变化的，品种也不是永恒不变的，而是随着条件的改变或自然杂交、突变等原因，不断出现新的类型，即自然变异。因此，品种遗传基础的稳定性是相对的，变异是绝对的。

产生变异的原因有两个，即内因和外因。内因主要是生物内部遗传物质的变化。只有遗传物质的变化才能产生遗传的变异，才为选择提供原始材料。遗传基础的变异通常有以下几个方面：一是由于自然杂交，引起基因重组，出现新的性状。二是基因突变，在某些基因位点上发生一系列变异。三是染色体数目上或结构上发生变异。四是一些新品种在开始推广时，其遗传基础本来就不纯，而存在有若干微小差异，在长期栽培过程中，微小差异渐渐积累，发展为明显的变异。这些遗传基础的变异，都可以引起性状发生变异。

2. 纯系学说

所谓纯系是指自花授粉作物一个纯合体自交产生的后代，即同一基因型所组成的个体群。约翰森从 1901 年开始，把从市场上收集来的自花授粉作物菜豆，按籽粒大小、轻重选出 19 个纯系，再把它们连续进行 6 年选择，得出两个主要结论：一是在自花授粉作物群体品种中，通过单株选择可以分离出许多纯系，表明原始品种是纯系的混合物。二是同一纯系内继续选择没有效果，因为同一纯系的不同个体的基因型是相同的，豆粒轻重的差别是由于环境的影响。

（三）系统育种的方法和程序

1. 精选单株的方法

系统育种是从选择优良单株（穗、铃）开始的，所以必须注意如下几个方面。

（1）选株对象。利用什么材料选株，是系统育种成败的关键。总结我国 1950 年以来育种工作的成就，用系统育种选育的品种，绝大多数是从当前生产上广为栽培的优良品种中选出来的。因为这些大面积栽培的品种，长期种植在各种不同的生态条件下，发生各种各样的变异，为系统育种提供丰富的选种材料，容易选出更优良的品种。

（2）选株的标准。根据育种目标，首先明确选择类型。如进行抗病育种时，必须在有病的地区选能抗病的个体。其次要在综合性状优良的基础上重点克服品种存在的缺点，忽视综合性状只突出单一性状的选择，不会选育出有推广价值的优良品种。

（3）选株的条件。系统育种是优中选优，选株要在保持原有品种优良特点并生长均匀一致的条件下进行，选株的田块必须土壤肥力均匀，耕作管理相同，不在田边或缺株等生长不正常的地方选株，避免由于环境因素的影响而产生的非遗传变异的干扰，确保能正确地鉴别个体间遗传性的差异，选出遗传性优良的植株。

（4）选株的数量。根据具体情况来决定。一般说，品种群体内变异类型多，育种规模大，人力充足，可以多选一些，否则只宜少选。

系统育种是利用自然变异，在自然变异中可遗传变异的频率不是太高，出现优良单株的机会更小，必须在观察大量植株的前提下，慎重选择。如矮南早 1 号是浙江省农业科学院从矮脚南特大田中选择 1142 个单穗，经进一步鉴定育成的。

（5）选择的时间。在整个生育期中分阶段到田间观察选择，特别要在性状表露最明显的时期进行观察和选择。因此，越冬性要在冬季苗期观察选择，生育期要在抽穗、开花、成熟时观察选择，抗倒性、抗病性要在大风雨之后、病害大发生的时期观察选择。有的性状还需要观察选择几次。例如水稻选择的关键时期是抽穗期，因为这个时期容易识别熟期、穗部性状和叶片等重要特征。因此，一般抽穗期选择一次符合目标的优良单株，作上记号，成熟时到田间复选一次即割回。在发生病害、寒害时，选抗病抗寒单株。

总之，系统育种精选单株，以田间观察为主，针对当前品种的缺点为主攻方向选择单株，最后在室内决选一次，淘汰不符合要求的，选留的单株干燥后，及时分株脱粒、分别收藏并编号。

2. 系统育种的程序

系统育种从选株开始到新品种育成、推广，需要经过一系列试验、审定过程（图 3-1）。

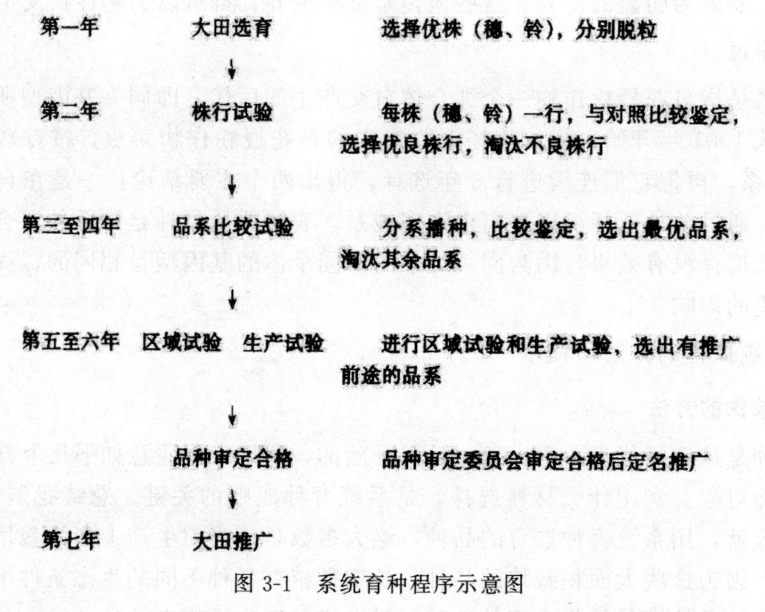

图 3-1　系统育种程序示意图

二、杂交育种

杂交育种是通过两个遗传性不同的个体进行杂交获得杂种，继而对杂种后代加以培育选择，创造新品种的一种育种方法。杂交育种是国内外应用最广泛，而且成效最大的育种方法之一。也是人工创造变异和利用变异的重要育种方法。

由于亲本的遗传性不同，通过杂交把亲本不同的性状结合在一起，建立起新的各种各样的变异类型，使杂种后代具有广泛的变异和较高的生活力，为育种提供了丰富的材料。杂交可以分为有性杂交、无性杂交和体细胞杂交。有性杂交根据亲本亲缘关系的远近又分为品种间杂交和远缘杂交。下面主要介绍品种间杂交和远缘杂交。

（一）品种间杂交

同种或亚种内两个或两个以上品种个体之间进行杂交，即为品种间杂交。品种间杂交是利用同种或亚种内不同的优良品种或品系作亲本，杂交后代的性状是亲本性状的继承和发展，因此，能否在杂交后代中选到理想的变异类型，与亲本的选配密切相关。如果亲本选配得当，其后代就会出现较多的优良变异，就容易从中选到理想的材料，育成具有优良性状的新品种，否则就会徒劳无获。所以，亲本的选配是杂交育种成败的关键。

1. 杂交亲本的选配原则

杂交育种的实践证明，要正确地选配亲本，一是要了解品种资源，研究和掌握品种的遗传特点，二是要根据育种目标决定亲本。其选配原则有以下几点：

选择优点多、缺点少，而且彼此的主要优点能够互补的品种作亲本。这是一条最基本的非常重要的原则。在这样配组的杂交后代中，出现优异个体的比例较大，育种成效好。如果双亲之一缺点多，往往在杂交后代中出现这样或那样的缺点，不容易选出理想的个体；如果亲本都具有相同的缺点，则后代又出现相同的缺点。

选用地理生态型差异较大、亲缘关系较远的材料作亲本。这一原则的意义主要在于丰富杂交后代的遗传性，增加产生优良性状的可能性。地理上的远缘材料，由于长期人工选择和自然选择的结果，不同地区的品种，对不同的生态条件有不同的适应性和抗逆性。因此，选用地理远缘的品种杂交，可以综合不同品种的适应性、抗逆性、丰产性等优良性状。由于杂交后的内在矛盾大，分离多，变异广泛，后代会出现更多的变异类型甚至超亲的有利性状，所以，有更多的选择余地，育成优良品种的成效大。

根据性状的遗传规律选配亲本。亲本性状的遗传有一定的规律，按照这个规律选配亲本，必然会给杂交育种工作带来预见性。不同亲本品种的性状遗传给后代的可能性有明显的差异，这与亲本的系统发育有关。如用水稻栽培品种与野生稻杂交杂种后代野生性状多，说明野生稻的遗传力强。因此，要尽量避免选用有严重不良性状而且遗传力强的品种作亲本。而要选择那些既性状优良，又遗传力强的品种作亲本。

2. 杂交方式

亲本确定之后，采用什么样的杂交方式，对于新品种的育成也有很大的关系。杂交方式一般根据育种目标和亲本的特点确定，主要有单交、回交和复交等方式。

（1）单交。采用两个亲本（一为母本一为父本）进行一次的杂交。用甲×乙表示。这是常用的一种杂交方式。在采用单交时，由于是两亲本相互杂交，所得 F_1 不完全相同，所以两个亲本的配对杂交，又有正交（甲×乙）和反交（乙×甲）的组合方式。在没有细胞质遗传的情况下，正交和反交的效果是相同的。因此，在选择父母本时，习惯上常以对当地栽培条件适应性强，农艺性状比较好的作为母本。

（2）回交。两个亲本杂交后，子一代再与双亲中的一个亲本进行的杂交。

回交可以进行一次或多次，直至回交亲本的优良性状加强并固定在杂种后代时为止。因此，应尽可能选择综合性状好的亲本作回交亲本，才能较快获得成功。在抗性育种、远缘杂交和杂种优势利用中，常常采用回交法。

（3）复交。采用两个以上的亲本进行多次的杂交，称复合杂交或复交。复交的目的是把多个亲本的优良性状综合到一个更完善的新品种里去。复交的方式因采用亲本的数目及杂交方式不同，又分为三交、四交（或双交）等。

复交虽然比单交费事，但其后代具有丰富的遗传性。因此，可以根据具体情况灵活运用。

3. **杂文技术**

作物的杂交工作是一项细致的操作，为了顺利进行，首先应对作物的花器构造、开花习性、去雄授粉方式、花粉寿命等一系列有关问题有所了解，在此基础上采用相应的杂交技术，才能得到圆满的结果。虽然作物的种类繁多，杂交的方法和技术有较大的差异，但基本原则是相同的。主要有以下几个步骤：

（1）选择亲本植株。根据育种目标，选择具有父、母本品种典型性状、生长发育良好、无病虫害的单株作杂交亲本植株。

（2）母本去雄。这是保证杂种真实性的重要一环。去雄的方法主要有夹除雄蕊法、剥除花冠去雄法、温汤杀雄法、化学药剂杀雄法和麦管切雄法等。根据不同作物的花器特点采用适当的方法。

（3）采粉授粉。就是采集父本的花粉授给已去雄的母本雌蕊的柱头上，使其受精结实。作物最适宜的授粉时间是每日开花最盛的时候。因此，也是采取花粉最容易的时间。

（4）杂交后的管理。杂交后的管理应以保果防杂为中心。授粉后的花或穗挂牌，标明杂交组合名称和授粉日期。杂交种子成熟后，连同纸牌及时收获，妥善保存，以备来年播种。

4. 杂交后代的处理。选配亲本和进行杂交，只是杂交选育的开端，大量的工作是杂交后代的培育、选择和鉴定，这样才能使没有定型的材料逐步达到性状稳定，成为符合选育目标的新品种或类型。

对杂种后代的选择依据，是根据性状遗传力的大小和世代的纯合百分率进行的。各种作物性状的遗传力有所不同，一般如株高、成熟期和某些抗性等性状的遗传力较高，在F_2、F_3（即早世代）进行选择效果较好。但对产量性状，如单位面积穗数和每穗粒数等性状遗传力较低，一般在晚世代进行选择。所以，一般情况下，质量性状早世代遗传力高，早世代选择较好，数量性状则晚世代选择效果好。

（二）远缘杂交

1. 远缘杂交的概念与作用

远缘杂交是指不同亚种、种、属，甚至不同科的植物之间的杂交，由于它们父、母本的亲缘关系很远，故称为远缘杂交。如籼稻与粳稻、栽培稻与野生稻的杂交，海岛棉和陆地棉的杂交，小麦与黑麦的杂交等，都称为远缘杂交。

远缘杂交作为一种手段，能引入不同种、属的有角基因，为创造农作物新品种和新类型提供了一条重要的途径。

通过远缘杂交培育出了更高产的优良新品种。如籼稻与粳稻杂交，培育了具有籼、粳优良性状的高产品种。

通过远缘杂交提高了品种的抗病虫害的能力，因为许多野生类型的材料，由于长期自然选择，对各种不良外界环境条件具有很强的抵抗能力，通过野生类型材料与栽培品种杂交，可以提高栽培品种对病虫害的抵抗能力。如利用抗丛矮病的野生稻与栽培稻杂交，培

育出抗丛矮病的优良品种。

通过远缘杂交获得了雄性不育系，为杂种优势利用提供了理想的遗传工具。目前，常用的不育系，如水稻的不育系、高粱的不育系等大都是利用远缘杂交的方法培育而成的。陆地棉与海岛棉杂交获得的具有很强的杂种优势，F_1 的皮棉产量接近陆地棉，纤维长度又近似海岛棉甚至超过海岛棉。

远缘杂交在促进生物进化方面起到很大的作角，我国开展远缘杂交工作以来，先后培育了八倍体小黑麦、小偃麦和高粱蔗等一些新类型、新品种，丰富了远缘杂交的科学理论。

2. 远缘杂交存在的问题与克服的方法

远缘杂交与品种间杂交相比，由于亲缘关系远，杂种内部矛盾更大，后代分离更多样化，杂交不易成功。因此给育种工作带来许多困难，主要表现在：杂种生活力弱，不育或育性低，后代性状分离大、时间长、不易稳定。

克服的方法，一是适当增加杂种后代的选株数量和选育代数。二是采用适当的品种进行复交或用亲本进行回交。此外还可以利用 F_1 的花粉进行离体花粉培养，对克服远缘杂交后代分离也有效果。

三、杂种优势利用

(一) 杂种优势的概念

两个遗传性不同的亲本杂交产生的杂交第一代（巧），其生长势、生活力、抗逆性、产量、品质等都比双亲优越，这种现象叫杂种优势。不同的品种和类型杂交，杂种优势的强弱不一样。为了研究和利用杂种优势，常用以下几种方法计算杂种优势的大小。

中亲优势法：杂种一代（F_1）与双亲（P_1 与 P_2）的平均值（MP）作比较。

$$中亲优势（\%）=\frac{F_1-MP}{MP}\times 100$$

超亲优势法：杂种一代（F_1）与高值亲本（HP）作比较。

$$超亲优势（\%）=\frac{F_1-HP}{HP}\times 100$$

负向超亲优势法：杂种一代（F_1）与超低值亲本（LP）的比较。

$$负向超亲优势（\%）=\frac{F_1-LP}{LP}\times 100$$

超标或生产优势法：杂种一代（F_1）与生产上推广的优良品种（CK）作比较。

$$超标或生产优势（\%）=\frac{F_1-CK}{CK}\times 100$$

杂种优势指数法：杂交种（F_1）某一数量性状的平均值与双亲同一性状的平均比值。

$$杂种优势指数（\%）=\frac{F_1}{MP}\times 100$$

上述公式表明：当 F_1 值大于 HP 值时，称为超亲优势；当 F_1 值小于 HP 值而大于双亲平均值 MP 值时，称为中亲优势或部分优势；当 F_1 值小于 MP 值而大于 LP 值时，称为负向中亲优势或负向部分优势；当 F_1 值小于 LP 值时，称为负向超亲优势或负向完全优势。

利用杂种优势主要是杂种一代，从杂种第二代开始发生性状分离，出现部分类似亲本的类型，使优势逐代减弱。特别是通过“三系”配套的杂交种，后代分离出不育株，导致产量明显下降。因此，杂交第二代和以后各代一般不再利用。

(二) 杂种优势的表现

杂种优势是生物界普遍而复杂的现象，其优势表现的形式多种多样。通过严格选配的组合，杂种一代的优势表现明显。主要有以下几点：

1. 生长势强

杂种一代在主要性状上都表现有优势。主要表现在根系发达、吸收能力强；地上部生长快、分蘖力强、茎秆粗、叶面积系数大等。由于杂种这些长势旺盛的特性，又促进了群体的较快发展，能充分利用光能和地力，制造更多的营养物质。

2. 产量高

各种作物杂种一代的产量多较高，一般比推广的普通良种增产20%～40%，有的高达1倍以上。

3. 抗逆性强，适应范围广

由于杂种较强的生活力，能抵抗外界不良条件和适应各种环境。目前生产上种植的各类作物的杂交种，大多数表现抗倒、耐肥、耐旱、耐瘠、耐盐碱等优良特性。只要满足其基本发育条件，不同纬度、不同海拔、不同土质都可种植杂交种。

四、诱变育种

利用物理或化学的因素诱导作物的种子、植株和其他器官，引起遗传变异，然后，通过人工选择，从中挑选有利变异类型，培育出符合育种目标的优良品种，这种方法称为诱变育种。在作物诱变育种中常用的物理因素为几种电离射线，化学因素为多种化学诱变剂，故前者称为辐射育种，后者称为化学诱变育种。由于化学诱变育种开展较晚，加上原子能技术的广泛使用，目前国内辐射育种比化学诱变育种普遍。

(一) 诱变育种的特点

1. 提高变异率，扩大变异范围

选育作物新品种，需要掌握丰富的原始材料。利用射线诱发作物产生变异率较高，一般可达3%～4%，比自然界出现的变异率要高100倍以上，甚至高1000倍。而且辐射引起的变异类型较多，常常超出一般的变异范围，为选育新品种提供了丰富的原始材料。

2. 有利于在短时间内改良单一性状

一般的位点突变是某一基因的改变，如不影响其他基因的功能时，即可用以改良某一优良品种的个别缺点。实践证明，辐射育种可以有效改良品种的早熟、矮秆、抗病、优质等单一性状。

3. 改变作物孕性

可使自交不孕作物产生自交可孕的突变体，使自交可孕的作物产生雄性不育，还能促使原来不孕的作物恢复孕性，这为雄性不育系寻找和配制恢复系提供了新的途径。辐射也

可以促进远缘杂交的成功。远缘杂交的结实性往往比较低，甚至不结实，如用适当剂量的射线处理花粉，可以促进受精结实，达到创造优良品种的目的。

诱变育种有它独特的优点，但也有它的缺点。由于目前对高等植物的遗传和变异机理的研究尚不够深入，难以确定诱变的变异方向和性质，且所产生的变异往往是不利变异多，有利变异只占极少数，因此，需要用大量的原始材料进行处理，才能收到预期的效果。

（二）辐射诱变

1. 辐射源的种类

辐射育种应用的射线种类有紫外线、α射线、β射线、γ射线、x射线、快速电子及中子射线等。一些试验表明，中子射线效率高，认为是最有发展前途的射线。

2. 照射剂量单位

即被照射物质的单位质量所吸收的能量值（物质所吸收的能量/物质的质量）。照射剂量因作物种类、处理材料（种子、植株和花粉等）均有所不同。

3. 照射剂量

照射剂量的选择对于辐射育种起着重要的作用。适宜的剂量是有利突变率高的照射剂量。照射剂量的大小常用剂量率作为单位来衡量，即单位时间内所吸收的剂量。辐射效果与剂量有关。因此，在一定剂量范围内，照射剂量越大，变异率也随之增加；相反，变异就小，甚至没有。剂量过大，处理的材料就会死亡，失掉选择机会；剂量过小，不产生变异，达不到辐射育种的目的。

一般认为合适的剂量范围是半致死剂量、半致矮剂量和临界剂量，即经过照射的材料，保证辖射一代有30%～50%的结实率。

4. 照射处理方法

照射处理可以采取内部照射和外部照射两大类。内部照射是将辐射源引入被照射种子或植株内部。常用方法有浸种法、注射法，即利用放射性^{32}P、^{35}S、^{14}C或^{65}Zn的化合物，配成溶液浸种或浸芽，达到诱变的效果。外部照射是指受照射的有机体接收的辐射来自外部的某一照射源。如利用钴源、x射线、γ射线或中子源等进行照射，这种方法简便、安全，可大量处理诱变材料。

（三）化学诱变

1. 化学诱变剂的种类

化学诱变剂是指能和生物体的遗传物质发生作用，并能改变其结构，使后代产生遗传性变异的化学物质。化学诱变剂的种类很多，目前常用的主要有如下几种：

烷化剂可对生物系统特别是对核酸进行烷化。是目前作物诱变育种中应用广、效率高的一类化学诱变剂。

碱基类似物这类化合物掺入DNA复制时，发生偶然的错误配对，导致碱基置换，从而引起突变。

叠氮化物它可使复制中的DNA的碱基发生替换，是目前诱变效率高而安全的一种诱变剂。另外，还有一些其他化学诱变剂，如亚硝酸、羟胺、吖啶、抗生素等。

2. 化学诱变剂的特点

与物理诱变剂相比，化学诱变剂具有诱发位点突变多、染色体畸变少的特点，化学诱变剂是通过各自的功能基与DNA大分子中若干基因发生化学反应，更多的是发生位点突变，主要影响DNA单链，引起染色体的损伤少。化学诱变剂还具有迟效作用及对处理材料损伤轻等特点。但有些化学诱变剂毒性大，使用时必须注意安全防护。

3. 化学诱变剂的处理方法

常用的处理方法有浸渍法、滴液法、注射法、涂抹法、施入法和熏蒸法等。

五、生物技术育种

生物技术是近十年来飞速发展的细胞和组织培养技术、原生质体培养和体细胞杂交技术以及重组DNA技术。它们是相对于传统育种技术而言的高新技术，因而已成为传统育种技术的重要补充和发展。

（一）细胞和组织培养技术

植物细胞和组织培养技术又称为细胞工程。主要包括细胞融合、大规模工厂化细胞培养、组织培养和快速繁殖等技术。它可打破种、属间的界限，在植物新品种的育种上有着巨大的潜力。

1. 体细胞变异体和突变体的筛选

植物体细胞在离体条件下，以及在离体培养之前，会发生各种遗传和不遗传的变异。习惯上把这种可遗传的变异称为无性系变异。把不加任何选择压力而筛选出的变异个体称为变异体。而把经过施加某种选择压力所筛选出的无性系变异，称为突变体。

筛选无性系变异主要通过组织培养来获得变异体和突变体，大体有三种方式。第一种是变异发生在组织培养之前，即先发生变异，然后在组织培养条件下进行选择。如有些变异发生在植株的某一部分组织的细胞中，需要将这部分变异的细胞从植株上分离下来进行培养，使之再生为植株。第二种是在组培过程中，对培养物施加某种处理，使变异发生或显现于组织培养之中，或者培养条件可能就是变异的因素，在培养过程中进行选择。第三种是不施加任何选择压力，虽然变异可能出现于大量组织培养的产物之中，但要在组培后再进行选择。

2. 细胞和组织培养技术在育种中的应用

通过胚珠或子房培养与试管授精，克服远缘杂交不亲和性。

在作物远缘杂交中，时常形成发育不全的、没有生活力的种子，如果在适当时期把这类种子的胚取出培养，将有可能培养育成杂种的幼苗进而获得远缘杂交的后代。

细胞和组织培养技术还可克服核果类作物胚的后熟作用和打破种子的休眠期。核果类早熟品种与晚熟品种在果实发育上的区别是第二阶段（胚的生长）的长短不同，早熟品种的第二阶段很短，胚的生长发育不健全、生活力不强。当用早熟品种作母本与晚熟品种杂交时，很难得到杂交后代。但如果用幼胚离体培养就能获得杂交的后代。因此，在核果类早熟性育种工作中常常采用这种方法。

有些种子的休眠期很长，如果用离体胚培养法，几天就能长出幼苗，因而可以大大地缩短育种年限。另外，通过组织培养，可以快速繁殖有经济价值的植物、保存种质、生产

无病毒植物材料等。

(二) 原生质体培养和体细胞杂交技术

植物原生质体是指用特殊方法脱去细胞壁的、裸露的、有生活力的原生质团。就单个细胞而言，除了没有细胞壁外，它具有活细胞的一切特征。

原生质体培养的利用途径是多方面的。如通过原生质体制造单细胞无性系；利用原生质体作为遗传转化的受体，使之接受外源遗传物质产生新的变异类型；利用原生质体进行基础性的研究（如细胞生理、基因调控、分化和发育等）。然而，在作物育种上应用最多的是植物体细胞杂交。因此，下面主要介绍这方面的内容。

1. 体细胞杂交的特点

体细胞杂交又称原生质体融合，是指两种无壁原生质体间的杂交。它不同于有性杂交，不是经过减数分裂产生的雌雄配子之间的杂交；而是具有完整遗传物质的体细胞之间的融合。因此，杂交的产物——异质核细胞或异核体中将包含有双亲体细胞中染色体数的总和及全部细胞质。体细胞杂交由于人为的控制，使杂种细胞内的遗传物质发生某种变化。如在体细胞杂交过程中有意识地去除或杀死某一亲本的细胞核，得到的将是具有一个亲本细胞核和两个亲本细胞质的杂种细胞，通常把这种细胞称为胞质杂种。另外，有可能使有性杂交不亲和的双亲之间杂交成功。也就是说，在体细胞水平上的杂交，其双亲间的亲和性或相容性似乎有所提高，从而有可能扩大杂交亲本和植物资源的利用范围。

2. 体细胞杂交技术

利用叶、胚乳、茎尖等植物器官的切片制备细胞悬浮液，把它们的细胞壁用酶法除掉。每个种类分离出数百万个原生质体。把来自两个植物种类的原生质体悬浮液混合并作离心处理，以使原生质体最大限度地混合、融合。然后把悬浮液置于“陪替氏培养皿”中进行培养，并创造最有效的培养条件，如消毒、温度、光照等。一段时间以后，一团数目不太大的细胞开始形成愈伤组织并发育成植株。这一试验是 Power 等（1976）在英国用矮牵牛属植物的原生质体和 Carlson 等（1972，1975）在美国用一种烟草属植物的原生质体，首先实现了植物原生质体融合的成功。继此之后，又有一些种间和属间植物通过原生质体融合获得体细胞杂交株。随着原生质体融合技术的进展，可望有些研究结果能在植物育种中应用。

(三) 重组 DNA 技术

重组 DNA 技术又称分子克隆或基因工程。它是当代生物技术的中心内容，这项技术在短时间内已显示出巨大的经济效益和社会效益。

基因工程就是对遗传物质直接进行操作，它包括把自然的“目的”基因以及化学方法合成的新基因从一个生物体转移到另一个生物体。限制性酶的发现使得人们能在指定位点上把 DNA 分子切成片断，每一片断通常就是一个单独的基因，并把这些片断重组成一条新的重组 DNA 链。这些技术向作物育种家们提供了直接改变作物基因型的方法，为作物育种开创了新的途径。

1. 转基因技术在育种上的应用

利用基因工程技术，可以将作物中不具备的外源基因导入作物，弥补某些遗传资源的不足，丰富基因库，有力促进作物育种的发展。近年来在提高作物的抗虫、抗病、抗逆性，改良品质等多方面展现出良好的发展前景。如 Wunn 等利用基因枪法成功地将 crylA (b)（抗虫）基因导入籼稻中获得转基因植株，抗虫性测试结果表明对二化螟、三化螟初孵幼虫致死率为100%，对稻纵卷叶螟幼虫致死率为50%～60%；朱祯等利用脂质体转化法成功地将含有人工α⁻干扰素（Hu⁻α⁻IFN）cDNA导入籼稻获得转基因植株，经检验表明，转化组织含有干扰素特有的抗病毒活性；Hossan等已分离克隆出三个与水稻耐淹能力有关的基因pdc Ⅰ、pdc Ⅱ和pdc Ⅲ，并采用不同的启动子转入水稻基因组中获得部分转基因植株；Barkharddt等将单子叶植物中八氢番茄红素合成酶及其脱氢酶基因导入水稻基因组中获得富含类胡萝卜素的再生植株。抗除草剂基因是基因工程最早涉及的领域之一，在水稻转基因研究中成功获得抗除草剂转基因水稻的报道最多。如用抗除草剂的外源基因转化杂交水稻的恢复系或将此基因转育到恢复系，此种恢复系用来制种，得到的将表现抗除草剂。转基因抗除草剂大豆也在美国、巴西和阿根廷等国得到广泛应用。

2. 分子标记技术在育种中的应用

在育种过程中利用分子标记技术进行鉴定、检测、帮助亲本选择和品种的选育，成为分子育种这门新兴学科中的重要组成部分。

DNA分子标记在作物育种中的应用主要用于分子遗传图谱的构建、亲缘关系分析、农艺性状的定位和辅助标记选择等。

高密度分子图谱的建成为基因定位、物理图谱的构建和依据图谱的基因克隆奠定基础。如水稻的第一分子图谱由美国Cornell大学Tankssley实验室发表，目前该图谱已有标记700个，其中绝大部分为RFLP标记，有11个微卫星标记，26个克隆基因和43个表型性状。日本也发表了水稻分子图谱。

在分子图谱的帮助下对品种之间的比较覆盖整个基因组，大大提高了结果的可靠性。这种研究可用于品种资源的鉴定与保存，研究作物的起源与进化、杂交亲本的选择等等。如中国水稻研究所用160个RFLP标记对我国的部分广亲和品种进行RFLP检测，构建了亲缘关系树状图，还从中筛选出一套用于水稻籼粳分类、鉴定的RFLP的核心探针。

饱和分子图谱的构建使基因定位的工作变得相对容易。如在水稻中，已经定位了多种重要农艺性状，包括抗稻瘟病基因、抗白叶枯病基因、抗白背飞虱基因、广亲和基因、光温敏雄性不育基因等。

利用DNA辅助标记将给传统的育种研究带来革命性的变化。农作物有许多基因的表型是相同的。在这种情况下，经典遗传育种无法区别不同的基因，因而无法鉴定一个性状的产生是由一个基因还是多个具有相同表型的基因的共同作用。采用DNA标记的方法，先在不同的亲本中将基因定位，然后通过杂交或回交将不同的基因转移到一个品种中，通过检测与不同基因连锁的标记的基因型来判断一个体是否含有某一基因，以帮助选择。

3. 外源DNA导入（植物分子育种）在育种上的应用

大量的研究工作表明，外源DNA导入作物，能够引起性状变异，转移供体的性状基因，甚至产生特殊的变异类型，而且一般稳定较快（3～4代）。从一定意义上说，通过这一技术直接引入异源种属植物基因，也是实现远缘杂交的一种手段。外源DNA导入作物引起的性状变异类型广泛。如紫色稻DNA导入无紫色性状的品种京引1号，后代分离出现紫颖壳、花壳、紫芒、紫色退化外稃等供体性状；大米草DMA通过注射法导入水稻品种早丰产生出的特异类型；紫玉米DNA导入花培品种花30，其后代中除出现有紫色稃尖和稃芒外，个别植株出现一粒谷内含2～3粒米，有的植株同一穗上的籽粒大小显著不同。

从育种的要求，无论是通过有性杂交、外源DNA导入，或是遗传工程、分子标记等，其目的都是导致亲本或受体遗传基因的重组，经过性状分离和选择，获得经济价值高于亲本的新品种，供生产利用。

第四节　家畜的选种与选配

一、家畜的选种

家畜的选种，就是按照既定的目标，通过一系列的方法，从畜群中选择出优良个体作为种用。其实质就是限制和禁止品质较差的个体繁衍后代，使优秀个体得到更多繁殖机会，扩大优良基因在群体中的比率。否则，不加选择或选择不当，畜群品质退化将会很快。

二、家畜的选配

选配即有意识、有计划、有目的地决定公母畜的配对，根据人为意愿组合后代的遗传基础，以达到培育或利用优秀种畜的目的。

通过选种选出了比较优秀的公、母种畜交配后所生的后代仍然会有很大的品质差异，分析其原因，不是种畜本身的遗传性不够稳定，就是部分后代没有得到相应的生长发育条件，还可能就是公母双方的精、卵细胞在受精结合中或在基因组合上缺乏足够合适的亲和力；通过选配可以达到实现最佳组合的目的。

选配的主要作用有以下两点。①创造必要的变异。由于交配双方的遗传基础很少完全相同，有时甚至差异很大，其所生的后代将会发生变异，因此为了达到某种育种目的，利用基因有一定差异的公母畜交配，其后代必然会产生新的变异，从而为培育新的理想型创造条件。②促进基因的纯合。如果交配双方彼此遗传基础很相似，所生后代的遗传基础就会与其父母相近，如此经若干代选择性状相近的公母畜相配，基因型逐渐趋于纯合，性状也就相应被固定下来。

选配按其对象不同，可分为个体选配与种群选配两类。在个体选配中，按交配双方品质的差异，可分为同质选配与异质选配；按交配双方亲缘关系远近，可分为近交与远交。在种群选配中，按交配双方所属种群特性和不同，可分为纯种繁育与杂交繁育。

（一）品质选配

品质选配就是考虑交配双方品质对比情况的一种选配。所谓品质，既可以指一般品质如体质外形、生产性能和产品质量等，也可以指遗传品质，如育种值的高低。

根据交配双方品质差异的情况，又可分为同质选配与异质选配两种。

1. 同质选配

同质选配是一种以表型相似为基础的选配，就是选用性状相同、性能表现一致，或育种值相似的优秀公母畜来配种，以期获得与亲代品质相似的优秀后代。

为了提高同质选配的效果，选配中应以一个性状为主；对于遗传力高的性状，选配效果一般较好；对于遗传力中等的性状，短期内效果表现不明显，可连续继代选育。

同质选配只能用于品质优秀的种畜，而不能用于一般品质的家畜；对于一般品质的家畜，公畜的等级应该高于母畜。

2. 异质选配

异质选配是一种以表型不同为基础的选配，具体可分两种情况。

一种是选择具有不同优异性状的公母畜相配，以期将两个优良性状结合在一起，从而获得兼有双亲不同优点的后代。例如选毛长的羊与毛密的羊相配，选乳脂率高的牛与产奶量多的牛相配，就是从这样一个目的出发的。

另一种是选择同一性状，但优劣程度不同的公母畜相配，即所谓以优改劣，以期后代能取得较大的改进和提高。

异质选配的效果一般多属中间型遗传，其后代的表型值接近其亲本的平均值，并且把有关的极端性状回归至平均水平，但对于综合优良性状来说，有时由于基因的连锁和性状间的负相关等原因，不一定都能很好地结合在一起。

异质选配的主要作用在于能综合双亲的优良性状，丰富后代的遗传基础，创造新的类型，并提高后代的适应性生活力，因此当畜群选育处于停滞状态，或在品种培育的初期，需要应用异质选配。

(二) 亲缘选配

亲缘选配，就是考虑交配双方亲缘关系远近的一种选配，如果交配双方有较近的亲缘关系，即：①系谱中，双方到共同祖先的总代数不超过 6 代；②双方间的亲缘系数不小于 6.25%；③交配后代的近交系数不小于 0.78%者，叫作近亲交配，又称近交。反之，则叫远亲交配，简称远交。近交可以促进基因纯合，远交可以提高群体的杂合性，增加群体的变异程度，进而提高家畜的适应性和生活力。

(三) 种群选配

种群是种用群体的简称，可以指一个畜群或品系，也可以指一个品种或种属。种群选配可分为同种群选配和异种群选配两种，前者通常是指纯种繁育，而后者多指杂交繁育。

1. 纯种繁育

纯种繁育简称纯繁，是指在本种群范围内，通过选种选配、品系繁育、改善培育条件等措施，以提高种群性能的一种方法。纯种繁育作为一种育种手段和选配方式，其主要作用是巩固遗传性和提高现有品质。

纯种繁育和本品种选育是两个既相似又不同的概念；相似之处是二者的育种手段基本相同，均需采用选种选配、品系繁育、改善培育条件等措施。但纯种繁育一般是针对培育程度高的优良种群或新品种（系）而言，其目的是为了获得纯种；而本品种选育的含义更广，不仅包括育成品种的纯繁，而且包括某些地方品种或品群的改进和提高，它并不强调保纯。因此，本品种选育有时并不排除某种程度的小规模杂交。

2. 杂交繁育

杂交繁育简称杂交，是指遗传类型不同的种群个体互相交配或结合而产生杂种的过程。在育种上，根据不同的分类标准杂交可分为以下几类：根据亲本亲缘程度分为品系间杂交、品种间杂交、种间杂交和属间杂交等；根据杂交形式分为简单杂交、复杂杂交、引入杂交、级进杂交等；根据杂交目的分为以育成新品种或新品系为目的育成杂交，以利用外来品种优良性状改良本地品种且保留本地品种适应性为目的的改良杂交，以保持地方品

种的性能特点为主吸收外来品种某些优点的引入杂交，以利用杂种优势、提高畜禽的经济利用价值为目的的经济杂交。

杂交的作用主要表现在如下三个方面：

(1) 在杂交后代中选择符合育种目标个体，通过横交固定，并给予相应的培育条件，使之形成新的品种或品系。

(2) 利用杂交改良现有品种或品系。

(3) 将具有特定优良性状的种群，通过配合力测定按一定模式配套杂交产生杂种优势。

第四章　农业生产技术

第一节　播种技术

播种质量的好坏直接关系到全苗、齐苗、匀苗、壮苗，为作物良好的生长发育并取得高产优质奠定基础。

一、播前技术

（一）品种选择

良种良法配套是作物增产的重要措施。应根据当地自然条件、生产条件和栽培管理水平，结合当地种植制度，选择适宜的优良品种。一般来说，一个地区应选择1个主栽品种和2～3个搭配品种。主栽品种高产、稳产、抗逆性好，搭配品种要适应当地不同地势、土壤肥力、播期早迟、病虫等自然灾害特点，可以趋利避害，减少自然灾害损失，又可调节劳力、机力矛盾。

（二）种子清选

作为播种材料的种子，一般要求纯度在95%以上，净度大于95%，发芽率不低于90%。但收获的种子多混有泥土、茎叶、草子及虫瘿等，还有空、秕、机械损伤和病虫籽粒，务必在播前进行种子清选，以保证种子纯净饱满，生命力强，发芽和出苗整齐一致，为培育壮苗打下基础。生产上常用的清选方法有：

(1) 筛选。根据种子形状、大小、长短及厚度，选择适当筛孔的筛子（竹筛或金属网筛），用人工或机械过筛分级，达到清选的目的。

(2) 风选。利用种子的乘风率不同，以天然或人工风力吹去混杂于种子中的空瘪粒和夹杂物。

乘风率是指种子对气流的阻力和种子在气流压力下飞越一定距离的能力。在风力作用下，乘风率大的空壳、秕粒在较远处降落，乘风率小的饱满种子同在近处降落。

(3) 比重法分选。利用种子的比重不同进行分选，主要有两种方法：

液体比重选。利用一定比重的液体，将轻重不一的种子分开，秕粒和空瘪粒上浮，充实饱满的种子下沉，中等重量种子则悬浮在液体中部。比重法选种常用的溶液有清水、泥水、盐水、硫酸铵水等，液体比重的配置须根据不同作物种类和品种而定。溶液选种时，从种子浸入至捞出，时间应短，防止种子吸水后下沉，选种质量降低。经溶液选种后，需用清水洗净，晒干待用或进入下一步浸种催芽过程。为提高选种质量，筛选、风选和液体比重选结合，效果更为显著。

精选机分选。将种子落在振荡而倾斜的筛台上，筛台下安装有风扇，产生的气流使筛台上的不同比重的种子向不同的方向移动，从而实现种子分选目的。

(三) 种子处理

(1) 晒种。种子是有生命的活体，在贮藏期间处于休眠状态，生理代谢活动微弱。播种前晒种 1～5d，可以打破休眠，增强种子内酶的活性，提高胚的生活力，增强种皮的透性，有提高发芽率和发芽势的作用。太阳光谱中的短波光和紫外线具有杀菌能力。在水泥地上晒种要薄摊勤翻，防止有谷壳的种子谷壳破裂，也要防止摊得过薄暴晒，灼伤种子，影响种子的发芽率。

(2) 消毒。有许多病虫害是通过种子传播的，如水稻的恶苗病、稻瘟病、白叶枯病、干尖线虫病、稻粒黑粉病，棉花炭疽病、枯、黄萎病，油菜的霜霉病、白锈病，等等。经过消毒处理，可把病虫消灭在播种之前。常用的消毒方法有：

石灰水浸种。用 1%石灰水浸种，利用石灰水膜将空气和水中的种子隔绝，使附着在种子上的病菌窒息死亡。在浸种过程中，水面应高于种子 10～15cm，注意不能破坏石灰水膜，以免空气进入，降低杀菌效果。浸种时间视气温而定，一般 35℃浸种 1d，20℃需浸 3d 才能奏效。浸种后，清水洗净，晾干备用。

药剂浸种。不同作物、不同的病虫害选用不同药剂浸种，如 0.5%的多菌灵浸泡棉花毛籽 24h，对枯、黄萎病均有良好效果；0.01%的“402”药液浸种 48h，可防治水稻稻瘟病、恶苗病、棉花炭疽病、立枯病。浸种必须严格掌握药剂的浓度和处理时间，否则易发生药害。药剂浸种后的种子应随即播种，堆集不用就有影响发芽或发生霉烂的危险。

药剂拌种。药剂浸种对杀死种子内部的病菌有较好的效果，但只能在播种前消灭种子内外的病原物，对播种后的幼苗不能起保护作用。用药剂拌种可使种子表面附着一层药剂，不仅可以杀死种子内外的病原物，而且可以在播种后一定时间内防止种子周围土壤中的病原物对幼苗的侵染。拌种的杀菌剂较多，常用的有多菌灵、粉锈宁、克菌丹、拌种双、托布律、福美双等，因作物、不同病害使用不同的药剂和剂量。拌过药的种子可以立即播种，也可以贮藏一段时间播种，对种子不但不会产生不良影响，甚至可以获得更好的防治效果。

棉籽硫酸脱绒。棉籽播种用硫酸脱绒，不可杀死棉籽上的病菌，而且使种子光滑，便于机播，种子直接接触土壤，能加快吸水速度，提高出苗率。

(3) 种子包衣。种子包衣技术是用长效、内吸杀虫剂与生理活性强的杀菌剂，以及微肥、有益微生物、植物生长调节剂、抗旱剂、缓释剂等，加入适当助剂复配成种衣剂，对种子进行包衣处理。助剂由高分子聚合物成膜剂、乳化剂、扩散剂、稳定剂、溶剂和警戒色等组成。包衣剂的成分可根据作物、土壤和病虫害情况而配制。一次包衣可在一定生长期内（60d 左右）提供充足的养分和蕴含物保护，从而起到防病、杀虫、提高出苗率及壮苗、增产的作用。由于种子包衣，从而大大减轻了农药对环境的污染程度，也有效地防止病虫、病菌随种子调运大面积扩散和跨区传播。此外，包衣处理的种子有明显的警戒色，使良种具有特定的标志，便于种、粮分开。

(4) 浸种催芽。浸种催芽的目的在于促进种子迅速发芽，提高发芽势和发芽率，是农时紧张时早播种出苗和作物迟播早出苗、补种的主要措施之一。浸种时间和催芽温度，随作物种类和外界气温而异，一般气温低浸种时间较长，气温高浸种时间短。浸种要求水质清洁，并应每天换水一次，以避免因种子呼吸作用使水中氧气缺乏，二氧化碳等有害物质积累不利于种子发芽。催芽的适宜温度在 25～35℃范围内，而且在催芽的不同阶段，温度要求也有所不同。如水稻催芽在破胸露白前应保持在35～38℃，高温使破胸整齐一致，破胸露白后种堆温度25～30℃，达催芽标准后，低温摊晾炼芽。棉花等作物常采用温汤浸种，即将棉籽浸入55～60℃的热水中5～15min进行种子消毒，待水温下降后继续浸种6～8h，再捞起催芽。

二、播种技术

（一）播种期

播种期对作物的生育和生产有极大的影响，适期播种不仅保证作物发芽所需的各种条件，并且能避开低温、阴雨、干旱、霜冻和病虫害等不利因素，使作物各生育时间处于最佳的生育环境，实现高产稳产。适期早播则可延长生育期，增加光合产物，有利高产，并可提早成熟，为后作适时播种创造有利条件。

播种期的确定，一般应根据气候条件、种植制度、品种特性、土壤湿度、主要病虫害发生情况等综合考虑，合理安排。

(1) 气候条件。如早春气温回升的快慢、秋季霜冻来临的时间和作物生育期间对温度的要求等，都影响作物播种期。其中，气温和土温是影响播种期的主要因素。春季作物如果播种过早，易受低温或晚霜危害，不易全苗；播种过迟，气温较高，生长发育加速，营养体生长不足或延误最佳生长季节，都不易获得高产。通常以当地气温或土温能满足作物发芽要求时，作为最早播种期。例如，以日平均气温稳定在10℃（粳稻）和2℃（籼稻）的日期，作为水稻的播种期；10cm土温稳定在10～12℃，为玉米适宜播种期。日平均气温稳定在14℃时，为棉花播种始期。

(2) 种植制度。一年多熟制地区，季节性强，收获时间紧，在育苗移栽的种植方式下，应以茬口衔接、适宜苗龄和移栽期为依据。播期安排的一般原则为：根据前作收获期及劳力（畜力、机力）条件决定后作移栽期，根据移栽期和后作适宜苗龄决定适宜的播种期，做到播期、苗龄、移栽期三对口。如安排不当，播种过早过迟都难以达到壮苗标准，影响产量。

作物的种植方式有移栽和直播两种，一般育苗移栽播种期较早，直播在前作收获后播种，播期较迟。间套作栽培，应根据适宜共生期长短确定播期。

(3) 品种特性。作物品种类型不同，生育特性不同。如小麦、油菜有春性和冬性之别，水稻有早、中、晚稻之分，对温度高低、光照长短反应不一，播期适宜范围也不一样。春性强的小麦或油菜品种，早播易引起早拔节、早抽薹、冻害严重、产量降低。因此，小麦、油菜春性强的品种要适当迟播，冬性强的品种适时早播，不会提早发育，但能在冬前生长较多的营养体，积累较多的营养物质，为高产打下基础。

(4) 土壤湿度。土壤水分状况也影响播种期，在适期播种范围内土壤过湿，影响整地播种质量，应适当推迟播种，避免烂种烂根；如已过适期播种范围，应抢早播种，争取季节，播后加强管理，加以弥补。

(5) 病虫害。调节作物播种期，使作物易感生育期与病虫发生季节错开是农业措施综合防治的重要环节。如水稻适期早播，可避开三代三化螟、稻飞虱和稻瘟病等危害；玉米适期早播，可减轻苗期地老虎、后期玉米螟、丝黑穗病和大斑病的危害；但油菜过早播种常因气温高而加重病虫害，尤其是蚜虫、黄条跳甲、病毒病等；棉花过早播种，易发生立

枯病等苗期病害。

（二）播种量

播种量是指单位面积上播种种子的重量。播种量的多少，直接决定了单位面积基本苗的多少（或称种植密度的大小），是作物群体生长发育、群体动态发展的基础。单位面积产量是由群体生产力决定的，群体生产力由株数和单株生产力的乘积构成，群体过稀，单株生产力高，但株数不足；或群体过密，株数多而单株生产力差，都不能取得高产。只有株数适当，单株生产力和群体生产力都得到充分发挥，才能取得高产。

（1）确定播种量的一般原则。根据气候条件、生产条件、作物种类和品种类型、种子质量和田间出苗率、栽培管理水平、目标产量和经济效益综合考虑。

一般在温度高、雨量充沛、相对湿度较大、生长季节长的地区，作物植株较高大，分蘖、分枝较多，密度宜稀些，反之，密度宜大些。土壤肥沃或施肥水平高的土地上，植株生长繁茂，分蘖、分枝较多，易发挥单株生产力，密度宜小些；土壤贫瘠或施肥量少的，植株生长较差，宜适当增加播量，依靠群体生产力提高产量。同样道理，灌溉条件好、水分供应充分的播量少些，无灌溉条件的则适当增加播量。病虫草等灾害危害严重的播量适当增加；反之，宜少。

作物种类和品种类型不同，植株形态特征和生长习性都有很大差异。如玉米植株高大，小麦植株矮小，棉花具有分枝。玉米有紧凑型和平展型之分，水稻、小麦的分蘖力有强有弱，大豆有无限、有限和亚有限三种开花结荚习性，等等。应根据作物种类和品种类型考虑密度和播种量。

（2）确定播种量的方法。掌握适宜的播种量，是确定合理密植的起点。小麦上“以田定产、以产定穗、以穗定苗、以苗定籽”的“四定”办法，可以在其他作物上借鉴应用。其做法是根据土壤肥力和管理水平，确定地块的产量指标，产量确定后对穗粒重做出估计，确定收获穗数，再对单株成穗率做出估计，确定基本苗数，确定基本苗后再根据种子千粒重、发芽率和田间出苗率，计算出单位面积播种量。计算公式如下：

（三）播种深度

播种深度是指作物播种后在种子上覆土的厚薄。播种深度决定于种子大小、出苗习性、土质及有效水分含量。一般大粒种子、子叶留土、土壤质地较轻、含水量少、土温高，宜播深些；反之，应适当浅播。如水稻播种，一般只盖一层草木灰或塌谷至种子半陷土中即可。麦类、玉米等播种深度 3～4cm 为宜，播种过深，根茎过分伸长，消耗大量胚乳养分，苗较瘦弱。此外，好光性种子宜浅，嫌光性种子宜深些。

三、播后技术

（一）开沟理墒，盖土镇压

南方多雨地区作物直播后，应进行开沟理墒，为出苗期间灌排措施打好基础。沟土均匀覆盖畦面，减少露籽。播后镇压能压平土面，压实土缝，提高保水能力，促进种子萌发出苗和根系生长。

（二）中耕松土

播种期间，因播种机械碾压和人力踩踏，造成行间土壤坚实。应在播后及时浅中耕松土，以增温保墒，防治烂根烂芽，利于早出苗，出全苗。

（三）化学除草

一般在播前或播后出苗前进行，也可在齐苗后进行。

（四）破除板结

播后降大雨易造成土面板结，造成种子缺氧闷种，幼苗出土困难，影响全苗。一般雨后表土尚未干透时及时破碎板结，疏松表土，以利出苗和保墒。

（五）查苗补缺，及时间苗定苗

出苗后应立即检查田间出苗情况，对漏种断垄的地块应及早补种，补种时应将饱满的种子浸种催芽后趁墒补种。对缺苗不多的地可移密补稀，保证全苗。间苗是将生长过密的幼苗疏去，及早间苗既可防止幼苗拥挤和互相遮光，又能减少土壤水、肥消耗，利于壮苗早发。间苗可多次进行，最后一次间苗后，全田的苗数及分布状况确定，称为定苗。间、定苗的要求是拔除杂苗、小苗、弱苗、病苗，但要做到苗足、苗壮。

第二节　肥料的施用技术

一、农家有机肥

（一）粪尿肥

粪尿肥可分为牲畜粪尿和人粪尿。

1. 牲畜粪尿

牲畜粪尿是指猪、牛、羊、马等饲养动物的排泄物，含有丰富的有机质和各种植物营养元素，是良好的有机肥料。牲畜粪尿与各种垫圈物料混合堆沤后的肥料称之为厩肥。厩肥是农村的主要肥源，占农村有机肥料总量的63%～72%。其中猪粪尿提供的养分最多，占牲畜粪尿养分的36%，牛粪尿占17%～20%，马、驴、骡占5%～6%，羊粪尿占7%～9%。

畜尿中含有较多的氮素，都是水溶性物质。除有大量的尿素外，还有较多的马尿酸和少量的尿酸态氮。这些成分较复杂，需腐熟后施用。畜粪中的氮素大部分是有机态的，如蛋白质及其分解产物，植物不能直接利用，分解缓慢，属于迟效性。畜粪中的磷，一部分是卵磷脂和核蛋白等有机态的，另一部分是无机磷酸盐类。由于这些盐类与其他有机质共同存在，磷被分解出来以后，能和有机酸形成络合物，可以减少被土壤中铁、铝、钙等离子的同定，所以畜粪中的磷素肥效较高。畜粪中的钾大部分是水溶性的，肥效很高。各种家畜粪尿的成分和理化性质依种类、饲料及饲养方式而有所不同。

（1）马粪。以高纤维粗饲料为主，因马咀嚼不细，排泄物中含纤维素高，粪质粗松，含有大量高温性纤维分解细菌，可增强纤维分解，放出大量热，故称热性肥料，多用于温床酿热物。施马粪能显著改善土壤物理性状，施在质地黏重的土壤为佳。还适合施用在低洼地、冷浆土壤上。

（2）牛粪。牛是反刍类动物，虽然饲料与马相同，但饲料可为牛反复咀嚼消化，因此粪质较马粪细密。加上牛饮水量大，粪中含水量高，通透性差，所以分解缓慢，发酵温度

低，故称冷性肥料。为加速分解腐熟，常混入一定量的马粪。施在轻质沙性土上效果较好。

(3) 羊粪。羊也是反刍类动物。对多纤维的粗饲料反复咀嚼，这与牛相同；但羊饮水少于牛，所以羊粪粪质细密又干燥，肥分浓，三要素含量在家畜粪中最高。其腐解时发热量界于马粪与牛粪之间，发酵也较快，故也称为热性肥料。

(4) 猪粪。猪为杂食性动物，饲料不以粗纤维为主，所以碳氮比值小，也是热性肥料。猪粪质地细于马粪，比马粪含水量高。含腐殖质量较高，阳离子代换量也大，适用于各种土壤，能提高土壤保水保肥能力。

(5) 禽粪。家禽包括鸡、鸭、鹅等，它们以各种精料为主，所含纤维素量少于家畜粪，所以粪质好，养分含量高于家畜类，属于细肥，经腐熟后多用于追肥。

利用牲畜粪尿积制的厩肥多做基肥施用，基肥秋施的效果较春施好。一般亩用量2000～3000kg，撒铺均匀后耕翻，也可采用条施或穴施。

2. 人粪尿

人粪尿是一种养分含量高、肥效快的有机肥料，常被称为“精肥”或“细肥”。人粪是食物经消化后未被吸收而排出体外的残渣，其中含70%～80%的水分，20%左右的有机质，主要是纤维素和半纤维素、脂肪和脂肪酸、蛋白质、氨基酸和各种酶、粪胆汁，还有少量的粪臭质、吲哚、硫化氢、丁酸等臭味物质；5%左右的灰分，主要是钙、镁、钾、钠的无机盐。此外，人粪中还含有大量已死的和活的微生物，有时还含有寄生虫和寄生虫卵。新鲜人粪一般呈中性反应。

人尿是食物被消化、吸收并参加新陈代谢后所产生的废物和水分。其中含水约95%，其余5%左右是水溶性有机物和无机盐类，其中尿素、尿酸和马尿酸占1%，无机盐为1%左右。健康人的新鲜尿为透明黄色，呈弱酸性反应。

人粪尿中有机质和养分含量的高低，以及排泄量的多少，与人的年龄、饮食和健康状况等有关。

从养分含量来看，不论人粪或人尿都是含氮较多，而磷、钾较少。所以，人们常把人粪尿当作速效性氮肥施用。其常用施肥方法如下：

(1) 加水沤制成粪稀，经腐熟后可作追肥，多施用于叶菜类作物如白菜、菠菜、甘蓝、芹菜等，加水稀释4～5倍，直接浇灌。为提高肥效，减少氨的挥发，可开沟、穴，施后立即覆土。

(2) 作为造肥的原料掺入堆肥中进行堆制，这样不仅促进微生物活动，加速有机质分解，还能提高粪肥质量。大粪土一般作基肥较好，但在土壤湿润的条件下，也可以沟施或穴施作旱地作物的追肥。

(3) 因人粪尿中含有0.6%～1.0%NaCl盐，施用时应注意：禁施于忌氯作物如瓜果类、薯类、烟草和茶叶等，以免降低这些作物的产量和品质；盐碱土尽量少施或不施，以防加剧盐、碱的累积. 有害于作物；不能连续大量施用，因 Na^+ 能大量的代换盐基离子，使土壤变碱，一般在水田不易发生。

(二) 厩肥

厩肥是家畜粪尿和各种垫圈材料混合积制的肥料。在北方多用泥土垫圈，称之土粪；在南方多用秸秆垫圈，称之厩肥。

厩肥是营养成分较齐全的完全肥料，其养分含量依家畜的种类、饲料的优劣、垫料的种类和用量等而不同，尤其是家畜的种类和垫料对养分含量影响较大。腐熟的厩肥因质量差异很大，施入土壤后当季肥料利用率也不一样，氮素当季利用率的变幅为10%～30%；厩肥中磷素的有效性较高，可达30%～40%，大大超过化学磷肥；厩肥中钾的利用率一般在60%～70%之间。厩肥具有较长的后效，如果年年大量施用，土壤可积累较多的腐殖质，同时，厩肥含有大量的腐殖质和微生物，因此，厩肥在改良土壤、提高土壤肥力和化学肥料的肥效上有明显的作用。

新鲜厩肥一般不直接施用，因为易出现微生物和作物争水争肥的现象；如在淹水条件下，还会引起反硝化作用，增加氮的损失；如土壤质地较轻，排水较好，气温较高，或作物生育期较长，可选用半腐熟的厩肥使用。厩肥富含有机质，其肥料迟缓而持久，一般作基肥施用，在休闲期或播种前，将厩肥均匀撒施于地表后，翻耕入土。基肥施用时亩用量一般为1000～1500千克。厩肥作基肥时，应配合化学氮、磷肥施用，除可满足作物养分需要外，也可提高化肥的利用率。为充分发挥厩肥的增产效果，施用时应根据土壤肥力、作物类型和气候条件综合考虑。

（三）堆肥

堆肥化就是在人工控制下，在一定的水分、碳氮比和通风条件下，通过微生物的发酵作用，将有机废物转变为肥料的过程，一般把堆肥化的产物称为堆肥。在堆肥过程中，伴随着有机物分解和腐熟物形成，堆肥的材料在体积和重量上也发生明显的变化，一般体积减小1/2左右，重量上减少1/2左右。

堆肥的积制按堆腐期间的温度状况不同，分为普通堆制和高温堆制两种方法。普通堆制的特点是在常温条件下，使有机质缓慢分解，该法操作简便易行、养分损失较少，但腐熟时间较长，一般需3～4个月。高温堆制法是在通气良好、水分适宜和高温的条件下，通过好热性微生物的强烈分解作用，加快堆肥的腐熟。高温堆制法一般要经过升温、高温、降温、腐熟等四个阶段，高温阶段可以杀死秸秆、粪尿等原料中的大部分病菌、幼虫、虫卵以及杂草种子等有害物质，是对人、畜粪尿无害化处理的一个重要方法。下面介绍堆肥简易的堆制方法。

（四）沤肥

沤肥是以作物秸秆、绿肥、青草、草皮、树叶等植物残体为主，混合垃圾、人畜粪尿、泥土等，在嫌气、常温条件下沤制而成的有机肥料，是我国南方地区重要的积肥方式。

沤肥在沤制过程中，有机物质在嫌气条件下腐解，养分不易损失，同时形成的速效养分多被泥土所吸附，不易流失。因此，沤肥是速效和迟效养分兼备、肥效稳而长的多元素有机肥料。沤肥养分全面，除含较高的有机质外，还富含氮、磷、钾、钙、镁、硅、铜、锌、铁、锰、硼等元素。

1. 沤肥的积制方法

沤肥因各地习惯、材料、制法的不同，沤制方法大同小异，但都是以嫌气发酵为主，其中凼肥沤制和草塘泥沤制是两种基本的沤制方式。

（1）凼肥沤制。凼肥的沤制因地点、方法和原料的不同分为家凼和田间凼两种。家凼

以农家的污水、废弃物和垃圾等为主要原料，陆续加入，常年积制，每年出凼肥数次。家凼一般深60～100厘米，大小、性状根据地形、原料及需肥量而定。田间凼设在稻田的田角、田边或田间，根据季节分为春凼、冬凼和伏凼；田间凼深50厘米左右，形状呈长方形或圆形，内壁捶实打紧，以防漏水。田间凼以草皮、秸秆、绿肥、厩肥和适量的人畜粪尿、泥土为原料，拌合均匀后保持一浅水层沤制，至凼面有蜂窝眼，水层颜色呈红棕色且有臭味时，凼肥即已腐熟。

(2) 草塘泥沤制。草塘泥的沤制分为罱泥配料、选点挖塘、入塘沤制和翻塘精制四个步骤。一般于冬春季节罱取河泥，拌入切成小段的稻草，制成稻草河泥，将稻草河泥加入人畜粪尿、青草、绿肥等原料，分层次移入挖好的空草塘中，使配料混合均匀并踩紧，装满塘后保持浅水层沤制，待水层颜色呈红棕色并有臭味时，肥料即已腐熟可用。

2. 沤肥施用技术

沤肥是适合于各种作物、土壤的优质有机肥料，具有供应养分和培肥土壤的双重作用。南方地区沤肥主要用作水稻基肥，一般于翻耕前将沤肥均匀撒施于田面，然后立即耕地。如果苗施用量少，可于耙田后均匀撒施于田面做面肥施用；如果苗施用量大，最好采取深施与面施相结合的方法，即分两次施用。沤肥施用后应及时耕耙整田插秧，以避免氮素的挥发和流失。沤肥由于具有肥效稳而长但供肥强度不大的特点，前期应配合施用速效性肥料，以避免供肥不足。

(五) 沼气发酵肥

沼气发酵肥即沼气肥，是指作物秸秆与人粪尿等有机物在沼气池中经过厌氧发酵制取沼气后的残留物，包括沼液和沼渣，其中沼液占沼气肥总量的85%左右；沼渣的肥料质量比一般的堆沤肥要高，但仍属迟效肥，而沼液是速效性氮肥，其中铵态氮含量较高。沼气肥由于在密闭嫌气条件下发酵，因此，养分损失少，氮、磷、钾损失平均为5.6%，9.3%和7.2%，而且氮和钾均有50%以上转化成速效态。沼气肥具有养分全、速效与缓效养分兼备、含有生理活性物质、臭味小、卫生等特点，既可作肥料，又可作饲料以及食用菌培养料，因而是一种优良的、综合利用价值大的有机肥料。

1. 沼气肥种类

沼气肥按照发酵工艺、发酵规模以及发酵原料的差异，可分为农户沼气肥、畜禽养殖场沼气肥、工业废弃物沼气肥、城市公厕及污水沼气肥等种类；按形态及养分特征，可分为沼液肥和沼渣肥。

2. 沼气肥的施用

沼气肥是矿质化和腐殖化进行比较充分的肥料，可作基肥、追肥，也可用作浸种发苗。

(1) 基肥。沼气肥速效养分含量高，为防止养分分解和损失，宜深施，一般每亩用量1000～2500千克。

(2) 追肥。沼气肥中有85%左右为沼液，因此作追肥十分方便，沼液可泼浇，也可随灌溉水施入。追施沼液肥不仅能增加作物产量，而且还能防止作物病虫害，增强作物防冻能力。

(3) 沼气液肥浸种。由于沼气肥中含有作物所需的多种营养元素和大量的微生物代谢产物，用沼液浸种能抵御不良环境，提高种子发芽率，种子出苗后苗齐、苗壮、生育良好。

二、秸秆有机肥

各种农作物的秸秆含有相当数量的营养元素，又具有改善土壤的物理、化学和生物学性状，增加作物产量等作用。大量秸秆被烧掉，既浪费，又污染大气，应采取适宜措施大力推广秸秆还田，做到物尽其用。

作物秸秆因种类不同，所含各种元素的多少也不相同。一般来说. 豆科作物秸秆含氮较多，禾本科作物秸秆含钾较丰富。根据对作物秸秆的不同处理方式，秸秆的利用分为堆沤还田、过腹还田和直接还田等。秸秆直接还田大致可分为秸秆翻压和秸秆覆盖两种。

秸秆直接翻埋在土壤中，通过微生物分解活动来完成腐解分以下三个阶段。

最初分解阶段：通过喜糖酶和无芽孢细菌为主的微生物群落活动，使秸秆中可溶性糖、淀粉等易分解的碳水化合物分解，当温度为20～30℃及土壤的含水量适当时，就能迅速分解，这一阶段为全程分解最快的阶段，可维持15～40天。

第二阶段：从快速阶段进入减缓分解阶段，这时是以芽孢细菌和纤维分解细菌为主的微生物活动，分解较复杂的高分子碳水化合物，如纤维、果胶类和蛋白质等。

第三阶段：放线菌、某些真菌类取代了芽孢细菌，分解那些难分解的木质素、单宁、蜡质等成分更为复杂的高分子碳水化合物，该阶段分解速度缓慢。

三、新型绿肥

（一）绿肥的概念

利用植物生长过程中所产生的全部或部分绿色体，直接耕翻到土壤中作肥料，这类绿色植物体称之为绿肥。绿肥的类型很多，利用方式差异很大。按其来源可分为栽培型和野生型，按植物学划分为豆科和非豆科，按种植季节划分为冬季、夏季和多年生绿肥。

（二）绿肥在农业生产中的作用

1. 提高土壤肥力

①有利于土壤有机质的积累和更新。一切绿色体，包括豆科或非豆科植物，均含有丰富的有机物质，一般鲜草中含12%～15%，若以每公顷翻埋15t，施入土壤的新鲜有机质约1800～2250kg/hm^2。翻埋绿肥能增加土壤有机质的含量，其增加的数量与施用绿肥品种的化学组成以及土壤原有有机质含量有关。②增加土壤氮素含量。绿肥作物鲜草中含氮量一般在0.3%～0.6%范围内。生产上所施用的绿肥作物一般多为豆科植物，豆科绿肥和豆科作物都具有较强的固定空气中游离氮的能力。一般认为，豆科绿肥作物总氮量的1/3左右是从土壤中吸收的，约2/3是由共生根瘤菌的固氮作用而获得的。每亩耕埋1000kg鲜草，可净增加土壤氮素30～60kg。因此，种植豆科植物（包括豆科绿肥）可以充分利用生物固氮作用增加土壤氮素，扩大农业生产系统中的氮素来源。③富集与转化土壤养分。绿肥作物根系发达，吸收利用土壤中难溶性矿质养分的能力强。豆科绿肥作物主根入土较深，一般达2～3m。所以，绿肥作物能吸收利用土壤耕层以下的一般作物不易利用的养分，将其转移、集中到地上部，待绿肥翻耕腐解后，这些养分大部分以有效形态存留在

耕层中，为后茬作物吸收利用。④改善土壤理化性状、加速土壤熟化，改良低产田。绿肥能提供较多的新鲜有机物质与钙素等养分，绿肥作物的根系有较强的穿透能力与团聚作用。绿肥大多具有较强的抗逆性，能在条件较差的土壤环境中生长，如瘠薄的沙荒地、涝洼盐碱地及红壤等。因此，绿肥不但能改善土壤的理化性状，而且在改良土壤方面起着重要的作用。⑤减少养分损失。绿肥多在农田中就地种植和翻压利用，在其生长过程中将土壤中无机态营养物质转化为有机态，翻压后又分解为农作物可吸收利用的形态，这样减少了土壤养分的损失。

2. 防风固沙、保持水土的有效生物措施

除能够养地外，种植绿肥作物还有护田保土作用。因为绿肥具有繁茂的地上部，是良好的生物覆盖物，裸露的土地，经受着风沙侵蚀、雨水的冲刷，久而久之造成水土流失，将好好的良田冲刷得沟壑纵横，支离破碎，缺水少肥，生产力极低。仅黑龙江省耕地受侵蚀之害，其面积可达8000余万亩，约占总耕地面积的36%以上。国有农场3000万亩土地中风蚀面积占64%，水蚀面积达53%，平均每年可带走表土0.5～0.8cm。绿肥除地上部具有覆盖作用、减少冲刷外，地下部还有发达的根系，具有固沙、护坡作用，如紫花苜蓿、草木樨等根入土深达2～3m，穿透力强，根量大。试验证明，生长70天的紫花苜蓿根量1500～1750kg. 是草木栖根重的1.3倍，秣食豆的2倍，苕子的4倍，这样发达的根系在土壤中盘根错节，固着土壤，使丘陵、坡岗地不致受破坏。绿化造林对防风、保土效果最佳，但成林速度很慢，而种绿肥当年收效，不仅保地还兼养地，不仅能促进粮食作物增产增收，还可促进畜牧业发展，以牧保农，所以发展绿肥也是农田的基本建设项目之一。

3. 有利于生态环境保护

种植绿肥，可以改善农作物茬口，而且一些绿肥作物还是害虫天敌的良好宿主，对病虫害的生物防治、减少农药对环境污染具有良好作用。

4. 绿肥是促进农牧业发展的纽带

农、牧业间是互相依存、互相制约又互相促进的大农业。而绿肥又是种植业与养殖业共同发展的纽带。我国近年来实践证明，绿肥作物茎叶养畜，根茬还田，一举两得，效益成倍增加。作饲料时，茎叶中30%养分被家畜吸收后转化为肉、奶等动物蛋白；另有70%养分以粪尿排出体外，为农田提供细肥。种绿肥则当年养畜有饲草，翌年种地有肥料，比直接翻压肥田更科学、更合理、经济效益高。绿肥综合利用的结果真可谓是，草（绿肥）多畜兴旺，畜旺肥必增，肥增粮必丰，粮丰人心安。

（三）常用绿肥作物

常用绿肥作物有10科42属60多种，共1000多个品种。其中生产上应用较普遍的有4科20属26种，约有品种500多个。现将我国生产上常用的重要绿肥作物的特性和分布简介如下。

1. 紫云英

又叫红花草、草子等。豆科黄芪属，一年生或越年生草本植物。多在秋季套播于晚稻田中，作早稻或单季稻的基肥，是我国最主要的冬季绿肥作物。紫云英除用作绿肥外，还能直接或青贮用作饲料，或者用来放蜂。其蜂蜜的营养价值颇高。

紫云英主根较肥大，一般入土 30～50cm，侧根入土较浅，因此其抗寒力弱。紫云英的主根、侧根及地表的细根上部都具有根瘤，以侧根上居多。紫云英喜凉爽气候，适于排水良好的土壤。最适生长温度为 15～20℃，种子在 4～5℃时即可萌发生长。适宜生长的土壤水分为田间持水量的 60%～75%，低于 40%生长受抑制。虽然有较强的耐湿性，但渍水对其生长不利，严重时甚至死亡。因此，播前开挖田间排水沟是必要的。当气温降低到－5～10℃时，易受冻害。对根瘤菌要求专一，特别是未曾种过的田块，拌根瘤菌剂是成败的关键。紫云英固氮能力较强，盛花期平均每亩可固氮 5～8kg。一般在紫云英的盛花期，产草量与含氮量达到高峰，是翻沤的最佳时期。水稻在插秧的前 20 天左右翻压，压草量为每公顷 1.5 万～2.25 万 kg。紫云英苗期株高增长缓慢，开春后随温度升高生长速度逐渐加快. 在现蕾以后迅速增加，始花到盛花期的生长速度最快，从现蕾到盛花期的株高增长长度约占终花期的 2/3。紫云英性喜温暖的气候，有明显的越冬期。幼苗期低于 8℃时生长缓慢；开春以后，生长速度明显加快。开花结荚的最适温度是 13～20℃。紫云英在湿润且排水良好的土壤中生长良好，怕旱又怕滞，生长最适宜的土壤含水量为 20%～25%。

播种时，首先应选择适宜的品种及排灌条件好的田块。适当早播可提高鲜草及种子产量，但不能过早；秋播应在日平均气温下降至 25℃以下时为宜，春播以日平均气温上升至 5℃以上为好。播种量一般为每亩 1.5～3kg，长江以北每亩 2～3kg 为宜，长江以南每亩 1.5～2.5kg 为好。

紫云英营养丰富，适口性好，在各地均有用来喂猪的习惯。喂猪的方法一般有以下两种：①鲜喂：以 1kg 精饲料配合 6～7kg 鲜紫云英为好；②青贮喂：用紫云英青贮料喂猪，一般在精饲料中掺用 50%左右。紫云英鲜草无论是水泥窖、土窖、聚乙烯袋以及罐、桶都可青贮。紫云英含蛋白质较高，但含碳水化合物较少，是属于难青贮的青饲料。青贮时，应将紫云英先晒 2～3 天，使含水量降至 70%左右，再切碎青贮，并适量添加酒糟、米糠、禾本科牧草等，以免青贮期间因水分过多而造成养分损失。青贮时间较长时，一般不要加盐为好。

2. 苕子

又叫毛巢菜、长柔毛野豌豆。豆科巢菜属，一年生或越年生匍匐草本植物。我国常用的种类主要有毛叶苕子、蓝花苕子、光叶苕子等。毛叶苕子现广泛栽培利用于华北、西北、西南等地区和苏北、皖北一带，一般用于稻田复种或麦田间套种，也常间种于中耕作物行间和林果种植园中。蓝花苕子主要分布在南方各省，尤以湖北、四川、云南、贵州等省较为普遍，一般用于稻田秋播或在中耕作物行间间种。光叶苕子一般适合我国南方和中部地区种植。

苕子以秋播为主，华北、西北地区也可以春播。苕子的抗寒性强于紫云英、箭舌豌豆，长江中下游地区苕子幼苗的越冬率很高。苕子耐旱不耐滞。苕子对磷肥反应敏感，在比较瘠薄的土壤上施用氮肥也有良好的效果，南方地区施用钾肥效果明显。苕子对土壤的要求不严，沙土、壤土、黏土都可以种植，适宜的 pH 值为 5～8.5，在土壤全盐含量为 0.15%时生长良好。耐瘠性很强，在较瘠薄的土壤上一般也有很好的鲜草和种子产量。因此，适应性较广，是改良南方红壤、北方盐碱土、西北沙土的良好绿肥种类。种植苕子，首先应选择适应性强的品种。南方温暖多雨，以生育期短的光叶苕子、蓝花笤子为好；华

北、西北地区严寒少雨，以生育期较长、抗逆性强的毛叶笤子为主。作越冬绿肥时，应适当早播，华北、西北地区秋播在8月，淮河一带在8～9月，江南、西南地区在9～10月比较适宜。播种量每亩3～5kg。播种时最好基施磷肥（每亩施过磷酸钙10～20kg），可大幅度提高鲜草产量。

3. 箭筈豌豆

又叫大巢菜、野豌豆、普通苕子、春笤、救荒野豌豆、野绿豆。豆科巢菜属，一年生或越年生草本。原引自欧洲和澳大利亚，中国有野生种分布。广泛栽培于全国各地，多于稻、麦、棉田复种或间套种，也可在果、桑园中种植利用。箭筈豌豆适应性较广，不耐湿，不耐盐碱，但耐旱性较强。喜凉爽湿润气候，在－10℃短期低温下可以越冬。种子含有氢氰酸（HCN），人畜食用过量会有中毒现象，但经蒸煮或浸泡后易脱毒。种子淀粉含量高，可代替蚕豆、豌豆提取淀粉，是优质粉丝的重要原料。

4. 香豆子

又叫胡卢巴、香草。豆科胡卢巴属的一年生直立草本。植株和种子均可食用，是很好的调味品。种子胚乳中有丰富的半乳甘露聚糖胶，广泛用于工业生产。植株和种子含有香豆素，是提取天然香精的重要原料，还是重要的药用植物。在我国西北和华北北部地区种植较普遍，多于夏秋麦田复种或早春稻田前茬种植，也可在中耕作物行间间种。香豆子喜冷凉气候，忌高温，在水肥条件和排水良好的土壤上生长旺盛，不耐渍水和盐碱，也不耐寒，在－10℃低温时越冬困难。

5. 金花菜

又叫黄花苜蓿、草头。豆科苜蓿属，一年生或越年生草本。原产地中海地区，我国主要在长江中下游的江苏、浙江和上海一带秋季栽培，是水稻、棉花和果、桑园的优良绿肥。其嫩茎叶是早春优质蔬菜，经济价值较高。金花菜喜温暖湿润气候，可在轻度盐碱地上生长，也有一定的耐酸性，能在红壤坡地上种植。其耐旱、耐寒和耐渍能力较差，水肥条件良好时生长旺盛。

6. 豌豆

为豆科豌豆属，一年生或越年生草本。全国各地均有种植，是重要的粮、菜、肥兼用作物。主要用作水稻和棉花前茬利用或麦田和中耕作物行间间种。多以摘青嫩荚作蔬菜，茎秆翻压作绿肥。豌豆适于冷凉耐湿润气候，种子在4℃左右即可萌芽，能耐－4～8℃低温。对水肥要求较高，不耐涝，在排水不良的田块上易腐烂死亡。如遇干旱，生长缓慢，产量低。

7. 蚕豆

又叫胡豆、罗汉豆。豆科巢菜属，一年生或越年生草本。原产欧洲和非洲北部，我国各地均有栽培，也是一种优良的粮、菜、肥兼用作物。主要于秋季或早春播种，多用于稻、麦田套种或中耕作物行间间种，摘青荚作蔬菜或收籽食用，茎秆和残体还田作肥料。蚕豆喜温暖湿润气候，对水肥要求较高，不耐渍，不耐旱。

四、商品有机肥

（一）主要种类

商品有机肥根据其加工情况和养分状况，分为精制有机肥、有机－无机复混肥和生物有机肥。有机－无机复混肥和生物有机肥已经不是纯粹的有机肥料，将在以后的章节中予以叙述。精制有机肥理论上应为纯粹的有机肥料，产品质量执行农业行业标准 NY525。

商品有机肥生产的主要物料包括畜禽粪便、城市污泥、生活垃圾、糠壳饼麸、作物秸秆、制糖和造纸滤泥、食品和发酵工业下脚料以及其他城乡有机固体废物，尤其以畜禽粪便、糖渣、油饼、味精发酵废液为原料制成的有机肥料品质较好。实际上前面提及的各种有机肥料都可以作为商品有机肥的原料。

由于这些物料来源广泛、成分复杂，为了保障有机肥的质量和农用安全性，生产中要执行《GB 8172－1987 城镇垃圾农用控制标准》。

商品有机肥的生产工艺主要包括两部分，一是有机物料的堆沤发酵和腐熟过程，其作用是杀灭病原微生物和寄生虫卵，进行无害化处理；二是腐熟物料的造粒生产过程，其作用是使有机肥具有良好的商品性状、稳定的养分含量和肥效，便于运输、贮存、销售和施用。

（二）生产工艺介绍

1. 有机物料的发酵腐熟

商品有机肥工厂化生产大多采用以固态好气发酵为核心的集约化处理工艺，其工艺流程包括固液分离→物料预处理→堆沤发酵→翻堆→腐熟等过程。发酵过程的实质是微生物对有机物质的分解过程，与高温堆肥的情况基本一致，其中供气量、温度、湿度和 C/N 比等是主要的发酵参数，因此调控技术的关键是为好气微生物创造适宜的环境条件。在堆沤过程中，堆温和 pH 值不断升高，导致氮素挥发损失。降低氮素损失和防止有机质的过度分解是提高商品有机肥质量的关键，可通过改进物料预处理，调节 C/N 比、水分、pH 值以及控制发酵温度和时间等措施来解决上述问题。

2. 腐熟物料的造粒

腐熟物料一般质地较粗，黏结性差，成粒困难，长期以来成为有机肥生产的“瓶颈”。有机肥造粒在经历了传统的挤压和圆盘工艺后有所突破，新的造粒设备采用转鼓或喷浆工艺。

（1）挤压造粒。腐熟物料配以适量无机肥，经模具挤压或碾压成粒后直接装袋。该工艺对物料的选择和前处理比较严格，需调节至适宜的含水量，且要求质地细腻，黏结性好。

特点是工序简单，可以省去烘干环节；柱状颗粒较粗，成粒好，粒径均匀。但产品往往含水量较高，贮运过程中易溃散，生产能力偏低，相对动力大，设备易磨损。

（2）圆盘造粒。几乎所有的有机物料均可用圆盘工艺造粒。物料干燥、微粉碎后配以适量化肥，送入圆盘中，混合物料经增湿器喷雾黏结，随圆盘转动包裹成粒，再次干燥后筛分装袋。

该工艺特点是对物料选择不高，但须先干燥粉碎；生产能力适中；同比所需动力小。

但工序繁琐、成粒率偏低、外观欠佳。

(3) 转鼓造粒。该工艺通过在转鼓内设计独特的造粒器，利用物料微粒相互碰撞而镶嵌的原理，实现对高湿有机物料的直接造粒。

特点是适用范围广，对物料无特殊要求，工序简单，省去干燥和粉碎两个前处理过程，成粒率高，商品外观较好。

(4) 喷浆造粒。该工艺以发酵行业产生的有机废水浓缩液为主要原料。有机废液经多效蒸发浓缩，再配以适量矿质肥料调制成浆料，送入喷浆造粒机，经高温热风闪蒸干燥成粒。

特点是集喷浆、干燥、造粒于一体，操作方便，产品球粒状，物理性状良好，商品档次高。但生产有机肥范围较窄，物料选择仅限于浆料，设备投入大，能耗高。

五、生物肥料

生物肥料是人们利用土壤中一些有微生物制成的肥料。它包括细菌肥料和抗生菌肥料。这种肥料是一种辅助性肥料，它本身不含植物所需要的营养元素，而是通过肥料中微生物的生命活动，改善作物营养条件或分泌激素刺激作物生长和抑制有害微生物的活动。因此，施用生物肥料都有一定的增产作用。

(一) 根瘤菌肥料

根瘤菌存在于土壤中及豆科植物的根瘤内。把豆科作物根瘤内的根瘤菌分离出来，进行选育繁殖，制成根瘤菌剂，称为根瘤菌肥料。

1. 根瘤菌的作用和特性

根瘤菌肥料施入土壤后，在适宜的条件下，遇到相应豆科作物，就会浸入根内，形成根瘤，根瘤菌的作用主要是通过体内固氮酶的作用，把空气中的游离氮素还原为植物可吸收的含氮化合物。据试验，$1hm^2$豆科作物可固定氮素约75kg，相当于375kg硫酸铵，高的固氮可达750kg以上。由于豆科作物固氮量大并稳定，因此，种植豆科作物是一项经济有效的重要氮源。

根瘤菌具有感染性、专一性和有效性。感染性是指根瘤菌能进入豆科植物的根内，进行繁殖，形成根瘤。感染性弱的根瘤菌不能迅速侵入根内形成根瘤。

根瘤菌只能生活在各自相应的豆科植物上，建立共生关系形成根瘤，这种特性称为根瘤菌的专一性。

各种豆科作物间互接种族关系是在一定品种特性和一定自然条件下形成的。在制造和使用时，必须注意这种特性，否则不能形成根瘤，起不到固氮和增产的作用。

根瘤菌的有效性是指根瘤菌的固氮能力，通常用固氮率表示。在各种根瘤菌中，不同菌株具有不同的固氮能力。据研究，花生、大豆、豌豆等根瘤中豆红朊含量与植物含氮量和产量成正比例关系。在土壤中，虽然存在着不同数量的根瘤菌，但不一定是固氮能力很强的优良菌种。因此，种植豆科作物时施用优良根瘤菌剂是提高其产量的重要措施。

2. 根瘤菌的肥效及有效使用条件

目前我国根瘤菌肥主要推广应用于大豆、花生、紫云英等作物上。各地实践证明，施用根瘤菌肥均能获得较好的增产效果，根瘤菌肥肥效与菌剂质量、营养条件和土壤状况等有关。

（1）菌剂质量。菌剂要选用结瘤力强、固氮率高、侵染力强、适应性广的优良菌种。同时要求新鲜，每克菌剂中含活菌数在2～3亿个以上，杂菌含量最多不得超过3%～5%。

（2）营养条件。根瘤菌与豆科植物共生要有一定的营养条件。在豆科植物生长初期，施少量无机氮肥有利于豆科植物的生长和根瘤的形成。根瘤菌和豆科植物对磷、钾、钙、钼、硼、铜、钴等营养元素比较敏感，播种时配施磷钾肥和硼、铜肥是提高根瘤菌剂增产效果的重要措施之一。中国农业科学院土壤肥料研究所在山东省试验表明接种大豆根瘤菌每毫克根瘤能固定氮素0.01mg，大豆平均增产7.5%，而大豆根瘤菌和钼混合拌种则每毫克根瘤能固定氮素0.11mg，大豆平均增产16.9%。

（3）土壤状况。根瘤菌喜通气、湿润的土壤。一般在土壤疏松、含水量相当于田间持水量的60%～70%时，能发挥其增产效果。根瘤菌能耐低温，但以20～24时结较好，温度高于25时。紫云英的结率显著降低。根瘤菌对土壤反应也较敏感，在4.6～8.0范围内虽然能形成根瘤，但以6.7～7.5最适宜。酸性土壤上施用石灰，能显著提高结效果，各地试验表明，不论是新种或多年未种豆科作物的土地，或是绿肥作物生长不良的老区，还是高产田块，施用根瘤菌剂都有良好的效果。

3. 根瘤菌肥的施用方法

其主要施用方法是拌种。要播种前将菌剂加适量清水或新鲜米汤，拌成糊状，再与种子拌匀，置阴凉处，稍干后拌上少量泥浆裹种，最后拌磷钾肥，或添加少量钼、硼微量元素肥料，立即播种。磷钾肥用量一般每公顷用过磷酸钙37.5kg，草木灰75kg左右，并注意拌匀，以消除游离酸的不良影响。根瘤菌的用量视作物种类、种子大小及菌剂质量而定，一般是大粒种子以每粒沾上10万个以上活菌，小粒种子以每粒沾上1万个以上活菌的效果较好，以大豆为例，一般每亩用根瘤菌剂需有250～1000亿个活根瘤菌，质量好的，每公顷用2250g左右。菌肥拌种时不能拌入杀菌农药，以免影响根菌的活性。如来不及作拌种肥时，早期追肥也有一定的效果。

在根瘤菌肥供应不足的地区，可采用客土法功干根瘤法接种。客土法是在豆科绿肥收刈时，挖若干表土，置于盆钵内到下一次播种时用客土7.5kg，加入适量磷钾肥拌匀后拌种，干根瘤法是在绿肥翻压时，选择植株高大，根瘤红润粗壮的根，挂在通风避光的地方风干，到下次播种时，取下根瘤加少量水捣碎后拌种施用，每公顷用量3750g左右。这两种方法虽然有一定的效果，但用根瘤菌剂的效果更好。

（二）自生固氮菌肥料

自生固氮菌肥料是指含有大量好气性自生固氮菌的细菌肥料，或称固氮菌剂。固氮菌生存于土壤中，能把空气中的氮素转化为含氮化合物，供植物吸收利用，在适宜的条件下，一般每hm^2土壤每年可固定氮素15～45kg。此外，它还能分泌一些生长素，刺激作物生长发育。

自生固氮菌剂可作基肥、追肥、拌种和沾根，但多做拌种用。施用自生固氮菌时应做到拌、随播、随覆土，并配施肥适量的磷钾肥料。自生固氮菌对水稻、棉花、小麦、玉米、高粱、烟草、甘蔗和蔬菜等都有一定的增产作用。由于自生固氮菌生活在土壤中，因受土壤水分通气条件、酸碱度和肥力等因素影响较大，故其增产不及根瘤菌肥稳定。

（三）生物钾肥

是一种含有大量好气性的硅酸盐细菌的菌剂。这种细菌能够分解长石、云母等硅酸盐和磷灰石，使这些难溶性的磷、钾养料转化为有效性磷和钾，供植物吸收利用。钾细菌对环境条件适应民生强，对土壤要求不太严格，即使养分贫瘠的土壤，也能正常生长。最适宜生育的温度为25～30℃，pH值为7.2～7.4，当pH值小于5或大于8时，其生长将会受到抑制。

生物钾肥适宜在喜钾作物和缺钾土壤上施用。其用量：固体型每hm^2施7500～11250g，液体型每公顷用1500～3000ml。使用时要注意“早”（最好做基肥和种肥），拌种、拌土或拌有基肥要“匀”，离根要近。

六、有机碳肥

（一）什么是有机碳肥？

广义上讲，凡是含小分子水溶有机碳的能给农作物提供有机碳养分的制品，都可以称为“有机碳肥”。但有些制品虽然含碳且溶于水，但它含量更多、起更主要作用的活性物质并非小分子水溶有机碳而是其他物质，例如某些化学激素以及多肽、氨基酸、海藻酸、有机农药等，就不被称作“有机碳肥”。

主要功能是向土壤和农作物提供有机碳养分的植物营养制品。这一类制品由几个发明专利和专有技术支撑，以固液有机废弃物为主要原料，通过生物分解或化学裂解的办法制造。有机碳肥必须符合以下条件：

①小分子水溶有机质中的碳（有效碳EC）含量大于5%。

②“小分子”的界定：在水溶液中分籽粒径小于650纳米。

③有害物质含量符合NY525－2012有关限制标准的规定。

（二）有机碳肥与商品有机肥的不同

从大的范畴看，有机碳肥和商品有机肥同属一大类，都是有机类肥料。但分项目研究会发现，两种肥料的性质、功能、标准和生产工艺都是不同的，以下分别予以说明。

1. 性质不同

①商品有机肥是土壤改良剂，除了规定必须携带的氮、磷、钾无机养分外，不负责提供植物有机养分。本应成为肥料工业第四支柱的有机肥产业自我放逐，被边缘化。

②有机碳肥向植物提供有机碳养分，除了其衍生品种外，不负责提供无机养分。如果有机肥料的生产工艺改为半厌氧不翻堆发酵和高堆焖干工艺，就可提升为“高碳有机肥”，这是一种性质介于商品有机肥与有机碳肥之间的产品，应该是有机肥产业技术改造的方向。

2. 功能不同

①商品有机肥只用作农作物的基肥，有利于农作物根系通气吸水，也有利于提高化肥利用率，但作用效果慢、用量大。

②有机碳肥由于有机碳养分的速溶性，以及给土壤微生物提供碳能源，还有特强的促根作用，因此表现出对土壤和农作物速效与长效兼备的作用。如果以单位质量产品产生的增产效益对比，有机碳肥的功效是商品有机肥的10～20倍。

3. 标准不同

①商品有机肥的正面标准是两条，一是“有机质含量（干基计）≥45%”；二是“总养分（$N+P_2O_5+K_2O$）（干基计）≥5%”。

②有机碳肥的正面标准是三条，一是固体“有机质含量≥45%”，液态“有机质含量≥250克/升”；二是固体“水溶有机碳含量≥5%”，液态“水溶有机碳含量≥150克/升”；三是“水溶有机碳有效率≥95%”。

有机碳无机复混品种加（$N+P_2O_5+K_2O$）或微量元素含量，带功能菌品种加含菌量。

4. 生产工艺不同

①商品有机肥生产工艺流程是：

好氧菌高温发酵—多次翻堆—高温烘干。

②有机碳肥生产工艺流程是：

a. 固态有机碳肥：含碳兼氧菌半厌氧发酵高堆焖干—加有机碳复混。

b. 液态有机碳肥：浓缩有机废液—氧化催化裂解。

可以看出，有机碳肥生产工艺都避免了高温工艺，这对于保持小分子和官能团的活性至关重要。

（三）有机碳肥最主要的技术指标

有机碳肥有很多个品种，各有不同技术指标，但是“水溶有机碳”和“有机碳有效率”两个主要指标则是各品种都必须具备的。

“水溶有机碳”是指肥料样品水溶那部分有机质里的“碳”。据大量实验资料，商品有机肥料“水溶有机碳”平均含量约为1%，而有机碳肥的“水溶有机碳”最少的是5%，最多可达到15%以上。

“有机碳有效率”。上述“水溶有机碳”中能通过650纳米滤膜部分的“碳”，才是有效碳，标示符号为“EC”。EC值除以上述过滤前的“碳”含量（以相同样品计），就是“有机碳有效率”，即只要通过650纳米滤膜，一定能被植物根系和土壤微生物直接吸收，是安全而有效的碳养分。

（四）有机碳肥易被根系吸收

首先得从有机碳肥的有效成分小分子水溶有机碳的特性讲起。

小分子水溶有机碳不但分子小，而且在水溶液中分子结构呈不定型云团状，这就使它极为亲水。另一方面，同是有机物质的植物根毛和土壤微生物。对生物质的小分子水溶有机碳特别亲和，容易接纳。这就使小分子水溶有机碳具备了易被吸收的基础条件。

（五）有机碳肥品种

有机碳肥的基础产品是液态有机碳肥和固态有机碳肥，由这两种基础产品和微生物菌剂，与各种高浓度化肥混配，又可以制造出其他衍生品种，所以目前已制造出多款不同功能的有机碳肥，以下介绍几个重要的品种。

（1）液态有机碳肥。这是目前含有效碳（EC）率最高的品种，其主要指标是水溶有机碳≥150克/升，水溶有机碳有效率≥95%。这种肥料水溶性速效性非常好，适用作兑水浇施或叶面喷施，作追肥或定根水，也适合作种子泡种，农作物紧急补碳。

关于兑水浇施（包括管道滴灌），由于它不会引起农作物缺氧所以兑水倍数可以根据

用水量而定，不必兑得很稀，一般推荐兑水倍数为100～300倍。作定根水时不要少于200倍。在作追肥时建议与化肥混合兑水使用，或先施固体化肥，后浇灌本品的水液。每茬农作物按生长期长短总共施用1～4次，用量3～12公斤/亩。

叶面喷施视农作物生长阶段而定，幼嫩期兑水400～600倍，粗壮期可兑水200～400倍，以叶片正面背面均喷湿为准，不拘每亩用多少。喷多流入根系更好。这么使用一般每亩每次用200～500克。喷施次数不限，最好与农药混用，一可减少劳动量，二可提高药效降低农药残留，三可修补受药伤的植物组织。

用于种子和幼苗最好，可提高种子发芽率或缩短移苗蹲苗期。种籽泡种的兑水倍数和浸泡时间依种子外壳厚薄等因素而定。兑水200～600倍，浸泡时间4～24小时，早春育秧，北方地区早播等常受冷空气侵害，烂秧死苗时有发生。用液态有机碳肥浸种、拌种或作定根水，是很好的防护措施。河南一些地区花生带荚播种，常造成不破荚不出芽现象，严重影响花生产量。在播种前将带荚花生浸泡在200～300倍液的有机碳肥液中8～12小时（以肥液刚浸透花生壳为限），花生入土后荚易腐而幼芽强壮，破荚率大大提高。

各种农作物用苗土育苗，在苗土中加入2%左右有机碳菌剂，幼苗更显根多杆壮。

液态有机碳肥用于农作物如下的缺碳和灾害抢救，可以收到救死扶伤、立竿见影的功效：连续低温寡照时，冻害来袭时（提前预防更好）、农作物肥伤时、农作物受淹时、大棚缺碳时、坐果作物花而不实时、果实膨大落果严重时、台风后农作物恢复抢救时。

（2）（固态）有机碳菌肥。有效碳含量≥5%，功能菌≥2×10^7个/克。

这个品种主要用作替代传统有机肥，施基肥时用。其改良土壤和促进根系的作用十分明显，一般每茬每亩用50～100公斤。如施后立即移种幼苗，或幼苗种后补施此肥，应尽量避免幼苗根系直接接触肥料，这一点与使用化肥类似。以下是提倡的几种施用方法。

移苗后浇上定根水，有机碳肥的养分会渗流出来，很快被幼苗根系吸收，恢复长势，缩短蹲苗期。

一般提倡与颗粒化肥混合使用，化肥用量按常规。

生长期较长的农作物中途追肥也可用此产品，与化肥混施，但要见效必须施后浇水。

（3）（固态）有机碳菌剂。有效碳含量≥12%，功能菌≥2×10^8个/克。

这个品种是目前最高档的固态有机碳肥，每茬每亩用量15～30公斤。

主要用作经济作物的基肥，尤其是大棚作物和山地作物。也用作苗床土的添加料。该产品防抗土传病害和促根功效显著，对于已经有土传病害的土地，尽可能在移播前一星期左右施本品并适当浇水（不是淹水），使其菌群迅速繁殖控制土壤生态，土传病害危及作物的概率将大幅度下降，甚至可以达到不发病。

本品埋施配合液态有机碳追施，可以抢救黄化和早落叶病果树。

（4）液态有机碳复混肥料。包括与大量元素肥和中微量元素肥的复混产品，有效碳含量≥120克/升，其他无机养分含量因品种各异，其中有机碳水溶肥 $N+K_2O\geq150$ 克/升，（Zn+Mn+B）30～50g/L全水溶。

这类产品如以中微量元素复混，一般用作叶面喷施；如以大量元素复混，主要用于兑水作追肥，尤其是管道滴灌，可代替化肥，用量可与常规使用化肥量比较，无机养分总量与之相当或减少20%左右，但增产量可达50%以上，且农产品耐贮运，口感优于纯有机种植，非常适合规模高优农业。

(5) 固态有机碳复混菌肥。有效碳含量≥6%，$N+P_2O_5+K_2O$≥25%，功能菌≥2×10^8个/克。

这个品种是“全能冠军”，有效碳含量高、无机总养分含量高、功能菌含量也高，把有机碳养分、无机养分和功能微生物巧妙地组装在一颗肥粒里，可同时替代有机肥、化肥和微生物肥料，单位面积用量约为单施普通高浓度化肥用量的1.6倍。每茬每亩用量为80～150公斤。这应是肥料界人士追求的“理想之肥”，农民乐见的绿色高效全营养的“傻瓜肥”，集高产、优质和改良土壤抑制土传病害于一体的高效多功能肥，是当今世界肥料宝塔尖上的明珠！

这种肥料可作基肥，也可作追肥。但作追肥应埋施并加浇水以迅速发挥微生物的作用。

(6) 高碳生物有机肥。有效碳含量≥3.5%，功能菌≥2×10^7个/克，$N+P_2O_5+K_2O$≥12%。

这是一款“普及型”多功能有机碳肥产品。一般用作基肥，当每茬农作物每亩用量达到200～300公斤时，可完全替代有机肥、化肥和微生物肥料。改良土壤促进增产效果明显。

第三节　地膜覆盖栽培技术

地膜覆盖栽培，即称塑料薄膜地面覆盖栽培技术，是将聚乙烯塑料薄膜，在作物播种或移栽前后覆盖在畦或垄的表面，配合其他栽培措施，以改善农田生态环境，促进作物生长发育，提高作物产量和品质的一种保护性栽培技术。

一、地膜覆盖技术的作用

地膜覆盖技术自1978年由日本引入我国以来，迅速在我国推广应用，使各地历史上形成的种植规划、品种布局、耕作制度及传统种植习惯发生了重大的变化，具体体现如下。

(一) 作物种植区域的变化

地膜覆盖使每个生长季节增加有效积温200～300℃，可提前满足作物对热量的需求，提早7～10d开花，使作物适宜临界纬度向北推移2°～4°。

(二) 品种布局有了突破

我国北方高纬度地区和南方部分高海拔山区，积温不足，无霜期短，只能种植生育期短的早熟品种，产量很低。覆盖地膜，可提早播种，生育期提前，种中晚熟品种也可成熟，产量大大提高。

(三) 干旱半干旱地区、盐碱地区农业进入新的发展阶段

我国“三北”地区年降雨量仅200～500mm，而蒸发量是降雨量的3～4倍，甚至更高。播种后保苗难，全苗更难。西南云贵高原由于缺水，冬、春季节优越的光热资源难以利用。采用地膜覆盖栽培后，能抑制土壤水分蒸发，省水、保水，在一定程度上缓解了农业缺水问题，为干旱和半干旱地区解决水资源不足开辟了新的途径。我国盐碱地面积很

大，过去对可耕作的中轻度盐碱地多采用灌水、压沙、挖沟和育苗移栽等方法防盐保苗，覆盖地膜后可减少土壤水分蒸发，上层土壤的含盐量比露地相对减少，有利全苗、保苗，已成为盐碱地的常规技术。

（四）提高了复种指数

北方一些地区生长季节一年一季有余，两季则不足，应用地膜后可种植两季。有的地区应用地膜后推动了间套作的发展，提高了复种指数。

（五）增加了经济效益和社会效益

实践表明，与露地栽培相比，地膜覆盖栽培可使多种作物早熟5～10d，增产30%～50%，甚至一倍以上。农产品品质也有所改善，如覆膜棉花的霜前花增加15%～20%，水分提高1%～2%。虽然地膜的使用增加了投入，但产量和品质的提高产生了更多的经济效益。

二、地膜的种类与性能

地膜种类分类方法较多，按生产材料不同可分为普通聚乙烯地膜、草纤维地膜等；按颜色可分为无色透明地膜、有色地膜和双色地膜等；按降解方法可分为可控光降解地膜、生物降解地膜、可控光－生物降解地膜等。当前，我国农业生产上使用的地膜主要是聚乙烯地膜，并开展了一些功能特殊性地膜的研制和应用。现将地膜的主要种类简要介绍如下：

（一）普通聚乙烯地膜

普通聚乙烯地膜的原料是聚乙烯树脂，具有透光增温性好、保水保肥、疏松土壤等多种效应，制造工艺简单、成本低，既适用于我国北方低温寒冷地区，又适用于南方早春作物覆盖，是使用量最大、应用最广的地膜种类，约占地膜用量的90%。

（二）降解地膜

降解地膜分为光降解地膜、生物降解地膜以及光－生物降解地膜。光降解地膜是在聚乙烯中加入光敏化合物、助降解剂等制成，经过一定时间的光照后，其高分子结构崩解，整张膜分裂为小碎片。光降解地膜具有与普通地膜相同增温、保墒等功能，但尚存在诱导期可控性差、衰变期长、隐蔽和埋土部分降解严重滞后等问题，而且分裂的地膜碎片在土壤中的移动和危害还需跟踪研究。生物降解地膜主要有淀粉基生物降解性塑料、纤维素生物降解塑料，可以在分泌酵素的微生物（如真菌、细菌）的作用下完全或不完全地降解，对环境的污染更小。目前，生物降解地膜在强度、光泽、透光性，以及增温保墒性等方面尚达不到普通地膜的水平，尚需进一步开发研究。光－生物双降解性地膜兼有光降解和生物降解的双重机制，以达到完全降解的目的，是当今世界对降解塑料研究的主流。

（三）有色地膜

有色地膜是以聚乙烯树脂为主要原料，分别加入一定量的各种颜色母料制成，可分为黑色及半黑色膜、银灰色膜、反光膜及其他地膜。与普通地膜相比，有色地膜通用性较差，但可以弥补普通地膜性能不足，适应生产上的各种需要。例如，黑色地膜可见光透过率为5%以下，覆盖后灭草率可达100%，其除草、保湿、护根效果稳定可靠；绿色地膜使植物进行旺盛光合作用的可见光（0.4～0.72μm）透过量减少，绿光增加，因而降低杂

草的光合作用，达到抑制杂草生长的目的；银灰色地膜可反射紫外光，能驱避蚜虫，减轻因蚜虫及其传播的病毒病的发生和蔓延。此外，银色反光膜、黑白双面膜、银黑双面膜、配色膜等有色地膜在反光、隔热、降地温、灭草、避蚜、防病、保湿、护根等方面功能明显，可根据不同作物的特殊需要选用。

三、地膜覆盖栽培管理

地膜覆盖栽培的环境条件及作物生长发育与露地栽培具有明显的区别，要有与之相适应的配套栽培技术，才能发挥其应有的覆盖效应，取得理想的效果。

（一）整地作畦（起垄）

地膜覆盖栽培对整地质量要求较严。在秋末冬初进行灭茬、施肥、耕翻、晒垡，翌春再进行耙耱，使土壤细碎疏松，土面平整。

我国东北地区多行垄作，华北及南方地区多采用高畦栽培，为蓄热提高地温，地膜覆盖要求作高畦或高垄。畦型多采用中间略高的“圆头高畦”，这样铺盖地膜时，地膜易与畦面密贴，压盖牢固。平畦覆盖有地膜拉盖不紧、遇风抖动、灌水后膜面积泥、影响透光增温和土壤板结等缺点，根系发育不好，覆盖效果欠佳，一般在蔬菜上作短期覆盖或少雨干旱地区和不易出苗的作物上运用。

新疆棉区春季低温，干旱少雨，采用机械化平地覆膜，压膜质量好，膜面平整光洁、增温保墒效果尤为显著。

（二）施足基肥

地膜覆盖地温高，土壤微生物活动旺盛，有机质分解转化快，作物前期吸收养分量大，土壤养分消耗量大，易造成作物中后期脱肥早衰。为保持有较高的土壤供肥水平，在整地过程中要施足高于露地施用量30%～50%的有机肥，并注意N、P、K肥合理配合。在中等以上肥力地块，为防止氮肥过多引起徒长，可酌情减少10%～20%氮肥施用量，瘠薄土壤增施氮肥有利于增产。

（三）播种与覆膜

根据播种和覆膜工序的先后，有先播种后覆膜和先覆膜后播种两种方式。先播种后覆膜是播后随即覆膜，其优点是增温保墒效果好，覆膜播种质量高，利于早苗、全苗；缺点是放苗和封土费工费时，放苗不及时可能出现高温烫伤苗，低温冻伤苗。先覆膜后开孔播种不需破膜放苗封土，节省人力，幼苗出土后可进行抗寒锻炼，抗霜冻能力强，缺点是出苗前保温性较差，遇雨水穴口土壤易板结，出苗困难。

提高覆膜质量是地膜覆盖栽培的关键一环，与出苗关系密切。覆膜时须做到：第一，地膜与地面紧贴，松紧适中，过紧易拉破，过松会使地膜受风上下摆动，增温保墒差；第二，膜面平展、干净、采光面大。

（四）田间管理

地膜覆盖栽培，必须配合以下田间管理，才能充分发挥地膜覆盖的增产作用。

检查覆膜质量。在早春多风季节，地膜易被风吹破损，畦面裸露，影响增温保温。在畦上每隔一定距离压一小土埂起镇压作用，并经常检查，及时封堵破损漏洞，保持地膜封盖严密，促进出苗和幼苗生长。

及时放苗封土。无论是膜上打孔播种或是播后覆膜，都会有一部分幼苗覆盖在膜内不能伸展出苗。当幼苗出土时，要及时开孔放苗出膜，防止高温伤苗。放苗要根据株行配置和播种方式而定，穴播穴放，条播可以条放，也可按计划株距间隔放苗，放苗和间苗同时进行。采用播后覆膜方式的，放苗后应及时用细土封堵穴口’防止穴口处跑墒降温，也避免风吹地膜的抖动擦伤幼苗茎叶。

及时疏苗定苗。幼苗出土后，应及时疏苗定苗。在气候多变和病虫较重的情况下，定苗时间不宜过早，一般在幼苗具有 3～4 片真叶时进行，并注意拔除病虫害苗、弱苗及杂草。

灌溉、追肥。地膜覆盖水分管理前期要适当控水、保湿、蹲苗、促根下扎，为整个发育期健壮生长打好基础。供水过早，会使地温降低，不利于根系的生长和下扎，地上部生长旺，甚至徒长，并易遭受病虫危害。发育中期，由于植株高大，叶片繁茂，蒸腾量大，应及时施肥灌水，适时适量化控，协调营养生长和生殖生长的关系，防止旺长和早衰。

(五) 地膜回收

地膜育苗覆膜时间较短，注意维护地膜，揭膜后可当年重复使用或洗净收藏第二年使用。大田地膜经较长期覆盖，地膜老化破碎，碎片残留土壤中破坏土壤结构，影响耕作整地质量和后作作物根系生长和养分吸收，污染环境。因此作物收获后必须清除残留地膜碎片。通过人工捡拾回收，也可用农田残膜回收机进行，结合人工拾遗，可大大提高回收工效。

第四节　生长发育调控技术

作物的个体生长发育和群体建成虽然能够因环境条件而进行自动调节，但这种依反馈机制进行的调节存在一定的局限性和滞后性，缺乏预见性和系统性，而且自然调节的结果也不一定符合人类生产的需求目的。因此，需要通过人为采取技术措施以协调作物与环境的关系、群体与个体的关系、作物体内各器官生长间的关系，补充、调整和增强自然调节的不足，达到作物群体结构和功能的最优化。除了密度、肥水等技术措施外，许多人工和化学调控技术，也具有良好的应用效果，可因作物施用。

一、人工调控技术

(一) 镇压

农业生产中的镇压包括土壤镇压和苗期镇压。苗期镇压又称压青苗，多用于小麦、谷子、高粱、糜子等作物的苗期。植株经镇压后，地上部分受到机械损伤，生长迟缓，生长锥伸长减慢，基部节间变粗变短；而地下部根系则得以充分发展，次生根数目增加，从而提高抗倒伏的能力。实际操作的时间和方法因不同作物的特性、苗期长势、土壤等情况而异。例如，小麦可在分蘖期前后、越冬期和拔节期进行镇压，冬季旺长的麦田宜多压、重压，弱麦宜少压、轻压或不压。土壤过湿的田块和盐碱土不宜压麦。谷子田常在谷苗 2～3 叶期镇压，起蹲苗作用。

(二) 深中耕

在许多旱地作物生长前期，若苗势过旺，则可利用一定的器械在行间或株间深耕土壤，切断部分根系，减少水分和养分的吸收，从而减缓茎叶生长，达到控制旺长的目的。例如，小麦在群体总茎数达到合理指标时，适当深耕断根，可抑制高位分蘖潜伏芽的萌发，促使小分蘖衰亡，使主茎和大蘖生长茁壮，有利壮秆防倒。对于有旺长趋势的棉田，也常在蕾期进行深中耕以控制棉株生长，中耕深度达 13cm 以上。

（三）晒田

晒田，又称烤田、搁田，是水稻生产上所特有的控促结合措施，一般在分蘖末期至拔节初期进行。当田间水稻有效茎蘖数达到预期的穗数时，通过排水晒田，改善土壤的通透性，促进根系发育，使基部节间短粗充实，抑制无效分蘖和地上部徒长。一般来说，长势猛、蘖数多的应早晒重晒，相反可轻晒或不晒，盐碱地一般不宜晒田。

（四）打（割）叶

在封行过早、群体郁闭的严重旺长田，可人工去掉一部分叶片，减少叶片的消耗，改善田间通风透光条件，这样有利于生殖器官的生长发育。禾谷类作物如小麦和水稻出现过分旺长时，将上部叶片割去一部分，可控制徒长，有利防倒；玉米在保留“棒三叶”的情况下可去除基部脚叶。无限花序作物如棉花、油菜、豆类等出现茎叶旺长时，可人工摘去中基部的老叶，以缓解营养器官和生殖器官争夺养分的矛盾，改善植株的通风透光条件，有利花蕾的发育。番茄、茄子、菜豆等蔬菜也常于生长后期将下部老叶摘去，以利通风，减少病虫害蔓延。

（五）打顶

打顶，又称摘心、掐尖。在无限花序作物生长期间，适时适度地摘去主茎顶尖，能消除顶端优势，协调养分分配，有利于调整株型，减少无效果枝和叶片，从而提高产量和品质。打顶一般适用于正常和旺长田块，长势差的田块可不必打顶。打顶时期，高密度棉花、蚕豆宜在初花期，大豆宜在盛花期。棉花除打顶外，长势旺的棉田果枝顶端也应摘除（称打边心）。烟草生产上也需在现蕾期打顶，即当花蕾出现长约 2cm，将花梗连同附着的几片小叶摘去，打顶后结合多次抹杈（抹去腋芽），可减少营养物质消耗，提高烟叶产量和品质。玉米在抽雄始期，及时隔行去雄，能够增加果穗穗长和穗重，双穗率提高，植株相对变矮，田间通风透光得到改善，因而籽粒饱满，产量提高。

（六）整枝

主要指去除无效枝、芽，人工塑造良好株形，改善群体结构，减少物质消耗。这在许多作物上均有应用。对生长旺盛的棉田，常在现蕾后，将第一果枝以下的叶枝幼芽及时去掉。盛花后期打去空果枝、抹去赘芽，可改善田间通气透光条件，促使养分集中供应结铃果枝。有的玉米、高粱或向日葵品种有分枝（蘖）的特性，分枝一出现，就会造成养分分散，影响主茎发育，应及时去掉。大豆、蚕豆等豆类作物摘除无效枝、芽，可减少落花落果，有利增产。

（七）提蔓与压蔓

甘薯在茎叶发生徒长时，由于茎蔓生长速度快而数量多，不定根大量发生，要消耗大量养料，因此影响薯块的生长。通过提蔓伤断蔓根，减少茎叶水分和养分的供应，可控制茎叶徒长，促进薯块的膨大。瓜类等作物的蔓匍匐生长，经压蔓后，可使茎蔓定向生长，方便管理，并能使植株受光良好，促进果实发育，同时可促进不定根发生，增加养分

吸收。

二、化学调控技术

（一）化学调控的原理

化学调控主要是利用植物激素和人工合成的类似植物激素的生长调节剂来调节作物生长发育进程，从而达到人们预期目的。植物激素是指一些在植物体内合成，并从产生处被运送到别处、对生长发育起着显著作用的微量有机物质。植物生长调节剂是指人工合成的具有植物激素活性的物质。

（二）激素的种类

目前，已经确认的植物激素有九大类，即生长素（auxin）、赤霉素（gibberellin，GA）、细胞分裂素（cytokinin，CTK）、脱落酸（abscisic acid，ABA）、乙烯（ethylene，ETH）、油菜素甾醇类（brassinosteroids，BRs）、水杨酸类（salicylates，SA）、茉莉酸类（jasmonates，JAs）和多胺（polyamines，PAs）。

（1）生长素。生长素是最早被发现的植物激素。植物体内生长素的含量很低，一般每克鲜重为10～100ng。各种器官中都有生长素的分布，但较集中在生长旺盛的部位，如正在生长的茎尖和根尖，正在展开的叶片、胚、幼嫩的果实和种子，禾谷类的居间分生组织等，衰老的组织或器官中生长素的含量则更少。生长素在植物体内的运输具有极性，即生长素只能从植物的形态学上端向下端运输，而不能向相反的方向运输，这称为生长素的极性运输。其他植物激素则无此特点。

生长素的生理作用十分广泛，包括对细胞分裂、伸长和分化，营养器官和生殖器官的生长、成熟和衰老的调控等方面。生长素能够促进插条不定根的形成，促进菠萝开花，引起顶端优势（即顶芽对侧芽生长的抑制），诱导雌花分化（但效果不如乙烯），促进形成层细胞向木质部细胞分化，促进光合产物的运输、叶片的扩大和气孔的开放，调运养分分配，抑制花朵脱落、叶片老化和块根形成等。

（2）赤霉素。赤霉素是指具有赤霉烷骨架，能刺激细胞分裂和伸长的一类化合物的总称。赤霉素的种类很多，它们广泛分布于植物界，从被子植物、裸子植物、蕨类植物、褐藻、绿藻、真菌和细菌中都发现有赤霉素的存在。赤霉素在植物体内的运输没有极性，可以双向运输。根尖合成的赤霉素通过木质部向上运输，而叶原基产生的赤霉素则是通过韧皮部向下运输。

赤霉素具有促进茎的伸长生长、诱导开花、打破休眠、促进雄花分化、促进养分运转、促进某些植物坐果和单性结实、延缓叶片衰老等作用。在湿热地区，对喜温凉植物三色堇施用GA_3辅施磷钾肥，使三色堇盛花期提前，观赏期延长，且其他观赏品质也大有改善。

（3）细胞分裂素。细胞分裂素是一种能够促进细胞分裂或分化的植物激素。已知在高等植物中有10多种内源细胞分裂素，其中以玉米素最为活跃。目前，工业合成的产品较多，在生产上常用的主要有6－苄基氨基嘌呤（6－BA）和激动素（KT）。6－苄基氨基嘌呤纯品为针状结晶，难溶于水，可溶于碱性或酸性溶液。激动素纯品为白色固体，不溶于水，可溶于碱、酸溶液中。

细胞分裂素的主要生理功能：一是促进细胞分裂和调控其分化。在组织培养中，细胞分裂素和生长素的比例影响着植物器官分化，通常比例高时，有利于芽的分化；比例低时，有利于根的分化。二是延缓蛋白质和叶绿素的降解，延迟衰老。

（4）脱落酸。脱落酸存在于全部维管植物中，包括被子植物、裸子植物和蕨类植物。高等植物各器官和组织中都有脱落酸，其中以将要脱落或进入休眠的器官和组织中较多，在逆境条件下脱落酸含量会迅速增多。

脱落酸的生理效应主要包括促进休眠、促进气孔关闭、抑制生长、促进脱落、增加抗逆性。

（5）乙烯。高等植物各器官都能产生乙烯，但不同组织、器官和发育时期，乙烯的释放量是不同的。成熟组织释放乙烯较少，分生组织、种子萌发、花刚凋谢和果实成熟时产生乙烯最多。

乙烯的生理作用有催熟果实、促进脱落、促进衰老、控制伸长生长等。

（6）油菜素甾醇类。油菜素也称油菜素内酯，是从油菜花粉中提取出的一种生理活性物质，是迄今在植物界发现的唯一一类与动物体激素相似的植物内源留体类活性物质，目前已发现 60 多种，总称为油菜素甾醇类（芸薹甾类）。它们普遍存在于植物的花粉、叶、果实、种子、枝条和虫瘿等部位，甚至也见于藻类植物中。

油菜素留醇类能增加植物对冷害、冻害、病害、除草剂及盐害等的抗性，协调植物体内多种内源激素的相对水平，改变组织细胞化学成分的含量，激发酶的活性，影响基因表达，促进 DNA、RNA 和蛋白质合成，促进细胞分裂和伸长，增加植物生长发育速度，参与光信号调节，影响光周期反应，提高作物产量及种子活力，减少果实的败育和脱落等。

（7）水杨酸类。水杨酸类是植物体内广泛存在的一种天然酚类化合物，尤其在天然植物的花序及感染坏死性病原体的植物中更多。

水杨酸的主要生理作用是促进生根、抑制乙烯的生物合成、延迟果实的后熟和衰老、调节某些植物的光周期、诱导开花、调节种子发芽和气孔关闭、提高抗病性等。目前，水杨酸已在果实保鲜、延长水果的货架寿命、增强抗病力等方面得到广泛应用。

（8）茉莉酸类。茉莉酸在植物界中广泛分布，植物组织中茉莉酸含量随器官功能、细胞类型、发育阶段及其对环境刺激的响应而变化。通常在花和果实等繁殖器官，特别是未成熟的果皮中含量最高，茎端、根尖和幼叶中也较高，根和成熟的叶片中则低得多。

茉莉酸与脱落酸有许多相似之处，如抑制生长、抑制种子和花粉萌发、促进器官衰老和脱落、诱导气孔关闭、促进乙烯产生、提高抗逆性等。

（9）多胺。多胺是一组进化上高度保守的小分子质量含氮脂肪碱，广泛存在于原核生物和真核生物中。在高等植物中，多胺以阳离子状态存在于细胞中，它们能与 DNA、RNA 等大分子阴离子相结合，从而促进细胞分裂、促进植物生长。多胺也能促进植物体细胞胚的形成、不定芽的发生、根的形成和发生、子房和果实的发育、花原基的形成、花芽分化以及块茎的形成等。多胺还能抑制乙烯的合成，延缓离体叶片及果实的衰老。另外，多胺还参与植物的胁迫反应。

（三）植物生长调节剂的分类及其在生产上的应用

1. 植物生长调节剂的分类

（1）生理型调节剂。生理型调节剂可分为生理延缓型调节剂及生理促进型调节剂。生理延缓型调节剂使用较多的是壮苗素、缩节胺（DPC）等，对作物节间伸长具有抑制作

用。施用这类调节剂后，作物从外观上表现为节间缩短，叶色变深，根系发达，抗性提高，花蕾脱落减少，可提早成熟，增加产量，提高品质。生理促进型调节剂主要有赤霉素（GA_3）和生根粉（ABT_4）等。赤霉素可促进酶的合成，调节生长素的水平来促进已有节间的伸长，减少花蕾脱落，增加花蕾坐果率。生根粉浸种可促进作物出苗，提高出苗率，并促进形成发达强壮的根系。

（2）脱叶催熟剂。脱叶催熟剂使用较多的是乙烯利。在棉花上，乙烯利的催熟作用主要是由于乙烯利释放出来的乙烯可提高氧化酶活性，促进纤维素酶的合成，加快纤维素的合成速度，提高纤维品质。同时，作物叶片在乙烯的作用下，5 天可干枯脱落。另外，乙烯也有抑制作物的茎枝伸长，促进开花的作用。

2. 植物生长调节剂在生产上的应用

（1）在棉花上的应用。在棉花生产上应用最多的生长调节剂为缩节胺，其化学名称为 N，N-二甲基哌啶氯化钠，为白色或淡黄色晶体或粉末，易溶于水，毒性极低，含有效成分 96%以上。

缩节胺对棉花的调控作用机理是：阻断体内赤霉素的合成，使体内各激素含量发生变化，并达到新的平衡，从而调节棉花植株生长发育。其主要作用有：①控制节间的伸长，定向塑造理想株型；②促进根系发育，增强根系对矿物质养分的吸收能力；③调节棉叶发育及功能，使叶面积变小，叶片变厚，增加叶绿素含量，提高叶片光效率；④促进蕾、花、铃的发育，提高棉铃质量。

使用技术：缩节胺施用受气候、水分、营养、生育阶段、品种、生长势等多种因素的影响。因此，在不同地区、品种、生长阶段的棉花长势不同，施用效果具有很大差异。

（2）在玉米上的应用。在玉米生产上主要是喷施健壮素，一般可使植株矮化 15～20cm，穗位降低 15～18cm，使每公顷种植密度增加 15 000～22 500 株，增产 10%～30%。施用方法：①每公顷用玉米健壮素 150g 兑水 225～300kg，在玉米大喇叭口末期，即抽雄前 7 天左右，均匀地喷洒在植株上部叶片上；②喷施不能过早，否则将会抑制植株的正常生长发育而影响产量，过晚则得不到应有的效果；③药液现用现配，不能久存，也不能与农药、化肥混合，以防失效；④如喷洒后 6h 内遇雨，需再重喷一次，重喷时药量减半；⑤使用时药液不能与皮肤及衣物接触。

（3）在小麦上的应用。应用植物生长调节剂对小麦进行化学调控，是夺取小麦优质高产的一条有效措施。下面介绍几种生长调节剂及其在小麦上的使用技术。

a. 多效唑：具有抑制小麦徒长，矮化株型的作用，能增产 10%左右。使用方法：每公顷用 15%多效唑可湿性粉剂 750g，加水 750kg 稀释，配成浓度为 150mg/kg 的溶液，在小麦拔节期均匀喷施，不重喷，不漏喷。

b. 矮壮素：对小麦防倒伏作用明显。使用方法：在小麦拔节期连续喷洒浓度为 0.3%矮壮素溶液 2 次，间隔 10 天左右喷 1 次，每次每公顷喷液 750kg 左右。

c. 缩节胺：在小麦拔节期使用，可控旺促壮，防止倒伏；在扬花期使用，可提高结实率和加速灌浆，促使小麦穗大粒多，使成熟期提早 2～3 天。使用方法：在小麦起身期，每公顷用缩节胺粉剂 52.5～75.0g，加水 600kg 稀释后喷施。在扬花期，每公顷用缩节胺 30.0～37.5g，加水 600～750kg 稀释后，再加磷酸二氢钾 2.25kg，混合后喷洒于植株中上部。

第五节　农作物病虫草害及其防治

一、作物病害及其防治

（一）作物病害防治方法

防治病害的途径很多，有植物检疫、农业防治、抗病性利用、生物防治、物理防治和化学防治等。各种病害防治途径和方法均通过减少初始菌量、降低流行速度或者同时作用于两者以阻滞病害的流行。

1. 植物检疫

植物检疫是通过贯彻预防为主、综合防治、杜绝危险性病原物的输入和输出的一项重要防治措施；根据病害危险性、发生局部性、人为传播这三个条件制定国内和国外的检疫对象名单以实行检疫。

2. 农业防治

农业防治是利用和改进耕作栽培技术，调节病原物、寄主及环境之间的关系，创造有利于作物生长、不利于病害发生的环境条件，控制病害发生与发展。

（1）使用无病繁殖材料。建立无病留种田或无病繁殖区，并与一般生产田隔离；对种子进行检验，处理带病种子，去除混杂的菌核、菌瘿、虫瘿、病原作物残体等。如热力消毒（如温汤浸种）或杀菌剂处理等。

（2）建立合理的种植制度。合理的轮作、间作、套作，在改善土壤肥力和土壤的理化性质的同时，可减少病原物的存活率，切断病害循环。如稻棉、稻麦等水旱轮作可以减少多种有害生物的危害，也是进行小麦吸浆虫、地下害虫和棉花枯萎病防治的有效措施之一。

（3）加强栽培管理。通过合理播种（播种期、播种深度和种植密度），优化肥水管理和调节温度、湿度、光照和气体组成等要素，创造适合于寄主生长发育而不利于病原菌侵染和发病的环境条件，可减少病害发生。如早稻过早播种，易引起烂秧；水稻过度密植，易发生水稻纹枯病；施用氮肥过多，往往会加重稻瘟病和稻白叶枯病发生，而氮肥过少，则易发生稻胡麻斑病。此外，通过深耕灭茬、拔除病株、铲除发病中心和清除田间病残体等措施，可减少病原物接种体数量，有效减轻或控制病害。

（4）选育和利用抗病品种。选育和利用抗病品种防治作物病害，是一项经济、有效和安全的措施。如我国小麦秆诱病和条锈病、玉米大斑病和小斑病及马铃薯晚疫病等，均是通过大面积推广种植抗病品种而得到控制的。对许多难于运用其他措施防治的病害，特别是土壤传播的病害和病毒病等，选育和利用抗病品种可能是唯一可行的控病途径。

3. 生物防治

生物防治主要是指利用微生物间的拮抗作用、寄生作用、交互保护作用等防治病害的方法。

（1）拮抗作用。一种生物产生某种特殊的代谢产物或改变环境条件，从而抑制或杀死另一种生物的现象，称为拮抗作用。将人工培养的具有抗生作用的抗生菌施入土壤（如

5406 抗生菌），改变土壤微生物的群落组成，增强抗生菌的优势，则有防病增产的效果。

（2）重寄生作用和捕食作用。重寄生是指一种寄生微生物被另一种微生物寄生的现象。对植物病原物有重寄生作用的微生物很多，如噬菌体对细菌的寄生，病毒、细菌对真菌的寄生，真菌对线虫的寄生，真菌间的重复寄生等。一些原生动物和线虫可捕食真菌的菌丝和孢子以及细菌，有的真菌能捕食线虫，也是生物防治的途径之一。

（3）交互保护作用。在寄主上接种亲缘相近而致病力弱的菌株，以保护寄主不受致病力强的病原物的侵害，主要用于植物病毒病的防治。

4. 物理防治

物理防治主要利用热力、冷冻、干燥、电磁波、超声波、核辐射、激光等手段抑制、钝化或杀死病原物，达到防治病害的目的。常用于处理种子、无性繁殖材料和土壤。

（1）汰除法。汰除是将有病的种子和与种子混杂在一起的病原物清除掉。汰除的方法中，比重法是最常用的，如盐水选种或泥水选种，把密度较轻的病种和秕粒汰除干净。

（2）热力处理。利用热力（热水或热气）消毒来防治病害，如利用一定温度的热水杀死病原物，可获得无病毒的繁殖材料。土壤的蒸气消毒常用 80～95℃蒸气处理 30～60 min，绝大部分的病原物可被杀死。

（3）地面覆盖。在地面覆盖杂草、沙土或塑料薄膜等，可阻止病原物传播和侵染，控制作物病害。

（4）高脂膜防病。将高脂膜兑水稀释后喷到作物体表，其表面形成一层很薄的膜层，该膜允许 O_2和 CO_2通过，真菌芽管可以穿过和侵入作物体，但病原物在作物组织内不能扩展，从而控制病害。高脂膜稀释后还可喷洒在土壤表面，从而达到控制土壤中的病原物、减少发病概率的效果。

5. 化学防治

用于防治作物病害的农药通称为杀菌剂，包括杀真菌剂、杀细菌剂、杀病毒剂和杀线虫剂。杀菌剂是一类能够杀死病原生物，抑制其侵染、生长和繁殖，或提高作物抗病性的农药，包括无机杀菌剂（如铜制剂、硫制剂等），有机杀菌剂（如有机硫杀菌剂、有机砷杀菌剂、有机磷杀菌剂、取代苯类杀菌剂、有机杂环类杀菌剂、抗生素类杀菌剂等）。农药具有高效、速效、使用方便、经济效益高等优点，但需恰当选择农药种类和剂型，在恰当的时间采用适宜的喷药方法，才能正确发挥农药的作用，防止造成环境污染和农药残留。

此外，将化学药剂或某些微量元素引入健康作物体内，可以增加作物对病原物的抵抗力，从而限制或消除病原物侵染。有些金属盐、植物生长素、氨基酸、维生素和抗生素等进入作物体内以后，能影响病毒的生物学习性，起到钝化病毒的作用，降低其繁殖和侵染力，从而减轻其危害。

二、作物虫害及其防治

作物中几乎没有一种不遭受害虫危害的，而且一种作物常同时受多种害虫危害。由有害昆虫蛀食引起的各种作物伤害称为虫害。据文献记载，我国危害水稻的害虫有 385 种，危害小麦的害虫有 237 种，棉花害虫 310 余种，苹果害虫 340 余种。此外，农产品收获后在贮藏、加工期间也会受到多种害虫侵害，如我国记载的贮粮害虫有 100 余种。为确保作物产量和品质，需要对作物虫害进行有效防治。

(一) 主要防治方法

1. 植物检疫

由国家颁布法令，对局部地区非普遍性发生的、能给农业生产造成巨大损失的、可通过人为因素进行远距离传播的病、虫、草，实行植物检疫制度，特别是对种子、苗木、接穗等繁殖材料进行管理和控制，防止危险性病、虫随着植物及其产品由国外输入和由国内输出，对国内局部地区已经发生的危险性病、虫、杂草进行封锁，防止蔓延，就地彻底消灭。

2. 农业防治

农业防治是指结合整个农事操作过程中的各种具体措施，有目的地创造有利于农作物的生长发育而不利于害虫发生的农田环境，抑制害虫繁殖或使其生存率下降。

(1) 选用抗虫或耐虫品种。利用作物的耐虫性和抗虫性等防御特性，培育和推广抗虫品种，发挥其自身因素对害虫的调控作用。如一些玉米品种由于含有抗螟素，故能抗玉米螟的危害。

(2) 建立合理的耕作制度。农作物合理布局可以切断食物链，使某一世代缺少寄主或营养条件不适而使害虫的发生受到抑制。轮作、间作、套作等对单食性或寡食性害虫可起到恶化营养条件的作用，如稻麦轮作可起到抑制地下害虫、小麦吸浆虫的危害；同时，可制造天敌繁衍的生态条件，造成作物和害虫的多样性，可以起到以害（虫）繁益（虫）、以益控害的作用。

(3) 加强栽培管理。合理播种（播种期、种植密度）、合理修剪、科学管理肥水、中耕等栽培管理措施可直接杀灭或抑制害虫危害。如三化螟在水稻分蘖期和孕穗期最易入侵，拔节期和抽穗期是相对安全期，通过调节播栽期，使蚁螟孵化盛期与危害的生育期错开，可以达到避开螟害和减轻受害的作用；利用棉铃虫的产卵习性，结合棉花整枝打去顶心和边心，可消灭虫卵和初孵幼虫；采用早春灌水，可淹死在稻桩中越冬的三化螟老熟幼虫；利用冬耕或中耕可以压低在土中化蛹或越冬害虫的虫源基数等。此外，清洁田园，及时将枯枝、落叶、落果等清除，可消灭潜藏的多种害虫。

(4) 改变害虫生态环境。改变害虫生态环境是控制和消灭害虫的有效措施。我国东亚飞蝗发生严重的地区，通过兴修水利、稳定水位、开垦荒地、扩种水稻等措施，改变了蝗虫发生的环境条件，使蝗患得到控制。在稻飞虱发生期，结合水稻栽培技术要求，进行排水晒田，降低田间湿度，在一定程度上可减轻发生量。

3. 化学防治

化学防治是当前国内外最广泛采用的防治手段，在今后相当长的一段时间内，化学防治在害虫综合防治中仍将占有重要的地位。化学防治杀虫快，效果好，使用方便，不受地区和季节性限制，适于大面积机械化防治。

常用的无机杀虫剂有砷酸钙、砷酸铝、亚砷酸和氟化钠等；有机杀虫剂包括植物性（鱼藤、除虫菊、烟草等）和矿物性（如矿物油等）两类，它们分别来源于天然植物和矿物。

目前人工合成的有机杀虫剂种类繁多，按作用方式可以将杀虫剂分为触杀剂、胃毒

剂、内吸剂、熏蒸剂、忌避剂、拒食剂、引诱剂、不育剂和生长调节剂等。

(1) 触杀剂。触杀剂是指药剂与虫体接触后，通过穿透作用经体壁进入或封闭昆虫的气门，使昆虫中毒或窒息死亡的一种杀虫剂。触杀剂是接触到昆虫后便可起到毒杀作用的一种杀虫剂，如拟除虫菊酯、氨基甲酸酯等。现在生产的有机合成杀虫剂大多数是触杀剂或兼胃毒杀作用。

(2) 胃毒剂。胃毒剂是指药剂随昆虫取食后经肠道吸收进入体内，到达靶标引起虫体中毒死亡的一种杀虫剂。如砷酸铅及砷酸钙是典型的胃毒剂。

(3) 内吸剂。内吸剂是指农药施到作物上或施于土壤里，被作物体（包括根、茎、叶及种、苗等）吸收，并可传导运输到其他部位，害虫（主要是刺吸式口器害虫）取食后引起中毒死亡的一种杀虫剂。实际上内吸性杀虫剂的作用方式也是胃毒作用，但内吸作用强调该类药剂具有被作物吸收并在体内传导的性能，因而在使用方法上，可以明显不同于其他药剂，如根施、涂茎等。

(4) 熏蒸剂。熏蒸剂是指药剂由液体或固体汽化为气体，以气体状态通过害虫呼吸系统进入体内而引起昆虫中毒死亡的一种杀虫剂。如氯化苦、溴甲烷等。

(5) 忌避剂。忌避剂是指一些农药依靠其物理、化学作用（如颜色、气味等）使害虫忌避或发生转移、潜逃现象的一种非杀死保护药剂。如苯甲酸苄酯对恙螨、苯甲醛对蜜蜂有忌避作用。

(6) 拒食剂。拒食剂是指农药被取食后，可影响昆虫的味觉器官，使其厌食、拒食，最后因饥饿、失水而逐渐死亡，或因摄取不足营养而不能正常发育的一种杀虫剂。如杀虫脒和拒食胺等。

(7) 引诱剂。引诱剂是指依靠其物理、化学作用（如光、颜色、气味等）将害虫诱聚而利于歼灭的一种杀虫剂。具有引诱作用的化合物一般与毒剂或其他物理性捕获措施配合使用，杀灭害虫，最常用的取食引诱剂是蔗糖液。

(8) 不育剂。不育剂是指化合物通过破坏生殖循环系统，形成雄性、雌性或雌雄两性不育，使害虫失去正常繁育能力的一种杀虫剂。如六磷胺等。

(9) 生长调节剂。生长调节剂是指化合物可阻碍或抑制害虫的正常生长发育，使之失去危害能力，甚至死亡的一种杀虫剂。如灭幼脲等。

为了充分发挥药剂的效能，必须合理选用药剂与剂型，做到对“症”下药。合理用药还必须与其他综合防治措施配套，充分发挥其他措施的作用，以便有效控制农药的使用量。

4. 生物防治

(1) 以虫治虫。以虫治虫就是利用害虫的各种天敌进行防治。我国幅员辽阔，害虫的种类繁多，各种害虫的天敌也很多。常见的如蜻蜓、螳螂、瓢虫、步甲、草蛉、食蚜蝇幼虫、寄生蝇、赤眼蜂等。以虫治虫的基本内容应是增加天敌昆虫数量和提高天敌昆虫控制效能，大量饲养和释放天敌昆虫以及从外地或国外引入有效天敌昆虫。

(2) 以微生物治虫。许多微生物都能引起昆虫疾病的流行，使有害昆虫种群的数量得到控制。昆虫的致病微生物中多数对人畜无害，不污染环境，制成一定制剂后，可像化学农药一样喷洒，称为微生物农药。在生产上应用较多的昆虫病原微生物主要有细菌、真菌、病毒三大类。如已作为微生物杀虫剂大量应用的主要是芽孢杆菌属的苏金杆菌，已用于防治害虫的真菌有白僵菌、绿僵菌、拟青霉菌、多毛菌和虫霉菌等。

(3) 以激素治虫。该种方法利用昆虫的内外激素杀虫，既安全可靠，又无毒副作用，具有广阔的发展前景。利用性外激素控制害虫，一般有诱杀法、迷向法和引诱绝育法。利用内激素防治害虫包括利用蜕皮激素和保幼激素两种，蜕皮激素可使昆虫发生反常现象而引起死亡；保幼激素可以破坏昆虫的正常变态，打破滞育，使雌性不育等。

5. 物理机械防治

应用各种物理因子如光、电、色、温湿度等及机械设备来防治害虫的方法，称为物理机械防治法。常见的有捕杀、诱杀、阻杀和高温杀虫。

(1) 捕杀。利用人力或简单器械，捕杀有群集性、假死性等习性的害虫。

(2) 诱杀。利用害虫的趋性，设置灯光、潜所、毒饵等诱杀害虫。如利用波长为365 nm的黑光灯、双色灯、高压汞灯进行灯光诱杀，利用杨柳树枝诱杀棉铃虫蛾子等。

(3) 阻杀。人为设置障碍，构成防止幼虫或不善飞行的成虫迁移扩散。如在树干上涂胶，可以防止树木害虫下树越冬或上树危害。

(4) 高温杀虫。用热水浸种、烈日暴晒、红外线辐射、高频电流等，都可杀死种子中隐蔽危害的害虫。如食用小麦暴晒后，在水分不超过12%的情况下，趁热进仓库密闭储存，对于杀虫防虫效果极好。

三、作物草害及其防治

人类根据自己的需求，在不浙的选择和驯化下，将植物分化成为野生植物、作物和杂草。广义地说，杂草是指农田中人们非有意识栽培的“长错了地方”的植物。与其他野生植物相区别，农田杂草是能够在农田生境中不断自然延续其种族的植物，且不易被人类的农事耕作等活动所根除，必将影响人类对人工生境的维持，给人类的生产和生活造成危害。

(一) 杂草危害

杂草的危害表现在许多方面，其中最主要的是与作物争夺养分、水分和阳光，影响作物生长，降低作物产量与品质。杂草的危害可分为直接危害和间接危害两方面。

1. 直接危害

直接危害主要指农田杂草对作物生长发育的妨碍，并造成农作物的产量和品质的下降。杂草与作物一样都需要从土壤中吸收大量的营养物质，并能迅速形成地上组织。杂草有顽强的生命力，在地上和地下与作物进行竞争。地上部主要表现为对光和空间的竞争，地下部主要表现为对水分和营养的竞争，直接影响作物的生长发育。具有发达根系的杂草还掠夺了土壤中的大量水分。在作物幼苗期，一些早出土的杂草严重遮挡着阳光，使作物幼苗黄化、矮小等。

2. 间接危害

间接危害主要指农田杂草中的许多种类是病虫的中间寄主和越冬场所，有助于病虫的发生与蔓延，从而造成损失，如夏枯草、通泉草和紫花地丁是蚜虫等的越冬寄主。许多杂草是作物病虫害的传播媒介，如棉蚜先在夏枯草、小蓟、紫花地丁上栖息越冬，待春天棉花出苗后，再转移到棉花上进行危害。有些杂草植株或某些器官有毒，如毒麦籽实混入粮

食或饲料中能引起人畜中毒，冰草分泌的化学物质能抑制小麦和其他作物发芽生长；禾本科杂草感染麦角病、大麦黄矮病毒和小麦丛矮病毒，再通过昆虫传播给麦类作物使其发病，如小麦田生长的猪殃殃、大豆田生长的菟丝子等，都严重影响作物的管理和收获。

（二）农田草害的防除

1. 农业防除

农业措施包括轮作、土壤耕作整地、精选种子、施用腐熟的肥料、清除田边和沟边杂草以及合理密植等。

合理轮作特别是水旱轮作是改变农田生态环境、抑制某些杂草传播和危害的重要措施。如水田的眼子菜、牛毛草在水改旱后就受到抑制；土壤耕作整地，如春耕、秋耕和中耕等，可翻埋杂草种子，扯断杂草的根系和营养体，减轻杂草的危害。播前对作物种子进行精选（如风选、筛选、水选等）是减少杂草来源的重要措施，如稗草种子随稻谷传播、菟丝子种子随大豆传播、狗尾草种子随谷粒传播，通过精选种子，可防止杂草种子传播。施用有机肥料，如家畜粪便、杂草堆肥、饲料残渣、粮油加工废料等含有大量的杂草种子，若不经过高温腐熟，这些杂草种子仍具有发芽能力。因此，施用腐熟的有机肥，可抑制其传播。

此外，清除田边、沟边、路旁杂草也是防止杂草蔓延的重要措施。

2. 植物检疫

杂草种子传播的一条重要途径就是混入作物和牧草种子中进行传播。因此，加强植物检疫是杜绝杂草种子在大范围内传播、蔓延的重要措施。

3. 生物防除

生物防除是利用动物、昆虫、病菌等方法来防除杂草。生物防除包括以昆虫、病原菌和养殖动物灭草等。

早期的生物防除主要是利用动物来防除杂草，如在果园放养食草家畜家禽、在稻田养殖草鱼等，后期在以虫灭草上也收到了很好的效果。

许多昆虫都是杂草的天敌，如尖翅小卷娥是香附子、碎末莎草、荆三棱和水莎草的天敌，盾负泥虫是鸭趾草的天敌等。在以菌灭草上，同样也取得了成功，如用锈病病菌防除多年生菊科杂草。而利用植物病原微生物防除杂草的技术和制剂即微生物除草剂，现已进入应用阶段，如用炭瘟病菌制剂防除美国南部水稻和大豆的豆科杂草美国合萌。我国在利用微生物病菌防除杂草上同样也取得了很大的进展，如防除大豆菟丝子的菌药鲁保 1 号已研制成功。

4. 化学防除

化学防除是指使用除草剂来防除杂草的技术措施。化学防除具有效果好、效率高、省工省力的优点。但除草剂的作用机理复杂，目前，主要是基于以下几种机理进行化学防除：①抑制杂草的光合作用；②抑制脂肪酸合成；③干扰杂草的蛋白质代谢；④破坏杂草体内生长素平衡；⑤抑制植物微管和组织发育。使用除草剂灭除农田杂草时，需找出作物对除草剂的“耐药期或安全期”和杂草对药剂的“敏感期”施用防除，才能达到只杀草而不伤苗的效果。

(1) 利用有些除草剂药效迅速而残效短的特性，在作物播种前喷施除草剂于土表层以迅速杀死杂草，待药效过后再播种。利用时间差，既灭除了杂草又不伤害作物。如利用灭生性除草剂草甘膦处理土壤，施药后 2～3 天即可播种和移栽。

(2) 利用作物根系在土层中分布深浅的不同和植株高度的不同进行选择性地除草。一般情况下，作物的根系在土壤中分布较深，而大多数杂草的根系在土层中分布较浅，将除草剂施于土壤表层可防除杂草而不伤作物。如移栽稻田使用丁草胺。

(3) 作物形态不同对除草剂的反应不同。如稻麦等禾谷类作物叶片狭长，表面的角质层和蜡质层较厚，除草剂药液不易黏附，且具有较大的抗性；苋、藜等双子叶杂草的叶片宽大平展，表面的角质层与蜡质层薄，药液容易黏附，因而容易受害被毒杀。

(4) 生理生化选择，即利用不同作物的生理功能差异及其对除草剂反应的不同。如水稻与稗同属禾本科，形态和习性相似，但水稻体内有一种特殊的水解酶能将除草剂敌稗水解为无毒性的 3，4－二氯胺苯及丙酸；稗草则因没有这种功能而被毒杀。

总之，根据作物和杂草之间的差异，选用除草剂品种要准确，喷施要均匀，剂量要精确；同时还要看苗情、草情、土质、天气等灵活用药，才能达到高效、安全、经济地灭除杂草的目的。

四、农业鼠害及其防治

害鼠种类多、数量大、繁殖快、分布广，对农业危害极大，几乎所有农作物都受到害鼠的危害。

(一) 鼠类概述

鼠类通常是指哺乳纲、啮齿目的动物。鼠类在哺乳动物中种类和数量最多，在全世界已知的 4 200 多种哺乳动物中，鼠类就有 1 700 余种，约占总数的 40%。我国已知哺乳动物约 460 种，其中鼠类 150 多种，约占 33%。

(二) 鼠害的防治

1. 生态防治

生态防治主要通过破坏鼠类的生活环境，使其生长繁殖受到抑制，增加其死亡率，从而控制害鼠种群数量。具体措施有以下几种。

(1) 翻耕土地、清除杂草。清除杂草、减少荒地，使害鼠难以隐蔽和栖居。翻耕、灌溉和平整土地，如在华北北部的旱作区，秋季耕翻农田即可破坏田间洞穴，迫使长爪沙鼠迁居到田埂、荒地等不良的栖息地，从而引起大量死亡；秋耕、秋灌及冬闲整地，对黑线仓鼠的越冬也有很大破坏作用。

(2) 兴修水利、整治农田周边环境。很多害鼠栖息于田埂、沟渠边、河塘边、土堆或草堆等地，如黑线姬鼠、褐家鼠等。结合冬季兴修水利、冬季积肥、田埂整修、开垦荒地等农田基本建设活动，就可以破坏害鼠的栖境。

(3) 搭配种植、合理布局农作物。品种搭配和合理布局农作物，也可以起到降低鼠害的作用。如实行不同作物交错种植，形成复杂的生态环境，可引起鼠类种间竞争激烈，促使天敌数量增加，从而能起到抑制鼠害的作用。实践证明，多种作物交错种植比单一种植鼠害轻，此外，水—旱轮作较旱—旱轮作的鼠害发生也轻。

(4) 及时收获、颗粒归仓。食物是害鼠赖以生存和繁衍的重要条件，减少或切断食物

来源，能抑制鼠类生长发育、繁殖及存活，从而达到控制鼠害的目的。例如，在作物收获季节，特别是秋收时，做到及时收获、快打快运、颗粒归仓，就可切断害鼠的食物来源，减少害鼠取食和贮粮越冬的机会。如在秋后能及时耕翻、清洁田园，就会取得更好的效果。

2. 生物防治

对害鼠的生物防治，主要是利用天敌动物、病原微生物和外激素等杀灭或抑制鼠类种群数量的上升。鼠类的天敌主要有猫头鹰、鹰隼类等鸟类和黄鼬、豹猫、狐、獾等哺乳动物及蛇类等，应积极保护这些天敌。微生物灭鼠是指利用鼠类的致病微生物进行灭鼠，致病微生物有鼠伤寒菌、沙门氏菌等；但考虑对人畜的选择性问题，利用病原微生物灭鼠应持谨慎态度。外激素防治主要是利用其驱避作用、引诱作用、不孕作用等，直接控制和减少害鼠数量；或利用报警信息干扰某些鼠类种群的正常活动。

3. 物理防治

物理防治主要是使用捕鼠器械捕杀鼠类。捕鼠器械多数是利用杠杆及平衡原理设计制作而成的；此外，也有利用电学原理制成的。在野外常用的捕鼠器有捕鼠夹、捕鼠笼、捕鼠箭、电子捕鼠器、超声波灭鼠器等，但各自造价和使用范围有所不同。

4. 化学防治

针对当地主要害鼠种类、分布和数量动态以及作物的受害程度和面积，根据耕作制度、气候条件和自然资源等因素制定出鼠害防治方案。在害鼠的繁殖前期或开始繁殖期进行大面积连片防治和大面积连片灭鼠，最好以市、县为单位统一部署，以乡镇为单位统一投药时间，同时做到农田灭鼠与农家或城镇居民灭鼠同步进行。同时，要注意人畜安全、防止二次中毒，严禁使用国家明文禁用的杀鼠剂品种。

（1）毒饵灭鼠。毒饵由诱饵、添加剂和杀鼠剂三部分组成。诱饵引诱鼠类前来取食毒饵；好的诱饵应具有适口性好、害鼠喜食而非目标动物不取食，不影响灭鼠效果，来源广、价格低，便于加工、贮运和使用等特点。添加剂主要用于改善诱饵的理化性质，增加毒饵的警示作用，以提高人畜的安全性。缺点是有很多副作用、不够安全。

（2）熏蒸灭鼠。在密闭的环境中，使用熏蒸药剂释放毒气，使害鼠呼吸中毒而死。该方法的优点是具有强制性，不受鼠类取食行为的影响，灭效高，作用快，使用安全，无二次中毒现象，仓库内使用可鼠虫兼治。缺点是用药量大，需密闭环境。

（3）化学驱鼠。化学驱鼠是用驱鼠剂涂抹保护对象，当害鼠的唇、舌接触到药剂后感到不适，不愿再次危害的防鼠方法。化学驱鼠并非灭鼠，只是一种预防性措施。

（4）化学绝育。化学绝育是使害鼠取食绝育剂，导致其终生不育，从而达到控制害鼠种群的目的。

（5）化学杀鼠。化学杀鼠剂根据害鼠摄食后中毒死亡的速度可分为急性杀鼠剂（如敌溴灵等）和慢性杀鼠剂（主要指抗凝血杀鼠剂），二者适用范围和施用方式有所差异。

第六节　收获、粗加工和贮藏

栽培农作物的最终目的是收取农产品，由田间收取作物产品的过程称收获。收获后的作物产品通常需经粗加工处理，以便出售或贮藏。收获时期和方法、粗加工与贮藏方法对作物产量和品质有很大影响，不容忽视。

一、收获时期

适期收获是保证作物高产、优质的重要环节，对收获效率和收获后产品的贮藏效果也有良好作用。收获过早，种子或产品器官未达到生理成熟或工艺成熟，产量和品质都会不同程度的降低。收获不及时或过晚，往往会因气候条件不适，如阴雨、低温、风暴、霜雪、干旱、暴晒等引起落粒、发芽霉变、工艺品质下降等损失，并影响后季作物的适时播种。作物的收获期，因作物种类、品种特性、休眠期、落粒性、成熟度和天气状况等而定。一般掌握在作物产品器官养分的贮藏及主要成分达最大、经济产量最高、成熟度适合人们需要时为最适收获期。当作物达到适合收获期时，在外观上，如色泽、形状等方面会表现出一定的特征，因此，可根据作物的表面特征判断收获适期。

（一）种子和果实类

这类作物的收获适期一般在生理成熟期，如禾谷类、豆角、花生、油菜、棉花等作物，禾谷类作物穗子各部位种子成熟期基本一致，可在蜡熟末期和完熟初期收获。油菜为无限花序，开花结实延续时期长，上下角果成熟差异较大，熟后角果易开裂损失，以全田70％～80％植株黄熟、角果呈黄绿色、植株上部尚有部分角果呈绿色时收获，可达到“八成熟，十成收”的目的。棉花因结铃部位不同，成熟差异大，以棉铃不断开裂不断采收为宜。豆类以茎秆变黄，植株中部叶片脱落，荚变黄褐色，种子干硬呈固有颜色为收获适期。如用联合收割机收获，必须叶全部变黄、豆荚变黄、籽粒在荚中摇之作响时，才能收获。花生一般以中下部叶脱落、上部叶片转黄，茎秆变黄色，大部分荚果已饱满，荚壳内侧已着色，网脉变成暗色时为收获适期。

（二）块根、块茎类

这类作物的收获物为营养器官，无明显的成熟期，地上茎叶也无明显成熟标志，一般以地上部茎叶停止生长，逐渐变黄，块根、块茎基本停止膨大，淀粉或糖分含量最高，产量最高时为收获适期。甘薯的收获期要根据耕作制度和气候条件，收获期安排在后作适期播种之前，气温降至15℃时即可开始收获，至12℃时收获结束。过早收获降低产量，而且在较高温度下贮藏消耗养分多；过迟收获，会因淀粉转化而降低块根出粉率和出干率，甚至遭受冷害，降低耐贮性。马铃薯在高温时收获，芽眼易老化，晚疫病易蔓延，低于临界温度收获也会降低品质和贮藏性。我国主要甜菜产区，工艺成熟期为10月上、中旬，亦可将气温降至5℃以下时，作为甜菜收获适期的气象指标。

（三）茎叶类

甘蔗、麻类、烟草、青饲料等作物，收获产品均为营养器官，其收获适期是以工艺成熟期为指标，而不是生理成熟期。甘蔗应在叶色变黄、下位叶脱落，仅稍头部有少许绿

叶，节间肥大，茎变硬、茎中蔗糖含量较高、还原糖含量最低、蔗汁最纯、品质最佳时为收获适期。烟草叶片由下向上成熟，当叶片由深绿变为黄绿，厚叶起黄斑，叶面绒毛脱落，有光泽，茎叶角度加大，叶尖下垂，背面呈黄白色，主脉乳白、发亮变脆即达工艺成熟期，可依次采收。麻类作物以中部叶片变黄，下部叶脱落，茎稍带黄褐色时，茎部纤维已充分形成，纤维产量高，品质好，剥制容易即为收获适期。过迟收获，纤维过度硬化，产量虽高，但品质变劣。青饲料作物收获期越早，产品适口性越好，营养价值越高，但产量低，为兼顾产量与质量，三叶草、苜蓿、紫云英等作物，最适收获期在开花初至开花盛期。

二、收获方法

收获方法因作物种类而异，主要有以下几种。

（一）刈割法

禾谷类、豆类、牧草类作物适用此法收获。国内大部分地区仍以人工用镰刀刈割。禾谷类作物刈割后，再进行脱粒。油菜要求早晚收割运至晒场，堆放数天待后熟后再脱粒。机械化程度高的地区采用摇壁收割机、联合收割机收获。

（二）采摘法

棉花、绿豆等作物收获用此法。棉花植株不同部位棉铃吐絮期不一，分期分批人工采摘，也可在收获前喷施乙烯利，然后用机械统一收获。机械收获要求棉株一定的行株距、生长一致，株高适宜，棉花吐絮期气候条件良好。绿豆收获根据果荚成熟度，分期分批采摘、集中脱粒。

（三）掘取法

甘薯、马铃薯等作物，先将作物地上部分用镰刀割去，然后人工挖掘或用犁翻出块根或块茎。采用薯类收获机或收获犁，不仅收获效率高，而且薯块损坏率低，作业前应除去薯蔓。大型薯类收获机可将割蔓和掘薯作业一次完成。甘蔗收获时先用锄头自基部割取蔗茎或快刀低砍，蔗头不带泥，再除蔗叶、去蔗尾。也可用甘蔗收割机采收。甜菜收获可用机械起趟，并要做到随起、随捡、随切削（切去叶与青皮）、随埋藏保管等连续作业，严防因晒干、冻伤造成甜菜减产和变质。

三、收获物的粗加工

作物产品收获后至贮藏或出售前，进行脱粒、干燥、去除夹杂物、精选及其他处理称为粗加工。粗加工可使产品耐贮藏，增进品质，提高产品价格，缩小容积而减少运销成本。

（一）脱粒

脱粒的难易及脱粒方法与作物的落粒性有关，易落粒的品种，容易自行脱粒，易受损失。脱粒法有简易脱粒法，使用木棒等敲打使之脱粒，如禾谷类及豆类、油菜等多用此法；机械脱粒法，禾谷类作物刈割后除人工脱粒外，可用动力或脚踏式滚动脱粒机脱粒。玉米脱粒，必须待玉米穗干燥至种子水分含量达18％～20％时才可进行，可用人工或玉米脱粒机进行。脱粒过程应防止种子损伤。

（二）干燥

干燥的目的是除去收获物内的水分，防止因水分含量过高而发芽、发霉、发热，造成损失。干燥的方法有自然干燥法和机械干燥法。

自然干燥法利用太阳干燥或自然通风干燥。依收获物的摆放方式分为平干法、立干法和架干法。平干法将作物收取后平铺晒干，扬净。禾谷类、油料作物均用此方法。立干法在作物收获后绑成适当大小之束，互相堆立，堆成屋脊状晒干，如胡麻等作物用此法。架干法先用竹木造架，将作物绑成束，在架上干燥。自然干燥成本低，但受天气条件的限制，且易把灰尘和杂质混入收获物中。

机械干燥法利用鼓风和加温设备进行干燥处理。此法降水快，工作效率高，不受自然条件限制，但须有配套机械，操作技术要求严格。加热干燥应注意：切忌将种子与加热器接触，以免种子烤焦、灼伤；严格控制种温；种子在干燥过程中，一次降水不宜太多；经烘干后的种子，需冷却到常温后才能入仓。

（三）去杂

收获物干燥后，除去夹杂物，使产品纯净，以便利用、贮藏和出售。去杂的方法通常用风扬，利用自然风或风扇除去茎叶碎片、泥沙、杂草种子、害虫等夹杂物。进一步的清选可采用风筛清选机，通过气流作用和分层筛选，获得不同等级的种子。

（四）分级、包装

农产品分级包装标准化，可提高产品价值，更符合市场的不同需要，尤以易腐性产品，可避免运输途中遭受严重损害而降低商品价值。如棉花必须做好分收、分晒、分藏、分轧、分售等“五分”工作，才能保证优质优价，既提高棉花的经济效益又符合纺织工业的需要。

（五）烟、麻类粗加工

烟、麻类作物产品必须经初步加工调制才能出售。烟草因种类不同，初制方法也不同。晒烟是利用自然光、温、湿度使鲜叶干燥定色，有的还要经发酵调制，产品可直接供吸用，也可作为雪茄烟、混合型卷烟的原料。烤烟主要是作香烟原料，利用专门烤房干燥鲜叶，使叶片内含物转化分解，达到优质。

麻类收获后应进行剥制和脱胶等初加工，才能作为纺织工业原料。苎麻在剥皮和刮制后，要进行化学脱胶；红麻、黄麻、大麻和苘麻等则需沤制，将麻茎浸渍水中，利用微生物使果胶物质发酵分解，晒干后整理分级和出售。

四、贮藏

收获的农产品或种子若不能立即使用，则需贮藏。贮藏期间，因贮藏方法不当，容易造成霉烂、虫蛀、鼠害、品质变劣、种子发芽力降低等现象，造成很大损失。因此，应根据作物产品的贮藏特性，进行科学贮藏。

（一）谷类作物的贮藏

大量种子或商品粮用仓库贮藏。仓库必须具有干燥、通风与隔湿等条件，构造要简单，能隔离鼠害，内窗能密闭，以便用药品熏蒸害虫和消毒。

1. 谷物水分含量

谷物的水分含量与能否长久储存关系密切，水分含量高，呼吸加快，谷温升高，霉菌、虫害繁殖也快，助长粮堆发热而使粮食很快变质。一般粮食作物如水稻、玉米、高粱、大豆、小麦、大麦等的安全贮藏水分含量必须在13%以下。

2. 贮藏的环境条件

谷物的吸湿、散湿对贮粮稳定性有密切关系，控制与降低吸湿是粮食贮藏的基本要求。在一定温、湿度条件下，谷物的吸湿量和散湿量相等，水分含量不再变动，此时的谷物水分称为平衡水分。一般而言，与相对湿度75%相平衡的水分含量为短期储藏的安全水分最大限量值，与相对湿度65%相平衡的水分含量为长期贮藏的安全水分最大限量值。高温会加速害虫、微生物和谷物的呼吸速率。温度在15℃以下昆虫和霉菌生长停止，30℃以上生长繁殖加快。谷仓内谷温必须均匀一致，否则，会造成谷物间隙的空气对流，使相对湿度变化，形成水分移动。新谷物人仓应与仓内原有谷物湿度相同，以免含水量变化，造成谷物的损坏。随着农业的发展，人为控制环境的能力大大提高。新型的超低温贮藏、超低湿贮藏和气调贮藏（增加惰性气体比例）正在研究应用中。

3. 仓库管理

谷物入仓前要对仓库进行清洁消毒，彻底清除杂物和虫害；仓库内应有仓温测定设备，随时注意温度的变化，每天上、下午各一次固定时间记录仓温；在入仓前和储存期间定期测定水分，严格控制谷物含水量在13%以下；注意进行适度通风，以均匀和降低谷物温度，避免热点的产生和去除不良气味；谷温高于气温5℃以上且相对湿度不太高时，开动风机通风；注意防治仓库害虫和霉菌，密闭良好的仓库用熏蒸剂熏蒸。熏蒸、低水分含量和低温储存是控制害虫和霉病的有效方法。另外，还要消灭鼠害。

（二）薯类作物贮藏

鲜薯贮藏可延长食用时间和种用价值，是薯类产后的一个重要环节。薯块体大皮薄水分多，组织柔嫩，在收获、运输、贮藏过程中容易损伤、感染病菌、遭受冷害，造成贮藏期大量腐烂，薯类的安全贮藏尤为重要。

1. 贮藏的环境条件

甘薯贮藏期适宜温度为10～14℃，低于9℃会受冷害，引起烂薯；相对湿度维持在80%～90%最为适宜，相对湿度低于70%时，薯块失水，发生皱缩、糠心或干腐，不能安全贮藏。马铃薯种薯适宜温度应控制在1～5℃之间，最高不超过7℃，食用薯应保持在10℃以上，相对湿度85%～95%。

2. 贮藏期管理

贮藏窖的形式多种多样，其基本要求是保温、通风换气性能好、结构坚实、不塌不漏、干燥不渗水以及便于管理和检查。入窖薯块要精选，凡是带病、破伤、虫蛀、受淹、受冷害的署块均不能入窖，以确保贮薯质量。在贮藏初、中、后期，由于薯块生理变化不同，要求的温、湿度不一样；外界温、湿度的变化，也影响窖内温湿度。因此，要采取相应的管理措施。甘薯入窖初期管理以通风、散热、散湿为主，当窖温降至15℃以下，再行封窖；中期在入冬以后，气温明显下降，管理以保温防寒为主，要严密封闭窖门，堵塞漏洞，使窖温保持在10～13℃之间，严寒地区应在窖四周培土，窖顶及薯堆上盖草保温；后期开春以后气温回升，雨水增多，寒暖多变，管理以通风换气为主，稳定窖温，使窖温保持在10～13℃，还要防止雨水渗漏或窖内积水。

（三）其他作物的贮藏

种用花生一般以荚果贮藏，晒干后装袋入仓，控制水分在9%～10%以内，堆垛温度不超过25℃。食用或工业用花生一般以种仁（花生米）贮藏，脱壳后的种仁如水分在10%以下可贮藏过冬，如水分在9%以下能贮藏到次年春末；如果要渡过次夏必须降至8%以下，同时种温控制在25℃以下。

油菜种子吸温性强，通气性差，容易发热，含油分多，易酸败。应严格控制入库水分和种温，一般应控制种子水分在9%～10%以内，贮藏期间按季节控制种温，夏季不宜超过28～30℃，春秋季不宜超过13～15℃，冬季不宜超过5～8℃，无论散装还是袋装，均应合理堆放，以利散热。

大豆种子吸湿性强，导热性差，高温高湿下易丧失生活力，蛋白质易变性，破损粒易生霉变质。经晾晒充分干燥后低温密闭贮藏，安全贮藏水分控制在12%以下，入库3～4周左右，应及时倒仓过风散湿，以防发热霉变。

蔬菜种子的安全贮藏水分随种子类别而不同。不结球白菜、结球白菜、辣椒、番茄、甘蓝、球茎甘蓝、花椰菜、莴苣含水量不高于7%，茄子、芹菜含水量不高于8%，冬瓜含水量不高于9%，菠菜含水量不高于10%，赤豆（红小豆）、绿豆含水量不高于8%。在南方气温高、湿度大的地区特别应严格掌握蔬菜种子的安全贮藏含水量，以免种子发芽力迅速下降。

第七节　无水栽培技术

一、准备必要的工具

（一）容器的选择

选择适当的容器来种植适当大小的蔬菜。容器的大小不同，深浅不一样，那么需要的基质的量也会不同。一般来讲基质的量越多越有利于蔬菜的生长，因此不能因为蔬菜是从幼苗移栽或者是从播种开始，就使用较小的容器来栽植，又没有随着植株的长大而及时更换容器，这样等幼苗长大以后根系生长就会受到阻碍，影响蔬菜的生长。所以种植前，首先要对自己种植的蔬菜生长特点有所了解，然后选择合适的容器来种植。一般来说，植株比较高，且生长期长的蔬菜要选择体积较大的容器，而植株较矮，且生长期短的蔬菜，选择小型或者中型的容器。

（二）必备的种植工具

无刻度喷壶、喷雾器在种子发芽前为了防止种子被水冲走需要使用喷雾器来浇水。等蔬菜到了幼苗期，根系茁壮时就可以使用喷壶来浇水了。

小铁锹、铁铲、小耙子在栽植幼苗以及给蔬菜施肥和松土的时候都会用到这些工具。

园艺剪刀修剪茎叶以及收获蔬菜的时候都会用到园艺剪刀，另外，在搭建支架时，剪

刀也是必不可少的工具。

手套在掺混基质、施肥和喷洒农药时戴上手套可以防止弄脏手。

捆扎线在给植株较高的蔬菜，如西红柿、青椒、黄瓜等搭支架的时候会用到。等蔬菜长到一定高度时，就需要将小架子换成大架子，用捆扎线固定支架就可以牵引枝蔓了。当然，也可以用麻绳或者尼龙绳代替。

接水托盘将容器放置在托盘上防止容器底部流出的水弄脏地面。托盘内不适宜存储大量的水，有可能造成蔬菜烂根，因此需要定期检查，及时清理。

水管当蔬菜数量较多时，还可以采用接水管的形式来给蔬菜浇水。水管的常用材质一般都是橡胶，但是喷头材质较多。

二、基质与肥料的选择

（一）基质的基本要求

基质栽培是用固体介质固定植物根系，植物通过介质吸收营养和氧的一种栽培方式。具有较好的通气性和保水性的松软基质最有利于植物根部的生长。这样的基质既能够保持足够的水分，又能确保水分移动通畅，而空气也可以通过基质，从而增加基质的透气性。挑选时可以通过以下几点进行判断。

（1）疏松度植物根系生长需要足够的氧气，如果基质过于紧实，植物容易出现黄叶、烂根等情况，疏松度较好的基质，用手攥一下，会有弹性。

（2）排水性积水将会造成植物根部缺氧，好的基质，渗水速度适中。

（3）保水保肥植物需要从基质中吸收水分和养分，好的基质，浇透水后，会明显变重。

（二）基质种类

初学者可以选择市面上出售的蔬菜营养基质来栽培蔬菜，这类基质一般是经过发酵或炭化处理过的农林废弃物与泥炭、珍珠岩、蛭石等轻体矿物质组成的混合物，其中已经添加了蔬菜生长必需的营养元素，且在封装之前已经过消毒杀菌，所以可以直接使用，非常便利，可以免去自己配制的麻烦。市场上这类基质的种类较多，不太容易分辨好坏，因此可以先买两三种小袋的营养基质来进行试栽。

播种用基质这种基质是一种含水量较高的培养基质。由于其颗粒较细，有利于出芽整齐。最好是选择事先加入肥料的出苗用基质。

赤玉土分为大、中、小颗粒，赤玉土具有良好的排水和保水性，不含有杂草及肥料，无菌。大颗粒的放在盆底保持基质的透水性，小颗粒的放在育苗格中做扦插混合基质使用。由于赤玉土干燥时比较容易破碎，所以推荐选择包装内水分较少的、无碎末的产品。

陶粒采用黏土或粉煤灰、生物污泥为主要原料，通过高温焙烧膨化而成。轻质陶粒作为一种轻集料，具有密度小、强度高、吸水率大等特点，也可以分为大、中、小颗粒，主要是放在盆底保持基质的透水性。

火山岩颗粒火山岩颗粒特有的多孔性、透气性、透水性可作为无土栽培基质和底部排水层使用。单独使用时，及时补充氮、磷、钾即可正常生长，也可与各种蛭石、椰糠、泥炭、树皮等混合使用。

（三）肥料种类与特点

草木灰是植物低温燃烧制成的肥料，含钾量高。在种植根菜的时候，可以预先混在基质中，也可以作为追肥。但应该注意其用量，过多会导致基质碱性化，不利于蔬菜生长。

骨粉骨粉是由动物的骨头加工熟制后粉碎而成，含磷量比较高。可以预先混在基质中，也可以作为追肥。购买时请注意看包装上是否有标明“未使用病死家畜”等字样。

腐熟鸡粪主要是以发酵熟制的鸡粪作为原料，加入木质泥炭及谷壳，使其中的肥分缓化，中和其碱性和吸附臭味。可以预先混在基质中，也可以作为追肥。尤其适合瓜果及叶菜类蔬菜使用。

海洋性有机肥料简称海肥。主要是海产品加工的废弃物和一些不能食用的海生动物、植物及矿物性物质等。这类肥料中大部分磷都是有机态，且含有大量的钙，按照来源可以分为动物性、植物性和矿物性海肥。其中以动物性海肥的种类最多，数量最大。

淘米水在淘米水中加入白糖或者是蜂蜜效果会更好。但是，如果加入白糖或者蜂蜜，需要发酵 1 周后再使用。

咖啡渣很多咖啡店每天都会有很多的咖啡渣产生，如果把这些咖啡渣放在常温的室内，一天就会发霉，放在太阳下晒干，再和基质以 1∶4 的比例混合，或者也可以把它作为追肥，撒在蔬菜的根部，可以给蔬菜提供一定的钾素营养。

三、育苗基质的制作

育苗基质直接使用草炭就可以，如果想增加其保水性，那可以在里面加入少量的珍珠岩或者蛭石，一般按照 3∶1 比例混合就可以。

四、种植基质的制作

可以采用珍珠岩、小颗粒火山岩、泥炭土来进行混合。根据所栽种蔬菜的不同，可加入不同的有机肥料，基本比例是 1.5∶1∶5∶2.5。

（一）基本基质（叶类蔬菜等使用）

将需要的基质和堆肥混合。本基质使用范围比较广，包括所有的叶菜类蔬菜。

将准备好的基质与堆肥，用双手由外向内混拌，直到基质中的颗粒物均匀分布为止。

（二）含磷类基质（瓜果类蔬菜等使用）

这类基质是在基本基质的基础上，加入骨粉等磷含量较高的肥料，适合黄瓜、茄子、番茄等瓜果类的蔬菜。

在基本基质的基础上，加入骨粉等含磷肥料，用双手由外向内混拌，将基质充分混合。

（三）含钾类基质（根菜类蔬菜使用）

在基本基质的基础上，加入草木灰等含钾肥料，用于萝卜、土豆等蔬菜的种植。按照含磷类基质的混合方法进行混合。

（四）基质的循环使用

用过的基质可以进行循环使用。只是在使用前需要过筛和消毒。把旧基质里的老根茎筛出来，然后找个大塑料袋，把基质装进去，均匀地洒点水，将塑料袋密封好，暴晒 3 天

左右。

五、种子和种苗选择及保存

（一）蔬菜种类选择及注意事项

叶类蔬菜在人们生活中非常常见，种类繁多，适宜家庭种植。它们的特点是叶子多，并且大都植株矮小，常见的有菠菜、小白菜、大白菜、芹菜、甘蓝、茼蒿、香菜等，在阳台种些叶类蔬菜，不仅方便管理，而且一盆盆的还特别养眼。除了叶类蔬菜以外，家里还可以种植根茎类蔬菜、瓜果类蔬菜等，那么在种植这些蔬菜时有什么要注意的呢？

①种植时，新手尽量选择一些容易种的蔬菜，如小葱、蒜、菠菜、生菜、韭菜、荠菜等。另外，因为是在家里种植，所以尽量选择一些易于管理、不易生虫的蔬菜，如葱、大蒜、韭菜等。

香菜、青菜、莜麦菜等这些蔬菜的生长周期相对较短，也适合新手种植。

②种菜时选对季节，最好是种一些应季的时令蔬菜，这样管理起来会方便很多。青菜、马兰这两种蔬菜的管理是最简单的，如果你的工作很忙，可以试着种这两种菜。而且这两种菜一年四季都适合种植。另外，小葱、菠菜、莴苣、马兰等耐寒性也是非常好的，也比较适合在阳台种植。

③阳台朝向决定了蔬菜的生长环境，种菜时要全面考虑。朝南的阳台对所种蔬菜品种一般没有太大的限制，而朝北的阳台一般不适合种植蔬菜。朝东的阳台适合种植丝瓜、韭菜、莜麦菜、香菜等耐阴的蔬菜，而朝西的阳台则适合种一些耐高温的蔓性蔬采。

（二）选择种子的注意事项

1 选择品种要合适。根据本地的气候环境条件，选择适宜的品种；不要盲目购买新品种，一定要看清品种介绍，以免造成不必要的经济损失。

②要注意种子质量标示。蔬菜种子基本上实现了小包装销售，包装袋上都应注明品种名称、产地、净度、纯度、发芽率、水分、生产单位、生产日期、净重等质量信息。

③购买种子时，可以打开包装，对种子进行简单辨别。一看种子的色泽、饱满度、大小是否一致；二闻包装袋内是否有霉变的味道；三捏种子是否潮湿易碎。

（三）种子保存的注意事项

①忌混杂。各种蔬菜种子应放在各自的包装袋里保存好，切忌混杂。

②忌潮湿。蔬菜种子要放在通风干燥处，最好装在瓶子或罐内，不能被雨淋或接触潮湿物体。

③忌虫蛀。避免虫蛀的方法是尽量保持种子干燥，造成不利于害虫生活的条件，因此，蔬菜种子应该在储藏一段时间后，利用中午的阳光暴晒 1 次，防止害虫滋生。

（四）选择种苗的注意事项

①一定要选带有原基质的种苗，缺少原基质的种苗一般根会受伤。

②苗壮，叶子比较大、肥厚，叶色鲜艳，还要看叶子的数量，有二三片真叶的种苗比较好。

③不能有虫子，也不能有病害。

（五）种子的保存期

蔬菜种子发芽率与保存年限密切相关，菜种不同，其保存年限各异。现将常见的蔬菜种子保存有效期介绍如下。

①番茄。一般可存放3～4年，最长不超过4年，否则会降低发芽率。鉴别新旧种子的简单方法是，新种子有茸毛，且有番茄味；旧种子外皮茸毛少或脱落。

②黄瓜。一般可存放2～3年，超过此期限，发芽率一般降低20%～30%，即使出苗也不易成活。

③辣椒。存放不能超过3年。存放2年的种子发芽率降低10%左右，存放3年的降低30%左右。新种子为金黄色，陈种子为杏黄色。

④葱。夏种伏葱，应用新种。若用陈年种，小葱会抽薹结种子。春播葱可用头年种。

⑤芹菜。可存放3年，当年种子不能用，应存放1年后用。

⑥韭菜。当年新种好，存放2年发芽率降低。

⑦白菜。可存放2年，当年种子当年可播种。超过2年，出苗率降低20%～30%，并且抗病力降低。

⑧香菜。应在存放1年后使用，存放时间不应超过3年，否则香味降低。

六、育苗格育苗移栽的方法

种植番茄、辣椒等瓜果类的蔬菜及白菜或者甘蓝等生长期较长的蔬菜时，需要先将种子播种到育苗格中，然后再移栽到大容器中定植。

（一）需要准备的物品

1. 育苗用的培养基质

播种所用的基质是经过加工的，一般颗粒均匀，保水性高，有利于植物整齐地发根。这类基质一般市场上可以买到，可以直接拿来使用，并且已经预先加入了肥料。如果选择有机栽培的话，要看看基质包装上是否说明掺入的是有机肥料。

2. 育苗格

一般选择4～5厘米口径的育苗格，这样的育苗格可以保证蔬菜苗根长到足够的长度。根据需要育苗的数量选择合适格数的育苗格。图中的育苗格带有托盘，如果是其他类型的育苗格，需要配托盘，防止多余的水流到外面。

3. 喷雾器

育苗的过程中需要给种子浇水，一般采用喷雾器，因为喷雾器水雾较柔和，不会把已经播种好的种子冲走。

（二）育苗的过程

①播种时基本上是一格一个种子，种子尽可能放在格子的正中间。

②将育苗基质填入育苗格中，注意要让基质把格子填平。

③用手指将基质表面抹平。

④用喷壶将基质完全喷湿，直到水从底部流出。

⑤当基质全部湿润以后，用小铲子在每个格子的正中间挖出0.5厘米深的小坑。

⑥将种子逐个放入到挖好的坑中。

⑦种子放置完毕，在表面撒上一层基质，大约 1 厘米厚。

⑧用手轻压，让基质和种子紧密结合。

⑨用喷雾器将上层基质充分湿润，完成全部育苗过程。

种子发芽需要保证一定的温度、湿度，一定要用喷雾器浇水，以防止种子被水流冲走。种子发芽之后，需要将育苗格摆在光线较好、温度适宜的地方进行管理。

（三）移栽幼苗

①将陶粒或者大粒的赤玉土、火山岩铺在花盆的底部，所需的量以能够完全盖住花盆底部为宜，如果使用的是带算子的塑料花盆，则可以省略此步。

②填入基质，到距离盆口 2～3 厘米处。

③用铲子挖出比幼苗根系大一圈的坑。

④将幼苗取出，注意取出时要用手指握住植物的主体，确保不损伤幼苗的根系。

⑤将幼苗放入花盆中，用手轻压基质，使基质和植物根系之间紧实。

⑥用水壶给幼苗周围浇水，注意不要把水洒到幼苗的茎叶上。

七、直接播种育苗的方法

（一）基质的装入

同移栽幼苗填基质的步骤①～②。

（二）播种过程

蔬菜播种主要分为三种形式，即散播、点播、条播。选用哪种形式主要取决于种植蔬菜的大小、种类。通常在种子包装袋上都会有详细说明。

①散播。

a. 找到合适大小的纸张，对折，将种子放在里面，然后不断地敲打纸的边缘，将种子均匀地撒在基质上。

b. 将散播在基质上重叠的种子分开，让种子分布均匀。

c. 将较细的基质轻轻地覆盖在种子上，并用喷雾器将基质表面全部润湿。

②点播。

a. 用铲子的另外一端在基质上按压出 1 厘米左右深的小坑。

b. 每个小坑中放入 3～5 粒种子。种好越小放入的数量越多。

c. 将较细的基质轻轻地覆盖在种子上，并用喷雾器将基质表面全部润湿。

③条播。

a. 用铲子在基质上划出 1 厘米左右深的沟。每条沟之间的距离为 10～15 厘米。

b. 将种子均匀地撒入沟中，注意种子不要重叠。

c. 用拇指和食指捏拢沟两边的基质，将种子盖住，最后用喷雾器将水均匀地洒在基质表面，将表层全部湿润。

八、间苗

间苗又称“疏苗”，通常在播种出苗后幼苗出现拥挤时，因为互相遮挡阳光，而且通

风不良，容易生病、长虫子，不利于生长，这个时候就需要间苗了。间苗的目的即扩大幼苗间的距离，改善拥挤状况，使幼苗间空气流通、光照充足，苗体生长健壮，间苗也有去劣留优的作用。一般间苗时要去除下列几种苗：生长柔弱的苗，徒长的苗，畸形的苗，异种苗及异品苗。间苗工作通常在叶子展开后进行，不宜过迟，过迟易造成幼苗徒长，生长瘦弱。间苗应分数次进行，不宜一次间得过稀。

（一）第一次间苗

①种子发芽后长出双叶，幼苗的叶子都挤在一起。

②当幼苗较小，可以用镊子将幼苗连根拔除，当幼苗混杂在一起时，则必须使用剪刀把幼苗从根部剪断。

（二）第二次间苗

①等幼苗再长大一些，相邻的叶子碰到了，则需要进行第二次间苗。

②留下健壮的植株，可以使用剪刀或者直接用手拔除植株。

第五章 农业技术发展展望

第一节 农业生产机械化

一、农业生产机械化的概念

农业生产机械化是指在种植业中以机械动力代替人力和畜力，以机器代替手工工具，在一切能够使用机械操作的地方都使用机械操作的过程，包括种植业产前、产中和产后的全过程机械化。农业生产机械化是农业机械化的核心组成部分也是农业机械化旳关键与重点，没有实现种植业机械化就谈不上实现农业机械化。

二、当前我国种植业机械化重点推广技术

（一）水稻机械化生产技术

针对不同自然环境和生产条件下的水稻种植制度，推广水田耕整机械化技术、水稻范化育秧及机插秧技术、水稻联合收割机械化技术、产地烘干与加工机械化技术。

（二）保护性耕作技术

在北方旱作地区，大力推广以农作物秸秆残茬覆盖、免耕播种、深松、杂草及病虫害控制技术为主的保护性耕作技术及配套机具装备。积极探索适宜于不同地区的技术路线及主推机具产品，创新保护性耕作技术推广机制，逐步建立和完善保护性耕作发展的长效机制。

（三）玉米机械化生产技术

结合玉米主产区不同品种、种植制度、自然环境和生产条件，推广玉米免耕深施肥精量播种机械化技术、玉米机械化收获技术与设备。在大力推广悬挂式玉米收获机械的同时，开展抗好自走式玉米收获机的试验、示范推广工作，不断完善我国玉米生产从播种到收获各环节配套技术及装备的集成应用，逐步实现玉米机械化生产的规范化和标准化。

（四）薯类生产机械化技术

重点推广适宜的薯类种植、收获机械化技术与配套作业机械。

（五）油菜、花生、茶叶等经济作物机械化生产技术

在相应作物主产区，因地制宜地推广应用油菜机械化育苗移栽、直播与收获技术，花生机械化播种与挖掘技术，茶叶机械化采摘和初加工技术，大豆机械化播种与收获技术，甘蔗机械化中耕培土与收割技术，柑橘和苹果机械化采摘、商品化产后处理与深加工等关键机械化技术。

（六）机械化旱作节水技术

以提高灌溉水和自然降水的利用率为目标，在具有一定灌溉条件下的平原地区，重点

推广微喷、渗灌、滴灌等节水灌溉技术。在水源缺乏的旱作区及丘陵区，重点推广深松覆盖、水平沟播、旋耕播种复式作业等机械化旱作技术及适用机具。在适宜地区推广应用行走式灌溉播种技术和坐水种技术。

（七）作物秸秆综合利用加工技术

根据秸秆饲用、气化、发电等市场需求，推广秸秆机械化收获、青贮、抒丝、捡拾打捆、饲草颗粒及块状加工等新技术及配套机械设备。

（八）高效植保机械化技术

以提高农药利用率、减少农药残留对农产品及环境的污染为目标，重点推广对靶喷施、弥雾施药、无滴漏喷杆喷雾施药等新技术与配套机具装备。在有条件的地区和优势农产品产区，重点推广精密喷洒、雾滴防漂移及智能化施药技术与装备。

第二节　农业生产设施化

农业生产的设施化就是设施栽培，是指借助一定的硬件设施通过对作物生长的全过程或部分阶段所需环境条件进行调节，以使其尽可能满足作物生长需要的技术密集型农业生产方式。它是依靠科技进步形成的高新技术产业，是当今世界最具活力的产业之一，也是世界各国用以提供新鲜农产品的重要技术措施。

一、设施类型

设施栽培，又称保护地栽培，其主体是种植业的各作物（指蔬菜、花井及果类）的设施栽培，主要设施有各类温室、塑料棚和人工气候室（箱）及其配套设备等。按设施和设备的复杂程度可分为四种模式。

一是简易覆盖型，以地膜覆盖为典型代表，适合于寒冷、干旱的北方大田生产。

二是简易设施型，主要是中小拱棚，以塑料薄膜低空（低于 2 m）覆盖为主，多用于城郊的蔬菜保护地栽培。

三是一般设施型，主要是塑料大棚、日光温室、加温温室、微滴灌系统等。

四是复杂设施型，主要指工厂化育种育苗、工厂化生产及无土栽培等（即借助于大型现代化温室的工厂化农业。一般包括加热系统、降温系统、通风系统、遮阳系统、滴灌系统和中心控制系统等），以高科技和现代化生产要素投入为其显著特征，以高效益的专业化、商品化生产为其主要目的。

按技术层次可分为：塑料大棚栽培、温室栽培和植物工厂化栽培。

目前，发展和应用较多的主要有塑料大棚、温室大棚和连栋温室，也有少量采用先进工程技术的智能型温室和大型温室。智能型温室则更接近“工厂化农业”，代表设施农业的发展方向，是设施农业的最高技术层次。

二、农业生产设施化发展方向

我国设施栽培的类型主要是塑料中、小拱捆，塑料大棚，日光温室和现代化温室。栽培的作物以蔬菜、花卉及瓜果类为主。设施栽培存在的主要问题有以下几点。

①总体水平特别是科技水平低。我国现代设施栽培起步晚、基础差，没有将其作为一

个整体和工程问题来对待，设施设备与栽培技术和生产管理不相配套，生产不规范，难于形成大规模商品生产。

②设施水平低、抗御自然灾害的能力差。目前只有钢管装配式塑料大棚和玻璃温室有国家标准和工厂化生产的系列产品，但仅占设施栽培面积的10%。绝大部分塑料棚和日光温室，只能起一定的保温作用，而对光、温、湿、气等环境因子的调控能力较差。

③机械化水平低。自动控制设备不配套、调控能力差，调控设备和仪器基本是空白；主要靠经验和单因子定性调控；无专用小型作业机具，作业主要靠人力。

④设施栽培技术不配套。缺乏设施栽培的专用品种，栽培技术不成套、不规范、量化指标少，栽培管理主要靠经验，致使产品产量低、品质差。

⑤设施生态环境恶化。设施内连作土传染病害严重，土壤富营养化严重，无土栽培营养液对环境易造成污染。

在今后一段时期，我国设施栽培发展总的趋势是：将在基本满足社会需求总量的前提下协调发展，着重于增加设施栽培种类，提高质量，逐步实现规范化、标准化、系列化，形成具有我国特色的技术和设施体系；重视现有技术和新成果的推广应用，形成高新技术产业，实现大规模商品化生产。具体表现为几点。

①我国设施栽培技术路线，将按照符合国情、先进、适用的方向发展，形成具有我国特色的技术体系。

②随着国民经济的快速发展和人民生活水平的提高，对蔬菜、花卉提出了多品种、高品质、无公害的强烈要求，因此设施栽培的主要趋势是提高水平、提高档次。

③在已形成的集中成片生产基地的基础上，向规模化、专业化、产业化、高档化以及外向型发展。

第三节　农业生产标准化

标准是衡量事物的准则或规范。标准化是指以制定和贯彻标准为主要内容的有组织的活动过程。作为一门科学是研究这个过程的规律和方法；作为一项工作，是根据客观情况的变化，促进这个过程的不断循环、螺旋式的上升发展。标准化水平是一个国家生产技术水平和管理水平的重要标志。

农业标准化是农业现代化的重要内容，也是世界经贸发展的共同趋势。在国际上，农产品质量管理有两种制度形式，一种是农产品质量识别标志制度，另一种是农产品质量管理制度，即为标准化，后者更有利于明确界定农产品的质量。因为标准类型能够区分同一类产品的不同品种，判别农产品的质量和优质类别农产品，以建立起标准模式所界定的具有特色的各类产品市场。标准化是世界农业发展的共同趋势，而且建立了有权威性的国际组织（如国际食品法典委员会，国际有机农业运动联盟等）。改革开放以来，农业标准化建设是对我国农业经营理念、运行机制、生产手段、经营模式等进行的一次重大变革。特别是我国农业发展进入到了新阶段，农业将实现由追求数量向质量、效益转变的跨越。农业标准化也是应对入世挑战，提升农产品国际竞争力的重要举措，是我国农业的又一场革命。推动农业标准化是当前乃至今后农村经济改革与发展的重要课题。而种植业标准化是农业标准化的重要内容。

一、农业标准化的实施与推广

（一）围绕农业产业化、市场化发展的需要实施农业标准化

开展农业标准化，要以促进农业生产技术的指标化、规范化、系统化和科学化，促进农业产业化的发展为切入点。在具体实践中，要把农业标准化的实施与发展农业产业化有机地结合起来。

农业标准化要在当地政府的产业化发展规划中提出农业标准化的要求。要把农业标准化的规划和项目重点放在当地农业的支柱产业和主导产品上。各项技术标准、工作标准、管理标准的制定要有利于标准体系的完整性和配套性，更要注重先进技术的推广以及农户便于操作。要把农业标准化渗透到农业产业化的全过程中去，逐步在产品加工、质量安全、贮藏保鲜和批发销售环节实施标准化管理，引导龙头企业建立标准化体系，不断提高产品质量。

（二）以创建当地农产品品牌为动力实施农业标准化

高质量的农产品是创立品牌的前提，而高质量的农产品要严格按照标准化来生产。没有高标准就没有高质量和好品牌，创农产品品牌的过程实际上就是实施农业标准化的过程。农民品牌意识差，并不深刻理解品牌化对提高农产品附加值的重要作用，而且农户自身的力量较小，靠自身建立品牌是很困难的。所以分散生产的农户需要组合成力量更大的合作组织来实现个体无法解决的问题。农村专业合作组织可以起到桥梁的作用，各类专业合作组织可以安排专门人士去研究市场，跟踪市场，与分销商、采购商打交道，充分收集市场信息。这样可以做到按照市场需求的数量和质量，组织生产，引进先进技术和管理方法，合作营销，不断拓宽农户赢利的空间，不断推进资源的优化配置，有力地促进农业增效、农民增收。

（三）建立并完善以农户为核心的推广体系，实施农业标准化

我国用于农业推广的投入并不多，不增加投入，农业标准化的推广难以实现。农业标准化的推广要求各级农业行政管理部门和标准化管理部门、教育和研究机构以及农户有机结合起来形成完整的推广体系。这是组织农业进行标准化生产的前提。农户在农业标准化产业链中占据重要的地位，所以标准化的推广要做到以农户为核心，落实到农户。通过培训和示范，指导农民科学施肥、合理用药，按标准进行生产和管理，提高生产的标准化科学水平。农业标准化的推广属于农村知识传播的一部分，因此农业研究机构、农业育培训机构和农业推广机构要密切合作，互动协调。农业标准化只有推广和实施，才能变成现实的效益和成果，建立标准化推广体系是农业标准化工作的重要环节。

（四）建立农业标准化示范区实施农业标准化

通过建立农业标准化示范区，以点带面，推动农业标准化生产的发展。农业标准化示范区的建设要从适应农业发展新阶段的要求出发，以市场为导向，以提高农产品质量和市场竞争力，增加农民收入为主线；根据国内外市场的需要，组织贯穿于产前、产中、产后全过程的农产品综合系列标准；运用农业标准化手段，加快先进适用农业技术的推广应用，变粗放经营为集约经营；着力改善农产品的品种和质量，提高农业综合效益。

二、种植业标准化的发展趋势

（一）种子质量标准化

种子质量是种子工作的生命线，为农业生产提供纯度高、质量好、增产幅度大、成本低的优良品种的优质种子，是整个种子工作的出发点和归宿。一般从田间生产脱离后的种子，即使是国家正式命名推广的品种，也只能视为半成品，还必须经过机械加工、烘干、精选、分级、拌药等工序，使种子的纯度、净度、发芽率、含水量等指标都达到国家规定的种子质量标准后，才能作为商品种子出售或投入生产使用。目前我国种子质量问题仍是一个薄弱环节，品种混杂退化、检验手段落后、良种不良、掺杂使假等现象较为突出，严重制约了农业生产潜力的充分发挥。要确保种子质量，必须强化种子全面质量管理，努力实现种子标准化。具体措施有：①增强质量管理意识，并将其贯穿到种子工作的全过程和全体职工之中，使从事种子工作的每一个人都参与质量管理，严把质量关。②完善质量系列管理制度。按照种李工作的特点，其质量管理系列主要包括品种评价、繁育、收购、保管、加工、检验、销售等内容，从新品种审定，到提纯复壮、原种生产，直至收种、脱粒晾晒、贮藏加工、包装运输等每一道工序，每一个环节都要建立质量管理制度。③健全质量检验体系。要健全国家、省（市）、地（市）、县四级种子检验网络，配备先进的检验设备，引进先进的检测技术，提高检验能力和速度，以适应农业商品化、专业化和社会化发展的需要。

（二）产品品质标准化

为了适应优胜劣汰的市场竞争规律，以质取胜成为开拓市场的重要策略之一。与工业企业产品质量（包括符合性质量和适用性质量）一样，农产品品质也是个综合性状，以苹果为例，包括商品品质（颜色、果形、大小、光洁度、损伤、成熟度、病虫害、残药、耐贮运性等）、食用品质（糖酸含量、香气、脆度、果皮厚薄、质地等）、营养品质（各种营养成分含量、不含有毒物质）及加工品质等。农产品品质标准化依赖于栽培和管理技术的规范化。以红富士苹果为例，增大果实的措施有：加强土肥水管理，保持树势健壮；培养壮枝结果，及时更新衰老的果枝；严格控制花果留量，“以花定果”。获得优美、标准果形的措施有：加强花后肥、水供应；适当疏除果枝；保留壮枝上的中心果，多留斜生下垂果枝上的果；调整幼果方向；改善授粉条件。促进果实着色并达到全红果的主要措施有：改善光照条件；调控个体与群体结构；加强着色管理，包括摘叶、转果、套袋和除袋、在地面铺设银色反光膜、控氮增钾、合理喷肥、合理供水、选择适宜的砧穗组合、适期采收等管理技术。

现代科学技术的飞速发展，使产品向高科技、多功能、精细化和多样化方向发展。随着遗传工程技术在农业生产中的推广应用，我国农业生产将向模式化、温室化、工厂化和企业化方向迈进。人类对自然条件的调控能力将逐渐增强，农产品品质标准化水平定会不断提高。

（三）农业服务标准化

农业生产全过程涉及产前、产中和产后三个环节，农业社会化服务应考虑这三个方面。农业服务标准化的主要内容有以下几点。

（1）服务组织体系化。从强化农业社会化综合服务入手，上延下伸，左右相连，建立不同层次、不同性质、不同功能的综合性或专业性服务体系。以社区合作组织为主体的社会化服务体系是千家万户联系大市场的纽带，能大大提高农民的组织程度，改善农民的经营环境，增强家庭经营对自然灾害和市场波动风险的抵抗能力。与此同时，还要充分发挥国家各个行政部门和事业单位伸向基层的服务机构以及乡村企业和各种服务性的经济实体的服务功能。

（2）服务内容系列化。要尽量为村社和农户提供全过程、多功能、“一条龙”的服务。在产前，要尽量为农民提供准确的市场信息，以便防止农业生产的大起大落，减轻农民的损失。在生产中，要积极开展统一的服务和技术指导，降低生产成本。在产后，要加强包装、保鲜、防腐、贮藏、运输等技术改造，实现包装、贮藏和运输规范化。对从事农副产品加工乡镇企业，也应逐步纳入标准化运作轨道。

（3）服务经营企业化。按照“立足服务办实体，办好实体促服务，搞好服务促发展”的原则，建立为作物生产服务的组织，实行“独立核算，自负盈亏”的企业管理，走自我积累和自我发展的路子。

（4）服务形式承包化。“双向承包”是一种较好的服务形式。

第四节　农业生产智能化

一、概念

农业生产的智能化就是指将信息技术、数据库、机器人、计算机等技术广泛地应用于农业生产，指导农业生产，提高农业生产的科技水平，达到高产、优质、高效，从而实现可持续发展的目的。具体而言，农业生产的智能化就是指卫星定位系统、遥感技术、农业专家系统（或称为农业智能系统）、数据库、信息处理系统等技术的结合，实现农业生产和管理的自动化。

二、农业生产智能化的技术体系

（一）遥感技术

遥感技术就是通过卫星或飞行器上安装的传感器，并和计算机相连接，对地面目标进行监测分析的一项新技术。利用遥感技术可及时地对大面积农田、森林、草原等进行监测调查，比田间调查具有省时、省钱、省力、及时等优点。

（二）数据库技术

数据库技术是农业生产中应用最为广泛的技术，因为在农业的生产和科研中，需要对大量的数据进行调查和分析，有时还要对多年的数据进行分析归纳和总结。如果没有一个数据库来管理，那么工作量是很大的，除此之外，数据库是建立农业专家系统、数学模型、各种信息系统的基础和最重要的一个环节。所以说建立一个具有查看、添加、删除、修改功能的数据库是非常有必要的。现在，由于计算机的迅速发展，这项工作已经变得不那么困难。如 OFFICE 软件中的 EXCEL、ACCESS 和 FOXPRO（FOXBASE）等都能进行数据库的建立和管理工作。目前数据库技术的局限性很大，因为在建立数学模型的过程

中，要考虑很多因素的影响，而不同地区的外界因素又存在着很大的差异，所以一个数学模型往往只适应特定的地区，此外，目前的模型都是应用数学公式进行表达的，非常抽象。如果能和多媒体技术相结合（如用动画的形式把模型表达出来），那么这种模型更能让人接受和理解。目前我国在这方面的研究比较少，大部分的工作主要是基于从国外引进模型，再根据我国的实际情况进行参数的修改。

（三）农业专家系统

农业专家系统综合了大量农业专家的经验，把分散的、局部的单项农业生产技术综合集成起来，经过智能化的、综合性的信息决策处理，能针对不同的生产条件，给出最佳的农业生产管理解决方案，为农业生产全过程提供高水平的信息和决策服务。农业专家系统的发展会对农业发展和现代化产生重大的影响。

大部分的农业专家系统只包含数据库、知识库，没有包含模型库。这样在很大程度上降低了系统的可用性和预测性。模型库应是系统的主要部件，它的存在可以指导人们进行合理的种植，减少盲目性。农业专家系统同样存在着局限性，即大部分的专家系统只是对一个地区的种植方式进行指导和预测；农业专家系统都是静态的，没有真正地实现人机对话。

（四）精确农业

精确农业是当今世界农业发展的新潮流，是由信息技术支持的，根据空间变异定位、定时、定量地实施一整套现代化农事操作技术与管理的系统，其基本含义是根据作物生长的局部环境，调节对作物的投入。即一方面查清田块内部的土壤性状与生产力空间变异；另一方面确定农作物的生产目标，进行定位的“系统诊断、优化配方、技术组装、科学管理”，调动土壤生产力，以最少的或最节省的投入达到同等收入或更高的收入，并改善环境，高效地利用各类农业资源，取得更好的经济效益和环境效益。一般地说，精确农业由10个系统组成，即全球定位系统、农田信息采集系统、农田遥感监测系统、农田地理信息系统、农业专家系统、智能化农机具系统、环境监测系统、系统集成、网络化管理系统和培训系统。精确农业的关键是建立一个完善的农田地理信息系统（GIS），是信息技术与农业生产全面结合的一种新型农业。实行精确农业技术可在减少投入的情况下增加（或维持）产量，提高产品质量，降低成本，减少环境污染，节约资源，保护生态环境。精确农业技术不仅适用于种植业，也适用于畜牧业、园艺和林业。但是精确农业主要是针对集约化、规模化程度高的生产系统提出的，其边际效益与经营规模成正相关。规模较小的农场精细耕作程度较高，实施精确农业产生的效益就较低。精确农业并不过分强调高产，而主要强调效益。它将农业带入数字和信息时代，是21世纪农业发展的重要方向。

（五）数学模型

数学模型是利用数学的方法来解决农业中出现的各种问题，主要是建立在大量数据的基础上形成的一种对作物各种性状的预测。农业数学模型也是农业信息技术的一个重要组成部分。在这方面，国内外都有许多的研究，也取得了一些成就。农业数学模型的建立要受到许多因素的影响，特别是环境因素。所以目前研制开发的农业数学模型的局限性很大，一般只是局限在一个地区。如果要适应其他地区的话，就必须改变数学模型中的参数。所以建立适应广泛的数学模型是该领域的研究方向。

（六）农业自动化技术

农业自动化技术就是通过计算机对来自于农业生产系统中的信息进行及时采集和处理，以及根据处理结果迅速地控制系统中的某些设备、装置或环境，从而实现农业生产过程中的自动检测、记录、统计、监视、报警和自动启停等。农业自动化的基本特征是以机器来代替人类的操作，完成农业生产中的各种作业。自动控制在农业中的应用主要是：灌溉作业的自动控制、耕耘作业的自动控制、果实收获农业的自动控制、农产品加工的自动控制和农业生产工业化等。

（七）互联网络

随着信息技术的发展，互联网已经深入到国民经济发展的各个领域，对农业和农村经济的影响越来越大。互联网的主要目的是提供多种形式的信息服务，主要有以下几点。

（1）电子邮件。它是利用计算机存储、转发原理，通过计算机终端和通信网络进行信息的定向传送。它能传送文本、声音、图像等多种类型的信息。

（2）远程登录。它是指用户可以通过互联网使用远处计算机的硬件资源、软件资源和信息资源。

（3）文件传送。它是一种实时的联机服务功能，可将一台计算机上的文件批量传送到另一台计算机上。

（4）信息查询搜索服务。由于网络上的资源繁多，而且不断地增加，为了便于用户获取所需的信息，近年来有关方面已经开发出不少功能完善、使用方便的查询搜索工具。

（八）多媒体技术

多媒体技术是利用计算机的编码、解码、存储、显示、控制等技术把文字、声音、图形、图像等多种媒体形式的信息综合一体化，进行加工处理和应用的技术。实现多媒体技术需要一定的设备，将多种媒体有机地组织在一起，共同表达一个完整的多媒体信息，做到图、文、声、像一体化，因此具有集成性的特征。此外，多媒体技术还有交互性、数字化、实时性的特征。

目前，农业信息技术已经渗透到农业的各个领域当中，已经发挥出了明显的作用：①实现农业自动化生产；②实现对自然环境的实时监测，指导农业生产、管理，最大限度地避免自然灾害对农业造成的损失；③提高对农业和农村经济发展的决策水平，实现科学化管理；④增加农产品产量，提高农产品质量，降低农业生产成本，提高经济效益；⑤推动农业科学技术的研究与发展；⑥加快农业科技信息传播和合理利用，提高农业生产水平。

第五节　农业生产安全化

一、农业生产安全化的概念

农业生产安全化涉及范围较广，很难下一个确切的定义。联合国粮农组织曾将粮食安全定义为：保证任何人在任何地方都能得到为了生存和健康所需要的足够食品。随着社会的发展，人们对作物生产安全化的理解也逐步深化。目前一个国家或地区农业生产安全的内涵至少应包括以下几个方面：一是长期稳定地提供充足的粮食，无粮食紧缺现象，更不允许出现因粮食短缺而引起饥饿，这是粮食安全的最基本要求。二是能提供品种多样的作物产品，即五谷杂粮齐全、畜禽鱼蛋奶果蔬俱全，可以满足不同生活方式、不同生活习俗和不同生活水平的居民的需求，这是较高层次的安全，它要求品种的多样性和营养的科学合理性。三是能提供品质优良，无污染、无毒害作用的安全性作物产品，要求这些产品出自良好的生态环境，在其生产、贮运和加工过程中没有受到污染，不含有毒有害物质；同时具有优良的口感口味，营养丰富，这是作物生产安全的高层次要求，也是对居民身心健康的重要保证。四是在作物生产、贮运、加工和消费过程中，既不会对生态环境产生破坏和污染，也不会对居民健康产生影响和危害。即作物产品在其生产、贮运、加工和消费过程中对人体健康和生态环境具有环境安全性、生态合理性，这是作物生产安全的最高层次，也是现代生态理论和环境保护目标所要求的。作物生产是经济再生产和自然再生产有机结合的生产活动。作物生产的自然属性就要求作物生产必须符合生物生长发育的自然规律，作物生产的社会经济属性就要求作物生产应保证人类生存所需作物产品的持续供应和资源环境的永续利用。从这个意义上可将作物生产的安全化定义如下：即作物生产活动必须保证人类生存与发展所必需的物质条件及环境资源可持续利用，最终实现作物生产活动与社会发展的协调一致。

二、农业生产安全性措施和发展方向

（一）水资源优化利用

（1）高效节水技术精细化。喷、微灌溉技术是当今世界上节水效果最明显的技术，目前已成为节水灌溉发展的主流，全世界喷灌面积已发展到 2 000 多万 hm^2。目前喷微灌技术的发展趋势是朝着低压、节能、多目标利用、产品标准化、系列化及运行管理自动化方向发展。

（2）农业高效用水工程规模化。实现从水资源的开发、调度、蓄存、输运、田间灌溉到作物的吸收利用形成一个综合的完整系统，显著降低农业用水成本，适应现代农业发展的需求。例如以色列建成的北水南调国家输水工程，由抽水站、加压泵站与国家输水工程组成的供水管网系统具有 7 500 km 输水管道，这一系统日供水量最高可达 480 万 m^3。

（3）农业高效用水管理制度化。节水灌溉是一个系统工程，只有科学的管理才能使节水措施得以顺利实施，达到节水的目的。节水管理技术是指按流域对地表水、地下水资源进行统一规划、统一管理、统一调配并根据作物的需水规律控制、调配水源，以最大限度地满足作物对水分的需求，实现区域效益最佳的农田水分调控管理技术。

（二）农药、化肥的合理利用及科学管理

当前农药和化肥的使用是不可避免的，重点应该在使用量和方式上加强控制和管理。注意加强以下工作：①加强综合防治，充分发挥农药以外其他防治手段在有害生物治理中的作用，减少农药用量；②贯彻落实农药法律、法规，确保安全用药；③加强农药新品种研制和开发，大力发展生物防治药剂；④推广农药使用的新技术和新方法；⑤确定农田施肥限量指标，建立新的肥料管理与服务体制。根据精确农业施肥原则，量化施肥，推广使用长效肥料等肥料新品种。

（三）农业病虫草害的综合防治

病虫草害综合防治技术即 IPM 技术，发展趋势主要表现在以下三方面：①利用害虫

暴发的生态学机理作为害虫管理的基础；②充分发挥农田生态系统中自然因素的生态调控作用；③发展高新技术和生物制剂，尽可能少用化学农药。

（四）生物技术在农业生产中的科学利用

近年，农作物生物技术在世界范围内取得了飞速的发展，一批抗虫、抗病、耐除草剂和高产优质的农作物新品种已培育成功，为农业发展增添了新的活力。与此同时，其产业化步伐在各国政府的大力参与下正在加快，逐步成为许多国家经济的重要支柱产业之一，并在解决人类所面临的粮食安全、环境恶化、资源匮乏、效益衰减等问题上将发挥越来越重要的作用。与此同时，我国针对转基因技术的安全性做了大量的分析和评估工作，并采取了一系列的措施。如建立农业生物基因工程安全管理数据库，收集、整理、分析、发布国内外农业生物基因工程安全管理信息，建立农业生物基因工程安全管理监督与监测网络；为转基因植物及其产品安全性评价和政府决策提供依据；研究制定转基因食品安全管理的实施办法，形成配套的法规和管理体系等。

（五）发展生态农业，实现农业生产的可持续发展

农业生产的安全性是一个综合体系，是复杂的农业生态系统的各个子系统相协调的最终结果，单凭一项或几项技术是很难达到这一目标的。种植业安全性生产需要多项技术的合理搭配和综合运用，既要满足当代人类及其后代对农产品的需求，又要确保环境不退化、技术上应用适当、经济上能够生存下去的综合体系。这正是生态农业或持续农业的基本内容。

农业的持续发展是人类社会、经济持续发展的基础，没有农业的持续发展，就不可能有人类社会、经济的持续发展。从当前世界农业发展状况来看，持续农业是农业生产安全性比较合适的模式，具体到不同国家存在多种发展模式。我国的具体国情决定了农业生产不能只注重环境，更应该重视农业的发展，提高农民收入，把农业高产高效发展与持续发展结合起来，走集约持续农业的道路。

第六节　农业生产清洁化

农业生产引起的各种生态环境问题的严重性表明，与工业领域一样，实施种植业清洁生产存在着紧迫性和必要性。因此种植业清洁生产技术体系成为国家当前急需的农业技术之一，也是新世纪农业发展最有优势的领域之一。

一、清洁生产的概念

所谓种植业清洁生产是指将污染预防的综合环境保护策略，持续应用于农业生产过程、产品设计和服务中，通过生产和使用对环境温和的绿色农用品（如绿色肥料、绿色农药、绿色地膜等），改善农业生产技术，减少种植业污染物的产生，减少生产和服务过程对环境和人类的风险性。

二、种植业清洁生产的技术体系

种植业清洁生产不单指某一项单一技术，而是一个技术群（集），包括环境技术体系、生产技术体系及质量标准技术体系。从农业生产过程分析，包括产前、产中、产后及其管

理等方面的清洁生产技术。

(一) 产前

产前主要进行的是品种选育技术。贯彻“预防为主，综合防治”的植保方针，培育和选用抗病耐虫优良品种；通过培育壮苗，应用各种生长调节技术，充分发挥农田生态自然控制因素的作用，增强作物抗病虫的能力。具体措施有以下几点。

1. 良种繁育

良种应具备优良的品种特性，纯度高，杂质少，籽粒饱满，生命力强。因此，要健全防杂保纯制度，采取有效的措施防止良种混杂退化，做好去杂选优、良种提纯复壮工作。

2. 种子检验

为保证提供优良种子，严防病虫害、杂草的传播，需要对种子进行检查，进行“种子检验”。

(二) 产中

1. 节水节肥的综合管理技术体系

在水稻上，尿素作为基肥使用时，采用无水层混施或上水前耕翻时条施于犁沟等；在追肥施用时，则可以在田面落干、耕层土壤呈水分不饱和状态下表施后随即灌水。在旱作上，撒施尿素后随即灌水，可以将尿素带入耕层土壤中，从而达到部分深施的目的。在雨前表施，若雨量适宜，也有类似效果。采用节水节肥技术，可有效减少氮、磷向水体和氮素向大气迁移的数量。

2. 生物防治病虫草害技术

①利用轮作、间混作等种植方式控制病虫草害。轮作是通过作物茬口特性的不同，减轻土壤传播的病害、寄生性或伴生性虫害、草害等，其效果有时甚至农药防治所不能达到的。间作及混作等是通过增加生物种群数目，控制病虫草害。如玉与大豆间作造成的小环境，因透光通风好既能减轻大小叶斑病、黏虫、玉米螟的危害，又能减轻大豆蚜虫的发生。

②通过收获和播种时间的调整可防止或减少病虫草害。各种病、虫、草都有其特定的生活周期，通过调整作物种植及收获时间，打乱害虫食性时间或错开季节，可有效地减少危害。

③利用动物、微生物治虫、除草。在生态系统中，一般害虫都有天敌，通过放养天敌(或食虫性动物)可有效控制病虫危害。如稻田养草食性鱼类治草、治虫；棉田放鸡食虫；利用七星瓢虫、食蚜虫等捕食蚜虫等。

④利用从生物有机体中提取的生物试剂替代农药防治病虫草害技术。利用自然界生物分泌物之间的相互作用，运用生物化学、生态学技术与方法开发新型农药将会成为未来发展的新趋势。

3. 无公害农药应用技术

使用无公害农药时应注意以下几点：按照一般施药原则，进行不同品种间的轮换、交替和混合使用，避免害物抗药性迅速发展；注意在一定条件下和常规农药混用或结合施用；要特别注意操作技术和施药质量。无公害农药，特别是杀虫剂，其选择毒杀作用很大程度上是靠胃毒作用或通过嗅觉感受器表现出来的。因此，在使用时，除了方法要适宜外，还要讲求操作技术，施药时要均匀周到，以便最大限度地发挥药剂的潜力。

4. 防治残膜污染技术

防治残膜污染主要采用适期揭膜技术，即从农艺措施入手，改作物收获后揭膜为收获前揭膜，筛选作物的最佳揭膜期。这样既能提高地膜回收率，防治残膜污染，又能提高作物产量。

5. 有机物循环利用技术

该技术通过物质多层次多途径循环利用，提高资源的利用率，尽可能减少系统外部的输入，增加系统产品的输出，提高经济效益，改善生态环境质量。当前我国农村提高生物资源利用的主要途径是农业有机废物的循环利用，种植业与畜牧业结合起来。主要包括以下 6 种形式。

①以初级产品为主要原料，加工成混合或配合饲料。饲养业→粪便入沼池→沼气作燃料、沼液还田、沼渣培养食用菌→菌料养蚯蚓→蚓粪还田、蚯蚓作饵料。

②各种饲料和粮食加工副产品。养猪、养奶牛→粪便入沼池→沼肥入鱼塘→塘泥还田。

③饲料养畜禽。粪便堆积发酵后养蚯蚓→蚯蚓作饲料→粪便还田。

④饲料养鸡。鸡粪混合饲料养猪→猪粪入沼池→沼肥培养食用菌→菌料养蚯蚓→蚯蚓喂鸡。

⑤水生植物和草加入畜粪进沼池。沼液还田或入塘、沼渣培养食用菌→菌渣养蚯蚓→蚯蚓作动物蛋白饲料→蛆喂鸡→鸡粪喂猪。

⑥猪粪加入粪笼养蝇蛆。蛆喂鸡→鸡粪喂猪。

（三）产后

1. 作物秸秆氨化技术

作物秸秆的氨化技术是用含氨源的化学物质（如液氨、氨水、尿素、碳酸氢氨等）在一定条件下处理作物秸秆，使其更适合草食畜牧饲用的方法。

作物秸秆纤维素含量较高，被列为粗饲料。提高其营养价值的方法主要有以下几点。

①物理方法。包括切短、粉碎、蒸煮、膨化（热暴、冷暴）等。这些方法可以提高采食量，有的也提高消化率。

②生物法。包括青贮和用降解纤维素、半纤维素、木质素的微生物进行发酵生产单细胞蛋白等。

③化学法。包括碱化、氨化、氧化、酸化、钙化等。

2. 污水自净工程技术

利用多级生物氧化塘处理污水，形成一种特殊的污水处理与利用技术，如污水灌溉、污水塘养鱼、污水种植水生植物等，在利用污水增加生产的同时又净化环境。如辽宁省大洼西安生态养殖场氧化塘处理分为四级：一级处理是通过放养水葫芦吸收氮，然后粪水进入二级处理池，细绿萍吸附磷钾，达渔业水质标准后，排入三级处理池养鱼、蚌，再达灌溉用水标准后，排入农田作灌溉用水。通过四级处理获得十分显著的经济效益和生态效益。

财务管理篇

第六章　农村集体经济组织财务管理

第一节　会计工作管理

一、会计档案管理

会计档案包括所有会计凭证、各种会计账簿及会计报表、财务计划、经济合同等会计资料。会计档案是村集体经济活动历史记录的原始资料，它的重要性不言而喻。因此，对会计档案的整理和装订、保管、借阅以及销毁都有严格的制度。只有按制度办事，才能使历史记录完整，才能使村集体负责人择清责任，才能真实反映农村的发展与变化。会计档案管理的关键是会计档案的整理与装订，而会计凭证的整理与装订又是会计档案整理与装订的关键所在。

（一）整理会计凭证时应注意的几个关键地方

（1）时间顺序和编号。

（2）大于记账凭证的原始凭证折叠时不准遮盖数量、金额。

（3）零散的原始凭证（如：车票）错落粘贴在差旅费报销单上。

（4）去掉回形针、大头针、订书钉等。

（二）装订会计凭证时应注意的几个关键地方

（1）查有无缺号、重号。

（2）所附原始凭证张数是否相符。

（3）加具会计凭证封面、封底，用线绳装牢固。

二、会计监督

会计具有两大职能，一个是会计核算，另一个就是会计监督。会计监督是指会计人员对村集体经济活动所进行的监督，包括对原始凭证、会计账簿、会计报表以及财务收支计划制定执行情况等一系列行为的监督。

会计监督是村集体内部的监督；外部监督主要指上级有关部门的审计监督。

三、会计工作交接

会计工作交接是保证村集体会计记录的连续完整和前后衔接的重要环节，村集体会计人员因工作调动或因故离职，必须按规定程序办理交接手续。

（一）交接前的准备工作

（1）已经受理的经济业务尚未填制会计凭证的，应当填制完毕。

（2）尚未登记的账簿，应当登记完毕，并在最后一笔余额后加盖经办人员印章。

（3）整理应当移交的各项资料，对未了事项写出书面材料。

（4）编制移交清册，列明应当移交的凭证、账簿、报表、公章、现金、有价证券、支票簿、发票、文件、其他会计资料和物品等内容。

（5）会计机构负责人、主管移交时，应将全部财务会计工作、重大财务收支和会计人员情况，向接替人员详细介绍。对需要移交的遗留问题，应当写出书面材料。

（二）会计移交资料

会计工作移交清册

交接人：

接管人：

交接时间：

会计工作移交清册

交接说明：

因原项目会计________________的工作调动，经公司领导决定，现将财务会计工作移交由________________接管。依据《中华人民共和国会计法》和《会计基础工作规范》等相关规定，办理如下交接事项：

一、会计账簿、凭证及报表等会计档案

年份	凭证	账簿	报表	其他

二、代管印鉴

序号	印鉴名称	数量
1		壹枚
2		壹枚
3	网上银行U盾等	

三、代管相关证件

名称证件数量 / 证件名称	正本	副本	其他
税务登记证			
营业执照			
组织机构代码证			

四、其他移交事项

财务部钥匙一把。

五、未了事项

交接者本人应对任期内重大财务收支及关键财务问题做出详细介绍，如有需书面说明的事项，需后附说明。

六、交接基准日的确定、会计责任的划分与承担

1. 接交人到任开始接管移交人会计岗位之日确定为会计交接基准日。

2. 交接者对自己交接的资料完整性、准确性负责。

3. 移交人负责会计交接基准日之前（不含本日）已受理会计事项的处理，接交人负责会计交接基准日之前移交人员未了的和会计交接基准日之后的会计事项的处理。

七、以上交接事项均经交接各方确认无误

接交人负有妥善保管接交会计资料的责任。

八、本交接书一式三份，交接双方各执一份，存档一份

附表：1、交接日库存现金盘点表

2. 交接日银行余额调节表

3. 其他资料

本次移交清册共　页。列示数据资料物品已经核对无误，同意交接。

交接人 职务和姓名	
接管人 职务和姓名	
监交人 职务和姓名	
交接单位	

续表

交接时间	

交接后的有关事宜

1. 为了保证会计记录的连续完整和前后衔接，接管人员应当连续使用移交的会计账簿，不得另立新账。

2. 移交人对所移交的会计凭证、会计账簿、会计报表和其他会计资料的合法性、真实性承担法律责任。移交人所移交的会计资料是在其经办会计工作期间发生的，应当对这些会计资料的合法性、真实性负责，即使接管人员在交接时因疏忽没有发现所接管的会计资料存在问题，待日后发现后，仍应由原移交人负责，原移交人不应以会计资料已移交而推卸责任。

第二节　会计核算基础知识

农村集体要按《农村集体经济组织会计制度》要求进行会计核算，规范使用会计科目、填制会计凭证、登记会计账簿、编制会计报表。村集体发生的所有经济业务必须按规范的账务处理程序及时办理会计手续，进行会计核算。

一、会计核算的内容和一般要求

（一）会计核算的内容

（1）款项和有价证券的收付。款项是作为支付手段的货币资金，主要包括现金和银行存款。有价证券是一种投资，具有一定财产权利或支配权利，如国库券、股票等。所以款项和有价证券的收付直接关系到资金的增减变动，因此必须及时办理会计手续，进行会计核算。

（2）财物的收发、增减和使用。财物是财产、物资的简称，是村集体用来进行经营管理活动且具有实物形态的经济资源。包括固定资产和产品物资，二者构成村集体资产的主体，并在资产总额中占有很大比重。财物的收发、增减和使用，是会计核算中的经常性业务，它对保护各种财产物资的安全、完整有着重要的作用。所以，村集体必须加强对财产物资的核算和管理，维护其正常的生产经营秩序。

（3）债权债务的发生和结算。债权是村集体收取款项的权利，一般包括各种应收款项。债务是指村集体需要以货币资金等资产或者劳务进行清偿的经济义务，一般包括各项借款和应付款项。不论是村集体的债权还是债务，都必须及时进行清偿和结算，否则就会影响资金的周转和资金效能的发挥。因此，必须认真搞好债权债务的管理与核算，及时、真实、完整地核算债权债务，防止呆账、坏账的发生。

（4）资本的增减。资本是投资者实际投入村集体的各种资产的价值，是投资者分享权益和承担义务的依据。资本增减的核算，不仅业务性强，而且政策性也很强，必须按政策和财务制度规定做好资本、公积公益金增减的核算，正确处理各方面的经济利益关系。

(5) 收入、费用、成本的计算。收入是村集体在销售商品、提供劳务及让渡资产使用权（以资产的形式进行投资）等日常活动中所形成的经济利益的总流入。费用是指村集体进行生产经营和管理活动所发生的各种耗费。成本也是费用，它不过是按一定的产品或劳务对象所归集的费用，是具体到某项产品的费用。

收入、费用、成本都是核算经营成果及盈亏情况的重要依据。为此，村集体必须对其进行连续、系统、全面、综合的核算。

(6) 财务成果的核算和处理。财务成果的核算和处理，包括收益的核算（主要来源于各项收入及各项费用）和收益分配等。村集体要按照国家政策及有关规定，认真做好收益和收益分配的核算，正确处理国家、集体、投资者和个人之间的利益关系，保证村集体再生产的顺利进行。

(二) 会计核算的一般要求

(1) 村集体应当按照《会计法》和《农村集体经济组织会计制度》的要求设置会计科目和账户、复式记账、填制和审核会计凭证、登记会计账簿、成本核算、财产清查和编制会计报表等。

(2) 村集体应当根据实际发生的经济业务事项进行会计核算，编制会计报表。

权责发生制，是指本期收入和费用的确认，以权责发生为标准，即凡是应属于本期的收入和费用，不论其款项是否收付，均作为本期收入和费用处理。

(3) 村集体发生的各项经济业务事项应当在依法设置的会计账簿上统一登记、核算，不得私设会计账簿。

二、会计凭证

会计凭证是记载经济业务发生、明确经济责任的书面文件，是记账的依据。

(一) 会计凭证的分类

会计凭证分为原始凭证和记账凭证。

(1) 原始凭证（也称原始单据）。按取得的途径和来源分为外来原始凭证和自制原始凭证。外来原始凭证是村集体与外部单位或个人发生经济业务时从对方取得的，如：收款单位的收据、供货单位的发票等。自制原始凭证是村集体内部发生经济业务所填制的，如：村干部工资单、付款证明单、收款收据等。

(2) 记账凭证。按发生的业务是否动用货币资金可分为收款凭证、付款凭证和转账凭证。一般情况下，村集体业务不多，可不分设收款、付款和转账的专用记账凭证，而采用各类业务都可使用的“通用记账凭证”。

(二) 原始凭证的填制

会计凭证中原始凭证最具法律效力，因此对它的填制有严格的要求。

(1) 记录真实。日期、内容、数字等必须真实可靠。

(2) 责任明确。填制单位公章、填制人签名或盖章、经办人签名或盖章要一应俱全。

(3) 内容完整。涉及内容必须逐项填写完整，不得遗漏和任意简略。

(4) 手续完备。需要证明的原始凭证应当有附件。如上级批准的经济业务，需将批准文件作为附件。

(5) 填写规范。字迹要清晰、工整，不得潦草更不能随意涂改、挖补。

(三) 记账凭证的填制

记账凭证是登记账簿的重要依据，填制时，必须严格按要求进行。

(1) 依据无误。填制记账凭证依据的原始凭证必须审核无误。

(2) 摘要简明。摘要应言简意赅、重点突出、详略得当，必须概括经济业务的内容。

(3) 会计分录规范。严格按《农村集体经济组织会计制度》的要求填制会计分录，会计科目要写全称，不得擅自改变和随意简化名称，更不得擅自改变科目的核算内容。

(4) 内容相符。记账凭证所附的原始凭证不管是一张还是经济业务类型相同的若干张，内容、金额必须相同。除转账与更正错误的记账凭证可以不附原始凭证外，其他记账凭证必须附有原始凭证。所附原始凭证张数应为自然张数。但对于报销差旅费等零星票据，可以粘贴在差旅费报销单上，作为一张原始凭证。

(5) 顺序编号。每月按填制记账凭证的日期顺序，连续编号，不得重号、漏号。

(6) 不留空行。填制完毕的记账凭证如有空行，应在空行处划斜线注销。

(7) 正确纠错。填制记账凭证发生错误，若是记账前发现，一律作废重填。若是记账后发现，可按以下办法处理：①若是会计科目用错，可用红字填写一张与原内容相同的记账凭证，摘要栏注明“注销某年某月某日某号凭证”，据以用红字登记入账，同时用蓝字重新填制一张正确的记账凭证，摘要栏注明“订正某年某月某日某号凭证”，据以用蓝字登记入账。②若会计科目没错，只是金额错误，可以将正确数字与错误数字之间的差额，另编一张调整的记账凭证，调增金额用蓝字，调减金额用红字，并在摘要栏注明“调整某年某月某日某号凭证”，据以登记入账。

三、会计账簿

会计账簿是由许多具有专门格式而又相互联系的账页组成，用以全面、集中、连续、系统地记录经济业务的一种簿籍。只有会计凭证，没有会计账簿就不能反映经济业务的总体状况。

(一) 村集体应当设置的会计账簿

(1) 总账。根据《农村集体经济组织会计制度》规定的一级会计科目设置，分类记录经济业务总括情况的账簿。

(2) 日记账。按照经济业务发生或完成日期的先后，逐日逐笔连续登记经济业务的账簿。如现金日记账、银行存款日记账。它与总账中的现金、银行存款账户不同，目的是保证现金的日清月结。

(3) 明细账。是按二级科目、明细科目开设的，用来分类记录经济业务，提供明细核算资料的账簿。村集体应设置的明细账包括固定资产明细账、产品物资明细账、往来明细账、应付工资明细账等。

(4) 辅助账。是补充总账、明细账所不能记录的事项，进行补充登记的账簿。一般包括土地承包登记簿、低值易耗品登记簿和资源资产台账等。今后，村集体资源资产台账正式纳入村集体账簿体系，并为必设账簿。

村集体财务实行委托代理的，委托代理机构统一为各村设置总账、现金日记账、银行存款日记账、固定资产明细账、产品物资明细账、往来明细账、应付工资明细账等明细账和资源资产台账。各村集体另设现金日记账和往来明细账及备查账簿。

（二）登记会计账簿的基本要求

（1）准确完整。将会计凭证日期、编号、业务内容摘要及金额逐项记入账内，做到数字准确、摘要清楚、登记及时、字迹工整。每一项经济业务，记入有关总账的同时要记入该总账所属的明细账。

（2）注明符号。记账完毕，要在记账凭证上签名或盖章，表示已经记账，避免重记、漏记。

（3）书写留空。账簿中书写要留二分之一的空格，一旦发生登记错误，便以更正。

（4）蓝黑墨水。要用蓝黑墨水或碳素墨水登记账簿，不得使用圆珠笔或铅笔书写。特殊情况下使用红色墨水登记，如冲销错误记录、画线等。

（5）顺序连续。应按账簿页次顺序连续登记，不得跳行、隔页。若不慎发生跳行、隔页，要划线注销，并由记账人员签名或盖章，以堵塞账簿登记中可能出现的漏洞。

（6）结出余额。结出余额的账户，应在“借或贷”栏内写明“借”或“贷”字样，表明余额在借方或贷方。没有余额的账户，应在“借或贷”栏内写“平”字，并在余额栏“元”位用“Ø”表示。

（7）过次承前。每一账页登记完毕结转下页时，应结出自月初至本页止的发生额合计数及余额写在下页第一行有关栏内，并在摘要栏注明“承前页”字样。

（8）更正错账。账簿登记发生错误，不得涂改、挖补、刮擦或用药水消除字迹，不准重新抄写账簿。更正方法有三种：

①划线更正法。当账簿登记错误而记账凭证没错时，在账簿的错误处划红线，红线上方用蓝字填写正确的，并在更正处签名盖章。

②红字冲销法。当记账凭证科目或金额错误，导致账簿记错时，先用红字填制一张与原错误记账凭证完全相同的记账凭证（摘要栏注明“注销某年某月某日某号凭证”），并据以用红字登记入账，冲销错误记录。然后用蓝字填制一张正确的记账凭证（摘要栏注明“订正某年某月某日某号凭证”），并据以用蓝字登记入账。

③调整更正法。当记账凭证科目正确，只是金额错误导致错账，可以将正确金额与错误金额之间的差额，另编一张调整的记账凭证，会计科目不变（摘要栏注明“调整某年某月某日某号凭证”），调增金额用蓝字，调减金额用红字，据以用蓝字或红字登记入账。

（三）会计账簿的登记方法

《农村集体经济组织会计制度》规定，统一使用“借贷记账法”记账。

（1）概念。借贷记账法是以“借”和“贷”为记账符号，反映会计要素增减变化的一种复式记账方法。

（2）理论依据。借贷记账法的理论依据是会计等式：资产＝负债＋所有者权益

（3）记账规则。有借必有贷，借贷必相等。

（4）试算平衡。常用的两个平衡公式：

①静态平衡：资产＝负债＋所有者权益

全部资产类账户借方余额合计＝全部负债类和所有者权益类账户贷方余额合计

②动态平衡：资产＝负债＋所有者权益＋（收入－费用）

全部账户本期借方发生额合计＝全部账户本期贷方发生额合计。

四、会计报表

简单地说，会计报表是反映村集体某一特定日期的财务状况、一定时期的经营成果以及有关经济活动情况的书面文件。做好会计报表工作，有利于政府和有关部门了解情况，加强指导和监督，为制定合理的农村经济政策、增加农民收入提供参考。

会计报表的编制必须做到数字真实、计算准确、内容完整、报送及时。

第三节　农村会计科目核算

2023 年 1 月 11 日，财政部办公厅发布《农村集体经济组织会计制度（征求意见稿）》，设置会计科目，共 33 个。其中 521“农业税附加返还收入”，该科目核算村集体经济组织收到的乡（镇）农税征收部门返还的农业税附加、牧业税附加等资金。目前，已取消该科目。可在这些总分类科目下设明细分类科目，称之为二级科目，如需要还可进一步设三级、四级科目。如应收款—应收 A 公司、应收张三等。

表 6-1　村集体经济组织会计科目

类别	科目编号	科目名称
资产类	101	现金
	102	银行存款
	111	短期投资
	112	应收款
	113	内部往来
	121	库存物资
	131	牲畜（禽）资产
	132	林木资产
	141	长期投资
	151	固定资产
	152	累计折旧
	153	固定资产清理
	154	在建工程
负债类	201	短期付款
	202	应付款
	211	应付工资
	212	应付福利费
	221	长期借款及应付款
	231	一事一议资金
	241	专项应付款
所有者权益类	301	资本
	311	公积公益金
	321	本年收益
	322	收益分配

续表

类别	科目编号	科目名称
成本类	401	生产（劳务）成本
损益类	501 502 511 522 531 541 551 561	经营收入 经营支出 发包及上交收入 补助收入 其他收入 管理费用 其他支出 投资收益

1. 借贷记账法的四个特征

（1）是复式记账法的一种（一笔业务至少要涉及两个会计科目）。

（2）以“有借必有贷，借贷必相等”作为记账规则。

（3）借和贷只是记账符号。

（4）借贷的真正含义由科目的类别决定：

资产、成本、费用：借增贷减。

负债、所有者权益、收入：贷增借减。

2. 权责发生制

强调业务是否发生，不强调款项是否收付。凡是当月发生的收入和费用，不论款项是否收付，均应记入当月。对于收入：只要是当月发生了销售行为，即使款项没有收到，也属于当月的收入（有没有收入，看销售行为是否发生）。对于费用：谁受益，谁负担，何时受益，何时负担，不受益，不负担（有没有费用，看当月是否受益）。

一、资产类科目核算

（一）现金、银行存款

1. 现金

（1）本科目核算村集体经济组织的库存现金。

（2）村集体经济组织应当严格按照国家有关现金管理的规定收支现金，超过库存现金限额的部分应当及时交存银行，并严格按照制度规定核算现金的各项收支业务。

（3）村集体经济组织收入现金时，借记本科目，贷记有关科目；支出现金时，借记有关科目，贷记本科目。

（4）本科目的期末借方余额，反映村集体经济组织实际持有的库存现金.

（5）现金有规定的使用范围，不允许超范围使用现金，现金有规定的库存限额，不允许超额存放现金，不允许白条抵库，不允许坐支现金。

2. 银行存款

（1）本科目核算村集体经济组织存入银行、信用社或其他金融机构的款项。

（2）村集体经济组织应当严格按照国家有关支付结算办法，正确进行银行存款收支业

务的结算，并按照本制度规定核算银行存款的各项收支业务。

（3）村集体经济组织将款项存入银行、信用社或其他金融机构时，借记本科目，贷记有关科目；提取和支出存款时，借记有关科目，贷记本科目。

（4）本科目应按银行、信用社或其他金融机构的名称设置明细科目，进行明细核算。

（5）本科目的期末借方余额，反映村集体经济组织实存在银行、信用社或其他金融机构的款项。

3. 现金、银行存款注意事项

（1）现金有规定的使用范围，不允许超范围使用现金。

（2）现金有规定的库存限额，不允许超额存入现金。

（3）不允许白条抵库发生现金支出时：

（4）现金支出时：

借：内部往来（村集体内部人员临时借款）

　　或应收款（村集体以外人员临时借款）

　　管理费用（村委会日常开支）

　　贷：现金

（5）发生现金溢余，并且无法支付：

借：现金

　　贷：其他收入—现金溢余

（6）发生现金短缺：

借：内部往来或应收款—应收现金短缺——××单位或个人（由有关责任人赔偿）

　　其他支出（××单位破产，此笔资金无法收回）

　　管理费用（无法查明原因）

贷：现金

（7）存在问题：某些村的现金余额是负数。

原因：个人垫付现金，未通过“内部往来”进行核算。解决方法：以村委会名义先暂借个人现金：

借：现金

　　贷：内部往来－某某

再支付现金：

借：管理费用等

　　贷：库存现金

（二）短期投资

（1）本科目核算村集体经济组织购入的各种能随时变现并且持有时间不准备超过一年（含一年）的股票、债券等有价证券等投资。

（2）村集体经济组织购入各种有价证券等进行短期投资时，按照实际支付的价款，借记本科目，贷记“现金”“银行存款”等科目；出售或到期收回有价证券等短期投资时，按实际收回的价款，借记“现金”“银行存款”等科目，按原账面价值，贷记本科目，实际收回价款与原账面价值的差额借记或贷记“投资收益”科目。

（3）本科目应按短期投资的种类设置明细科目，进行明细核算。

（4）本科目的期末借方余额，反映村集体经济组织实际持有的对外短期投资的成本。

（三）应收款

（1）本科目核算村集体经济组织与外单位和外部个人发生的各种应收及暂付款项。

（2）村集体经济组织因销售商品、提供劳务等而发生应收及暂付款项时，借记本科目，贷记“经营收入”“现金”“银行存款”等有关科目；收回款项时，借记“现金”“银行存款”等科目，贷记本科目。

（3）对确实无法收回的应收款项，按规定程序批准核销时，借记“其他支出”等科目，贷记本科目。

（4）本科目应按应收款的不同单位和个人设置明细科. 目，进行明细核算。

（5）本科止的期末余额，反映村集体经济组织应收回而未收和暂付的款项。

【例 1】1 月 2 日，某村销售给 A 公司农产品甲一批，取得价款合价 6000 元，尚未收到货款。农产品的成本为 5000 元。

借：应收款—A 公司　　6000 元

　　贷：经营收入—甲农产品　　6000 元

同时，结转成本

借：经营支出　　5000 元

　　贷：库存物资—甲农产品　　5000

1 月 10 日，某村收到上述农产品销售款 6000 元，当日存入银行。

借：银行存款　　6000

　　贷：应收款—A 公司　　6000

（四）内部往来

（1）本科目核算村集体经济组织与所属单位和农户的经济往来业务。

（2）村集体经济组织与所属单位和农户发生应收款项和偿还应付款项时，借记本科目，贷记“现金”“银行存款”等科目；收回应收款项和发生应付款项时，借记“现金”“银行存款”等科目，贷记本科目。

（3）村集体经济组织因所属单位和农户承包集体耕地、林地、果园、鱼塘等而发生的应收承包金或村（组）办企业的应收利润等，年终按经过批准的方案结算出本期所属单位和农户应交未交的款项时，借记本科目，贷记“发包及上交收入”科目；实际收到款项时，借记“现金”“银行存款”等科目，贷记本科目。

（4）村集体经济组织因筹集一事一议资金与农户发生的应收款项，在筹资方案经成员大会或成员代表大会通过时，按照筹资方案规定的金额，借记本科目，贷记“一事一议资金”科目；收到款项时，借记“现金”等科目，贷记本科目。

（5）本科目应按村集体经济组织所属单位和农户设置明细科目，进行明细核算。

（6）本科目各明细科目的期末借方余额合计数反映村集体经济组织所属单位和农户欠村集体经济组织的款项总额；期末贷方余额合计数反映村集体经济组织欠所属单位和农户的款项总额。各明细科目年末借方余额合计数应在资产负债表的“应收款项”项目内反映，年末贷方余额合计数应在资产负债表的“应付款项”项目内反映。

（7）内部往来的核算

①内部往来是村集体经济组织与所属单位和农户发生经济往来的款项。

【例 2】2 月 10 日，某村借给农户张三 1000 元。

借：内部往来—张三　　1000

　　贷：现金　　　　　　1000

②若还款时做相反的会计分录。

【例 3】某村 1 月 31 日结算村民李某欠村果园承包金 10000 元

③发生欠交承包金时：

借：内部往来　　10000

　　贷：发包及上交收入　　10000

④将来收款时

借：银行存款　10000

　　贷：内部往来　10000

【例 4】村集体暂借某村民 20000 元

借：现金 20000

　　贷：内部往来 20000

⑤归还村民借款 20000 元。

借：内部往来 20000

　　贷：现金 20000

期末内部往来的余额在借方表示村民欠村集体钱（是资产）。

期末内部往来的余额在贷方表示村集体欠村民钱（相当于负债）。

内部往来与应收款、应付款的区别：

为了保证“应收款”、“应付款”和“内部往来”的正确使用，《农村集体经济组织会计制度》明确规定：“应收款”科目核算村合作经济组织与外单位和外部个人发生的各种应收及暂付款项；“应付款”核算村集体经济组织与外单位和外部个人发生的各种应付及暂收款项等。“内部往来”科目核算村合作经济组织与所属单位和农户的经济往来业务。这也就是说，区分“应收款”“应付款”科目与" 内部往来" 科目核算的原则是看村合作经济组织发生的经济往来业务是来自内部还是外部。

（五）库存物资

（1）本科目核算村集体经济组织库存的各种原材料、农用材料、农产品、工业产成品等物资。包括种子、化肥、燃料、农药、原材料、机械零配件、低值易耗品、在产品、农产品和工业产成品等。

（2）村集体经济组织在购买或其他单位及个人投资投入的原材料、农用材料等物资验收入库时，借记本科目，贷记“现金”“银行存款”“应付款”“资本”等科目。会计期末，对已收到发票账单但尚未到达或尚未验收入库的购入物资，借记本科目，贷记“应付款”科目。

（3）村集体经济组织生产的农产品收获入库或工业产成品完工入库时，按照其实际成本，借记本科目，贷记“生产（劳务）成本”科目。

（4）库存物资领用时，借记“生产（劳务）成本”“应付福利费”“在建工程”等科目，贷记本科目。

（5）库存物资销售时，按实现的销售收入，借记“现金”“银行存款”等科目，贷记

“经营收入”科目；按照销售物资的实际成本，借记“经营支出”科目，贷记本科目。

（6）村集体经济组织的库存物资应定期盘点清查，发现物资盘盈时，经审核批准后，借记本科目，贷记“其他收入”科目；出现盘亏和毁损时，经审核批准后，按照应由责任人或保险公司赔偿的金额，借记“应收款”“内部往来”等科目，将扣除过失人或保险公司应赔偿金额后的净损失，借记“其他支出”科目，贷记本科目。

（7）本科目应按库存物资的品名设置明细科目，进行明细核算。

（8）本科目的期末借方余额，反映村集体经济组织库存物资的实际成本。

（9）存货按照下列原则计价：购入的物资按照买价加运输费、装卸费等费用、运输途中的合理损耗以及相关税金等计价。

（六）牲畜（禽）资产

（1）本科目核算村集体经济组织购入或培育的牲畜（禽）的成本。本科目设置“幼畜及育肥畜”和“产役畜”两个二级科目。

（2）村集体经济组织购入幼畜及育肥畜时，按购买价及相关税费，借记本科目（幼畜及育肥畜），贷记“现金”“银行存款”等科目；发生的饲养费用，借记本科目（幼畜及育肥畜），贷记“应付工资”“库存物资”等科目。

（3）幼畜成龄转作产役畜时，按实际成本，借记本科目（产役畜），贷记本科目（幼畜及育肥畜）。

（4）产役畜的饲养费用不再记入本科目，借记“经营支出”科目，贷记“应付工资”“库存物资”等科目。

（5）产役畜的成本扣除预计残值后的部分应在其正常生产周期内，按照直线法分期摊销，借记“经营支出”科目，贷记本科目（产役畜）。

（6）幼畜及育肥畜和产役畜对外销售时，按照实现的销售收入，借记“现金”“银行存款”等科目，贷记“经营收入”科目；同时，按照销售牲畜的实际成本，借记“经营支出”科目，贷记本科目。

（7）以幼畜及育肥畜和产役畜对外投资时，按照合同、协议确定的价值，借记“长期投资”等科目，贷记本科目，合同或协议确定的价值与牲畜资产账面价值之间的差额借记或贷记“公积公益金”科目。

（8）牲畜死亡毁损时，按规定程序批准后，按照过失人及保险公司应赔偿的金额，借记“应收款”“内部往来”等科目，如发生净损失，则按照扣除过失人和保险公司应赔偿金额后的净损失，借记“其他支出”科目，按照牲畜资产的账面价值，贷记本科目；如产生净收益，则按照牲畜资产的账面价值，贷记本科目，同时按照过失人及保险公司应赔偿金额超过牲畜资产账面价值的金额，贷记“其他收入”科目。

（9）本科目应按牲畜（禽）的种类设置明细科目，进行明细核算。

（10）本科目的期末借方余额，反映村集体经济组织幼畜及育肥畜和产役畜的账面余额。

（七）林木资产

（1）本科目核算村集体经济组织购入或营造的林木的成本。本科目设置“经济林木”和“非经济林木”两个二级科目。

（2）村集体经济组织购入经济林木时，按购买价及相关税费，借记本科目（经济林

木)，贷记“现金”“银行存款”等科目；购入或营造的经济林木投产前发生的培植费用，借记本科目（经济林木)，贷记“应付工资”“库存物资”等科目。

(3）经济林木投产后发生的管护费用，不再记入本科目，借记“经营支出”科目，贷记“应付工资”“库存物资”等科目。

(4）经济林木投产后，其成本扣除预计残值后的部分应在其正常生产周期内，按照直线法摊销，借记“经营支出”科目，贷记本科目（经济林木)。

(5）村集体经济组织购入非经济林木时，按购买价及相关税费，借记本科目（非经济林木)，贷记“现金”“银行存款”等科目；购入或营造的非经济林木在郁闭前发生的培植费用，借记本科目（非经济林木)，贷记“应付工资”“库存物资”等科目。

(6）非经济林木郁闭后发生的管护费用，不再记入本科目，借记“其他支出”科目，贷记“应付工资”“库存物资”等科目。

(7）按规定程序批准后，林木采伐出售时，按照实现的销售收入，借记“现金”“银行存款”等科目，贷记“经营收入”科目；同时，按照出售林木的实际成本，借记“经营支出”科目，贷记本科目。

(8）以林木对外投资时，按照合同、协议确定的价值，借记“长期投资”等科目，贷记本科目，合同或协议确定的价值与林木资产账面价值之间的差额借记或贷记“公积公益金”科目。

(9）林木死亡毁损时，按规定程序批准后，按照过失人及保险公司应赔偿的金额，借记“应收款”“内部往来”等科目，如发生净损失，则按照扣除过失人和保险公司应赔偿金额后的净损失，借记“其他支出”科目，按照林木资产的账面价值，贷记本科目；如产生净收益，则按照林木资产的账面价值，贷记本科目，同时按照过失人及保险公司应赔偿金额超过林木资产账面价值的金额，贷记“其他收入”科目。

(10）本科目应按林木的种类设置明细科目，进行明细核算。

(11）本科目的期末借方余额，反映村集体经济组织购入或营造林木的账面余额。

(八）长期投资

(1）本科目核算村集体经济组织不准备在一年内（不含一年）变现的投资，包括股票投资、债券投资和村集体经济组织举办企业等投资。

(2）村集体经济组织以现金或实物资产（含牲畜和林木）等方式进行长期投资时，按照实际支付的价款或合同、协议确定的价值，借记本科目，贷记“现金”“银行存款”等科目，合同或协议约定的实物资产价值与原账面价值之间的差额，借记或贷记“公积公益金”科目。

(3）收回投资时，按实际收回的价款或价值，借记“现金”“银行存款”等科目，按投资的账面价值，贷记本科目，实际收回价款或价值与原账面价值的差额借记或贷记“投资收益”科目。

(4）被投资单位宣告分配现金股利或利润时，借记“应收款”科目，贷记“投资收益”科目；实际收到现金股利或利润时，借记“现金”“银行存款”等科目，贷记“应收款”科目。

(5）投资发生损失时，按规定程序批准后，按照应由责任人和保险公司赔偿的金额，借记“应收款”“内部往来”等科目，按照扣除由责任人和保险公司赔偿金额后的净损失，借记“投资收益”科目，按照发生损失的投资的账面金额，贷记本科目。

(6) 本科目应按长期投资的种类设置明细科目，进行明细核算。

(7) 本科目的期末借方余额，反映村集体经济组织对外长期投资的实际成本。

(九) 固定资产

村集体经济组织的房屋、建筑物、机器、设备、工具、器具和农业基本建设设施等劳动资料，凡使用年限在一年以上，单位价值在500元以上的列为固定资产。有些主要生产工具和设备，单位价值虽低于规定标准，但使用年限在一年以上的，也可列为固定资产。

1. 固定资产的入账原则（三合一：买价＋税款＋手续费）

(1) 购入的固定资产，不需要安装的，按实际支付的买价加采购费、包装费、运杂费、保险费和交纳的有关税金等计价；需要安装或改装的，还应加上安装费或改装费。

(2) 新建的房屋及建筑物、农业基本建设设施等固定资产，按竣工验收的决算价计价。

(3) 接受捐赠的固定资产，应按发票所列金额加上实际发生的运输费、保险费、安装调试费和应支付的相关税金等计价；无所附凭据的，按同类设备的市价加上应支付的相关税费计价。

(4) 在原有固定资产基础上进行改造、扩建的，按原有固定资产的价值，加上改造、扩建工程而增加的支出，减去改造、扩建工程中发生的变价收入计价。

(5) 投资者投入的固定资产，按照投资各方确认的价值计价。

(6) 盘盈的固定资产，按同类设备的市价计价。

某村集体经济组织以银行存款购入不需要安装的收割机一台，发票价格9600元，支付运费400元。

借：固定资产—收割机　10000

　　贷：银行存款　10000

某村集体经济组织购入需要安装的机床一台，发票价格10万元，支付包装费6000元，运费2000元，以银行存款付讫，另支付安装人工费2000元。

①设备安装前：

借：在建工程—机床　10800

　　贷：银行存款　　10800

②设备交付安装的工资费用：

借：在建工程—机床　2000

　　贷：应付工资　　2000

③设备晚装完毕：

借：固定资产—机床　110000

　　贷：在建工程—机床　110000

2. 固定资产更新改造

【例5】某村集体经济组织委托某建筑公司改建一栋房屋，该房屋原值12万元，已计提折旧2万元。用银行存款支付改建费用4万元，改建中残料收入1万元存入银行。

(1) 房屋交付改建时：

借：在建工程 100000

累计折旧 20000

　　贷：固定资产－生产用固定资产—房屋　120000

（2）支付改建费用

借：在建工程—房屋改建 40000

　　贷：银行存款　　40000

（3）收到残料收入

借：银行存款 10000

　　贷：在建工程—房屋改建　10000

（4）房屋改建完工，交付使用

借：固定资产　130000

　　贷：在建工程—房屋改建　130000

（十）累计折旧

（1）本科目核算村集体经济组织所有的固定资产计提的累计折旧。

（2）生产经营用的固定资产计提的折旧，借记“生产（劳务）成本”科目，贷记本科目；管理用的固定资产计提的折旧，借记“管理费用”科目，贷记本科目；用于公益性用途的固定资产计提的折旧，借记“其他支出”科目，贷记本科目。

（3）本科目的期末贷方余额，反映村集体经济组织提取的固定资产折旧累计数。

注意：累计折旧是固定资产的备抵科目，与固定资产的方向相反，是资产类科目，但贷增借减。

固定资产－累计折旧＝固定资产账面价值

1. 固定资产的折旧

村集体经济组织必须建立固定资产折旧制度，按年或按季、按月提取固定资产折旧。固定资产的折旧方法可在“年限平均法”“工作量法”等方法中任选一种，但是一经选定，不得随意变动。《中华人民共和国企业所得税暂行条例及实施细则》第三十一条：残值比例在原价的5％以内，由企业自行确定。按照现行财务制度的规定，一般固定资产的净残值率在3％－5％之间村集体经济组织当月增加的固定资产，当月不提折旧，从下月起计提折旧；当月减少的固定资产，当月照提折旧，从下月起不提折旧。

2. 年限平均法

年限平均法又称为直线法，是将固定资产的折旧均衡地分摊到各期的一种方法。采用这种方法计算的每期折旧额均是等额的。计算公式如下：

$$\text{固定资产年折旧率}=\frac{\text{固定资产年折旧额}}{\text{固定资产原值}}\times 100\%$$

$$\text{或，固定资产年折旧率}=\frac{1-\text{净残值率}}{\text{折旧年限}}\times 100\%$$

固定资产月折旧率＝固定资产年折旧率/12

$$\text{固定资产年折旧额}=\frac{\text{固定资产原值}-\text{预计净残值}}{\text{预计使用年限}}$$

固定资产 月折旧额＝固定资产年折旧额/12

采用平均年限法计算固定资产折旧虽然简单，但也存在一些局限性。例如，固定资产在不同使用年限提供的经济效益不同，平均年限法没有考虑这一事实。又如，固定资产在不同使用年限发生的维修费用也不一样，平均年限法也没有考虑这一因素。

村集体经济组织的下列固定资产应当计提折旧：①房屋和建筑物；②在用的机械、机器设备、运输车辆、工具器具；③季节性停用、大修理停用的固定资产；④融资租入和以经营租赁方式租出的固定资产。

3. 固定资产折旧年限

（1）房屋、建筑物，为 20 年。

（2）飞机、火车、轮船、机器、机械和其他生产设备，为 10 年。

（3）与生产经营活动有关的器具、工具、家具等，为 5 年。

（4）飞机、火车、轮船以外的运输工具，为 4 年。

（5）电子设备，为 3 年。

某村集体经济组织上月购入一台收割机，本月应集体折旧，原值为 10000 元，预计使用年限 10 年，预计净残值 4%。

收割机年折旧额＝（10000－10000×4%）/10＝960 元

该月折旧额＝960÷12＝80 元

借：经营支出　80

　　贷：累计折旧　80

另：公益性用途，如小学、养老院等

借：其他支出

　　贷：累计折旧

与折旧有关的账务处理：

借：经营支出（经营用的设备）

　　管理费用（日常管理用的设备）

　　其他支出（公益性用途，如小学、养老院）80

　　贷：累计折旧 80

4. 固定资产与累计折旧的关系

（1）固定资产（形状固定、方向固定、金额固定）核算购买时的原值，一般在借方，其账面原值不变。

（2）累计折旧：反映设备从买来到现在累计计提的折旧额，其余额在不断的增加，累计折旧是固定资产的备抵科目，与固定资产的方向相反，累计折旧一般在贷方，累计折旧是资产类科目，但贷增借减。

（3）公式：固定资产（借）－累计折旧（贷）＝固定资产的净值（账面价值）10000－80×24＝8080

（十一）固定资产清理

（1）本科目核算村集体经济组织因出售、报废和毁损等原因转入清理的固定资产净值及其在清理过程中所发生的清理费用和清理收入。

（2）出售、报废和毁损的固定资产转入清理时，按固定资产账面净值，借记本科目，

按照应由责任人和保险公司赔偿的金额，借记“应收款”“内部往来”等科目，按已提折旧，借记“累计折旧”科目，按固定资产原价，贷记“固定资产”科目。

（3）按照发生的清理费用，借记本科目，贷记“现金”“银行存款”等科目；按照出售固定资产的价款和残值收入，借记“现金”“银行存款”等科目，贷记本科目。

（4）清理完毕后发生的净收益，借记本科目，贷记“其他收入”科目；清理完毕后发生的净损失，借记“其他支出”科目，贷记本科目。

（5）本科目应按被清理的固定资产设置明细科目，进行明细核算。

（6）本科目的期末余额，反映村集体经济组织转入清理但尚未清理完毕的固定资产净值，以及固定资产清理过程中所发生的清理费用和变价收入等各项金额的差额

（7）固定资产清理的账务处理流程：“固定资产清理”是资产类账户，用来核算单位因出售、报废和毁损等原因转入清理的固定资产价值以及在清理过程中所发生的清理费用和清理收入。借方登记固定资产转入清理的净值和清理过程中发生的费用；贷方登记出售固定资产的取得的价款、残料价值和变价收入。其贷方余额表示清理后的净收益；借方余额表示清理后的净损失。清理完毕后净收益转入其他收入；净损失转入其他支出。转入其他收入和其他支出后，固定资产清理没有余额。“固定资产清理”账户应按被清理的固定资产设置明细账。

（8）固定资产清理核算程序

某设备原值6万元，预计使用5年，2年后将该设备出售，支付清理费1200元，取得变卖收入4万元。

①出售、报废和毁损的固定资产转入清理时：

借：固定资产清理（转入清理的固定资产账面价值）36000

累计折旧（已计提的折旧）　　　　　　　　　24000

　　贷：固定资产（固定资产的账面原价）60000

②发生清理费用时，

借：固定资产清理　　1200

　　贷：银行存款　　1200

③收回出售固定资产的价款、残料价值和变价收入等时，

借：银行存款　　40000

　　库存物资

　　贷：固定资产清理　　40000

④应由保险公司或过失人赔偿时，

借：其他应收款

　　贷：固定资产清理

⑤进行总结（让固定资产清理没有余额）如果是净收益：转入其他收入，如果是净损失：转入其他支出

a. 固定资产清理后的净收益，

借：固定资产清理 2800

　　贷：其他收入 2800

b. 固定资产清理后的净损失，

借：其他支出

　　贷：固定资产清理

（十二）在建工程

（1）本科目核算村集体经济组织进行工程建设、设备安装、农业基本建设设施大修理等发生的实际支出。购入不需要安装的固定资产，不通过本科目核算。

（2）发生购买待安装设备的原价及运输、保险、采购费用，为建筑和安装固定资产及兴建农业基本建设设施购买专用物资及支付各项工程费用，借记本科目，贷记“现金”“银行存款”“应付款”“库存物资”等科目。

（3）购建固定资产过程中发生的劳务投入，凡属于一事一议筹劳且不需支付劳务报酬的，按当地劳务价格标准作价，借记本科目，贷记“公积公益金”科目；支付劳务报酬的，按实际支付的款项，借记本科目，贷记“应付工资”“内部往来”等科目；收到以劳务形式投资时，按当地劳务价格标准作价，借记本科目，贷记“资本”科目。

（4）购建和安装完成并交付使用固定资产时，借记“固定资产”科目，贷记本科目。

（5）工程完成未形成固定资产时，借记“经营支出”“其他支出”等科目，贷记本科目。

（6）本科目应按工程项目设置明细科目，进行明细核算。

（7）本科目的期末借方余额，反映村集体经济组织尚未完工或虽已完工但尚未办理竣工决算的工程项目实际支出。

（8）一程竣工后形成固定资产的一定要转入固定资产科目核算。

二、负债类科目核算

（一）短期借款

（1）本科目核算村集体经济组织购入的各种能随时变现并且持有时间不准备超过一年（含一年）的股票、债券等有价证券等投资。

（2）村集体经济组织购入各种有价证券等进行短期投资时，按照实际支付的价款，借记本科目，贷记“现金”“银行存款”等科目；出售或到期收回有价证券等短期投资时，按实际收回的价款，借记“现金”“银行存款”等科目，按原账面价值，贷记本科目，实际收回价款与原账面价值的差额借记或贷记“投资收益”科目。

（3）本科目应按短期投资的种类设置明细科目，进行明细核算。

（4）本科目的期末借方余额，反映村集体经济组织实际持有的对外短期投资的成本。

（5）本科目核算村集体经济组织从银行、信用社和有关单位、个人借入的期限在一年以下（含一年）的各种借款。

某村，4 月 1 日向农业银行借入一笔期限为 6 个月的借款为 5 万元，年利率 6%，到期一次还本付息。

借：银行存款　　　　　　50000

　　贷：短期借款—农业银行　50000

4 月末计提利息。

借：其他支出　　　250（50000×6%/12）

　　贷：应付款—应计利息　　250

9月30日，偿还本金及利息

借：短期借款—农村信用社　5000

　　应付款—应计利息　　　250

　　贷：银行存款　　50250

（二）应付款

（1）本科目核算村集体经济组织与外单位和外部个人发生的偿还期在一年以下（含一年）的各种应付及暂收款项等。

（2）村集体经济组织发生以上应付及暂收款项时，借记“现金”“银行存款”“库存物资”等科目，贷记本科目；偿付应付及暂收款项时，借记本科目，贷记“现金”“银行存款”等科目。

（3）发生确实无法支付的应付款项时，借记本科目，贷记“其他收入”科目。

（4）本科目应按应付款的不同单位和个人设置明细科目，进行明细核算。

（5）本科目的期末贷方余额，反映村集体经济组织应付而未付及暂收的款项。

某村，3月7日，从A种子公司购买小麦种子1000公斤，每公斤5元，合计5000元，款项未支付；另以现金支付运费150元。

借：库存物资—小麦种　5150

　　贷：应付款—A种子公司　5000

现金　　　　　　　150

3月28日，某村以银行存款支付上述款项。

借：应付款—A种子公司　5000

　　贷：银行存款　　5000

存在问题：某些村应收款与应付款余额为负数。

原因：应收款反映：应收及预付款项，不能反映预收款项（预收款项应在应付款科目中反映）。

应付款反映：应付及预收款项，不能反映预付款项（预付款项应在应收款科目中反映）。

解决方法：对应收款和应付款的明细科目进行分析并进行相应的调整，正确使用应收款和应付款。(应收款余额应在借方，应付款余额应在贷方)。

（三）应付工资

（1）本科目核算村集体经济组织应付给其管理人员及固定员工的报酬总额。上述人员的各种工资、奖金、津贴、福利补助等，不论是否在当月支付，都应通过本科目核算。村集体经济组织应付给临时员工的报酬，不通过本科目核算，在“应付款”或“内部往来”科目中核算。

（2）村集体经济组织按照经过批准的金额提取工资时，根据人员岗位，分别借记“管理费用”“生产（劳务）成本”“牲畜（禽）资产”“林木资产”“在建工程”等科目，贷记本科目。

（3）按规定程序批准后，实际发放工资时，借记本科目，贷记“现金”等科目。

（4）本科目应设置“应付工资明细账”，按照管理人员和员工的类别及应付工资的组成内容进行明细核算。

(5) 本科目的期末贷方余额，反映村集体经济组织已提取但尚未支付的工资额。

村级集体经济组织计提工资，原则上分的很细。

①管理人员

借：管理费用

　　贷：应付工资

②林木资产管理人员

培植过程

借：林木资产

　　贷：应付工资

管护过程

借：经营支出（经营林木）

　　其他支出（非经济林木）

　　贷：应付工资

③在建工程

借：在建工程

　　贷：应付工资

④医护人员

借：应付福利费

　　贷：应付工资

某村集体经济组织月末按照批准的工资标准，提取村委管理人员工资3000元。

借：管理费用　3000

　　贷：应付工资　3000

提取现金3000元，发工资。

借：现金　3000

　　贷：银行存款　3000

借：应付工资　3000

　　贷：现金　3000

（四）应付福利费

(1) 应付福利费：村集体经济组织从收益中提取，用于集体福利、文教、卫生等方面的福利费，包括照顾烈军属、五保户、困难户的支出，计划生育支出，农民因公伤亡的医药费、生活补助及抚恤金等。

(2) 村集体经济组织按照经批准的方案，从收益中提取福利费时，借记“收益分配”科目，贷记本科目；发生上述支出时，借记本科目，贷记“现金”“银行存款”等科目。

(3) 本科目应按支出项目设置明细科目，进行明细核算。

(4) 本科目的期末贷方余额，反映村集体经济组织已提取但尚未使用的福利费金额。如为借方余额，反映本年福利费超支数；按规定程序批准后，应按规定转入“公积公益金”科目的借方，未经批准的超支数额，仍保留在本科目借方。

年末提取福利费：

借：收益分配—各项分配

　　贷：应付福利费

存在问题：某些村应付福利费余额为负数。

原因：没有计提应付福利费。

平时发生福利支出时：

借：应付福利费

　　贷：银行存款

解决方法：

补提福利费（让应付福利费年末余额为 0）

借：收益分配—各项分配

　　贷：应付福利费

（五）长期借款及应付款

（1）本科目核算村集体经济组织从银行、信用社和有关单位、个人借入的期限在一年以上（不含一年）的借款及偿还期在一年以上（不含一年）的应付款项。

（2）村集体经济组织发生长期借款及应付款项时，借记"现金""银行存款""库存物资"等科目，贷记本科目；归还和偿付长期借款及应付款项时，借记本科目，贷记"现金""银行存款"科目。发生长期借款的利息支出，借记"其他支出"科目，贷记"现金""银行存款"等科目。

（3）发生确实无法偿还的长期借款及应付款时，借记本科目，贷记"其他收入"科目。

（4）本科目应按借款及应付款单位和个人设置明细科目，进行明细核算。

（5）本科目的期末贷方余额，反映村集体经济组织尚未偿还的长期借款及各种应付款项。

（六）"一事一议"资金

1. 一事一议

一事一议筹资筹劳，是 2000 年农村税费改革初期，适应改革村提留征收使用办法、取消统一规定的"两工"（积累工和义务工）而作出的制度安排，是推进农村基层民主政治建设、提高民主管理水平和充分调动广大农民积极性的一项有效措施。是指为兴办村民直接受益的集体生产生活等公益事业，按照规定，经民主程序确定的村民出资出劳的行为。

2. 为什么要通过一事一议筹资筹劳

取消农业税后，国家规定，村干部报酬、五保户供养、办公经费改由财政负担，乡、村两级的九年制义务教育、计划生育、优抚、民兵训练以及修建乡级道路、中小学危房改造资金由政府预算安排。但村内其他集体生产公益事业建设所需资金、劳务，实行村民一事一议，通过村民民主决策、筹资筹劳的方式来解决。一方面，中央财政不可能覆盖到所有地方；另一方面，在国家不断强化支农惠农政策的同时，必须充分发挥广大农民的积极性和创造性并发扬自力更生、艰苦奋斗的精神来改善自身生产生活条件。

3. 资金筹措的原则

（1）资金筹措的原则。①量力而行，②村民受益③民主决策，④上限控制。

（2）特殊政策：对“五保户”、现役军人不承担筹资筹劳任务；退出现役的伤残军人、在校就读的学生、孕妇或者分娩未满一年的妇女不承担筹劳任务。

4. 一事一议筹资筹劳的适用范围

村内道路硬化、村内小型水利、村内人畜饮水工程、需要村民筹资的电力设施、村内公共环卫设施、村内公共绿化、村民认为需要兴办的村内其他集体生产生活等其他公益事业项目。

5. 筹资筹劳方案的形成

召开村民会议，应当有本村18周岁以上的村民过半数参加，或者有本村2/3以上农户的代表参加。召开村民代表会议，应当有代表2/3以上农户的村民代表参加。

村民会议所做筹资筹劳方案应当经到会人员的过半数通过。村民代表会议表决时按一户一票进行，所做方案应当经到会村民代表所代表的户过半数通过。

村民会议或者村民代表会议表决后形成的筹资筹劳方案，由参加会议的村民或者村民代表签字。

6. 所筹资金和劳务

如何在村民中分摊，分摊的主要形式有：（1）按村内人口分摊。（2）按受益人口分摊。（3）按劳动力分摊。（4）按承包地分摊等。

7. 村级一事一议财政奖补工作程序

一事一议财政奖补工作程序坚持先批后建、建补同行、自下而上、分级负责的原则。

（1）项目建设申请。

（2）奖补资金申请。

（3）奖补资金的拨付。

8. “一事一议”资金的使用管理

（1）单独设立账户，单独核算，专款专用。村民主理财小组要负责对筹资筹劳实行事前、事中、事后全程监督，并定期张榜公布，接受村民监督。

（2）要保护好“一事一议”资金的安全完整，任何单位或者个人不得平调、挪用“一事一议”所筹的资金。同时，国家规定，任何机关或者单位不得以检查、评比、考核等形式，要求村民或者村民委员会组织筹资筹劳，开展达标升级等活动；任何单位或者个人也不得擅自立项或者提高标准向村民筹资筹劳。

（3）注重资金的合理运用和使用效果。

村级一事一议项目资金核算会计科目按其详细程度在原有村集体经济组织一级会计科目下增设二级科目。一是在“银行存款”科目下增设“一事一议资金存款”二级科目，以便对一事一议资金实行专户储存、专户管理。二是在“一事一议资金”科目下增设“村民筹资、村民筹劳、财政奖补、部门帮扶、社会捐赠、集体投入、资金结余”等7个二级科目，以便对一事一议项目资金实行专账核算。三是在一事一议项目实施过程中，其会计处理一般还要涉及内部往来、其他支出、在建工程、固定资产、公积公益金、库存物资等会计科目。这样既保证了村集体经济组织账务的完整性、权威性，又体现出了一事一议项目资金的专账核算与专项管理的要求。

9. 会计处理方法

村集体一事一议资金筹集的会计处理。

(1)“一事一议”筹资筹劳方案经村民大会或村民代表会议讨论通过，报乡镇政府审核，区级复审后，按照权责发生制原则进行会计处理。按批准的筹资标准，作会计分录：

借：内部往来——筹资农户

　　贷：一事一议资金——农户筹资

按批准的筹劳标准，依据当地正常劳务价格，作会计分录：

借：内部往来——筹劳农户

　　贷：一事一议资金——农户筹劳

(2) 收到农户交来的筹资款时，作会计分录：

借：银行存款——一事一议资金存款

　　贷：内部往来——农户筹资（按农户筹资部分）

(3) 收到社会捐赠及部门帮扶的资金、物资时，作会计分录：

借：银行存款——一事一议资金存款

借：库存物资

　　贷：一事一议资金——社会捐赠

　　贷：一事一议资金——部门帮扶

(4) 收到集体弥补一事一议资金时，作会计分录：

借：银行存款——一事一议资金存款

　　贷：一事一议资金——集体投入

(5) 收到财政奖补资金时，做会计分录：

借：银行存款——一事一议资金存款

　　贷：一事一议资金——财政奖补

村集体一事一议资金使用的会计处理。

(1) 以银行存款为一事一议项目建设购买材料等时，作会计分录：

借：库存物资、在建工程等科目

　　贷：银行存款——一事一议资金存款

(2) 在使用村民“一事一议”筹劳进行村级公益事业项目建设时，按当地正常劳务价格标准，作会计分录：

借：在建工程

　　贷：内部往来——农户筹劳

(3) 项目完工验收，结转工程成本，作会计分录：

借：固定资产（项目完工后能形成固定资产时）

或借：其他支出（项目完工后不能形成固定资产时）

　　贷：在建工程。

村集体一事一议资金结转的会计处理。

(1) 一事一议项目完工验收，按工程决算成本结转一事一议资金，作会计分录为：

借：一事一议资金——农户筹资

　　——农户筹劳

——财政奖补

——社会捐赠

——部门帮扶

——集体投入

贷：公积公益金

一事一议项目完工验收结转一事一议资金时，以工程决算的总成本为标准，按农户筹资、农户筹劳、财政奖补、社会捐赠、部门帮扶、集体投入的顺序进行结转。

（2）当用“一事一议”筹资筹劳建设某一项目完工后仍有结余，即“一事一议资金”科目有贷方余额，这时应作会计分录：

借：一事一议资金——×××（账面中结余的二级科目）

贷：一事一议资金——资金结余

对于结余的资金，可以退还农户。讨论决定退还时，作会计分录：

借：一事一议资金——小学工程－村民筹资 5000

贷：内部往来——筹资农户 5000

实际退还时，作会计分录：

借：内部往来——筹资农户 5000

贷：银行存款——一事一议资金存款 5000

对于结余的资金，也可以不做账务处理，留转以后公益项目使用。）

如果不退还农户，留作其他公益项目使用，结转结余资金时，作会计分录：

借：一事一议资金——小学工程－村民筹资 5000

贷：一事一议资金——资金结余 5000.00

业务举例。

2013 年 6 月 10 日上进村集体经济组织通过成员大会决定，通过“一事一议”方式筹资修建本村的小学，按照预算每人筹资 10 元，共计为 140000 元。6 月 15 日上述一事一议款项收回 140000 元。6 月 20 日工程开工至 8 月 15 日完工，施工中共支用筹资款 135000 元，将本次实际支出全部转为集体积累。

（1）6 月 10 日，筹资方案审核批准时：

借：内部往来　140 000

贷：一事一议资金—小学工程—村民筹资 140 000

（2）6 月 15 日，收到筹资款时：

借：现金　　140 000

贷：内部往来　140 000

（3）将筹资款存入银行：

借：银行存款－－一事一议资金　　140 000

贷：现金　　　　　　　　140 000

（4）工程完工向施工方支付工程款时：

借：在建工程——小学工程　　135 000

贷：银行存款－－一事一议资金　135 000

（5）工程完工，结转固定资产：

借：固定资产——学校　　135 000

　　贷：在建工程——小学工程　135 000

(6) 将实际支付的“一事一议”资金转为集体积累：

借：一事一议资金－小学工程－村民筹资 135 000

　　贷：公积公益金　　135 000

(10) 注意事项

①凡属于村级一事一议工程建设的各项资金，都必须通过“一事一议资金账户”进行核算。可根据实际需要在一级账户下依次设置二级账户、三级账户，这样既能完整地反映其资金的来龙去脉，又能一目了然。

②若一事一议筹资筹劳项目超支时，可在不新增村级债务基础上，经村民大会或村民代表会议讨论通过，其超支金额可在集体积累或费用开支中予以列支。

③对一事一议筹资建设项目全部完工并验收合格的余款处理，余额较大时应及时退还给农户；余额较小时必须经村民同意或村民代表同意，结转用于本村其它一事一议筹资项目。

④通过全程公开广泛接受群众监督。村民委员会应有 3—5 人的村务监督委员会成员，对本村一事一议筹集的资金、劳务使用情况和财政奖补资金情况进行事前、事中、事后的全程监督。其收支结果必须经民主理财小组集体审核后，定期在村务公开专栏张榜公示。以确保村民义务分摊公平合理，筹集资金得到专款专用，充分发挥筹集、奖补资金的使用效益。

存在问题：某些村一事一议资金余额在贷方特别的大，某些村余额是负数（在借方）原因：贷方余额特别的大：已经了结的一事一议工程，没有将实际支付的“一事一议资金”“转入”“公积公益金”中。

解决方法：将贷方余额转入公积公益金中。

原因：某些村余额是负数（在借方）：村民筹资没有配套到位，也没有通过内部往来挂账。

解决方法：筹资方案审核批准时：

借：内部往来

　　贷：一事一议资金

村集体先行垫付资金的一事一议工程的账务处理：

将财政应奖补的款到位资金记入应收款：

借：应收款

　　贷：一事一议资金－某工程

将村民筹资未到位的资金记入内部往来

借：内部往来：

　　贷：一事一议资金－某工程

一事一议工程完工后：

将实际支付的资金转入公积公益金：

借：一事一议资金－某工程

　　贷：公积公益金

将在建工程转入固定资产

借：固定资产－某工程

　　贷：在建工程－某工程

收到财政奖补资金后：

借：银行存款

　　贷：应收款

（七）专项应付款

专项应付款是村集体经济组织收到财政、其他有关部门和社会团体拨入的具有特定用途的各项专项资金。《农村集体经济组织会计制度》在会计科目附注中提到，有接受国家拨入的具有专门用途的拨款的，可增设“专项应付款”科目。随着社会主义新农村建设的不断推进，各级财政以项目资金的形式支持新农村建设的力度越来越大。项目资金涉及到农村水、电、路等基础设施、村庄整治、农业综合开发和产业化建设等方面，已成为新农村建设的主要资金来源，初步实现了党和各级政府提出的“工业反哺农业、城市支持农村”的工作方略和目标，对推进新农村建设发挥了积极的作用。若要正确核算就应当增设“专项应付款”科目。本科目应按专项应付款种类设置明细账，进行明细核算。

村集体补助收入与专项应付款的区别和联系。

《农村集体经济组织会计制度》规定，补助收入是指村集体经济组织收到财政、其他有关部门和社会团体的各项补助资金。专项应付款是村集体经济组织收到财政、其他有关部门和社会团体拨入的具有特定用途的各项专项资金。虽说补助收入和专项应付款都是指村集体经济组织收到的财政、其他有关部门和社会团体拨入的资金。二者的共性就是无需偿还，但仍存在诸多差异：

1. 拨款界定内容不同

专项应付款一般在拨款时，就明确为某某项目资金，如“能源村建设资金”“示范村建设资金”和“水利建设资金”等；而且其拨款部门不仅包括国家财政部门，同时也包括其他部门，如农业部门、水利部门、林业部门等，还包括国有企业。而补助收入一般由财政等部门拨入，不明确限定专门用途，一般以“某某补助款”的形式出现。

2. 拨款时间顺序不同

专项应付款的拨款时间一般是先拨款后建设。这里的“先拨款”包含两种意思：一是在实施项目前资金已拨付到村；二是虽未拨付村但已列入财政预算或列入拨付计划。这是因为，专项应付款同时也是国家的专项资金，如无特殊情况，该资金不得改变用途，对该资金的拨付，国家有明确的规定，财政等部门无权决定资金的去向，只能加强管理。而“补助收入”基本上都是村集体先完成某个项目，后由财政等部门根据该村的实际情况适当地予以补助，是否补助完全取决于财政等有关部门。由于其性质完全属于补偿性质，是财政等部门的自有资金。

3. 拨款资金性质不同

从性质上讲，补助收入属于收益性收支，专项应付款属于资本性收支。所谓收益性收支是指该项收支的发生为了取得本期收益，即仅仅与本期收益有关。收益性收支计入当期收益，列入村集体经济组织的收益分配表，以正确计算会主体的当期的收益成果。村集体

经济组织行政方面的开支，只涉及一个会计年度，属于收益性支出，其上级拨入的款项是收益性补助；所谓资产性收支是指该项收支的发生不仅与本期收益有关，而且与后续会计期间的收益有关，或者主要是与以后各会计期间有关。资产性收支列入村集体经济组织资产负债表，作为所有者权益或资产，以真实反映会计主体的财务状况。购建资产、公益事业建设形成的固定资产开支，将涉及多个会计年度，是资产性支出。其上级拨入的款项是资产性补助。

4. 会计科目性质不同

“专项应付款”科目，从性质讲，他是负债类的一个过渡性科目，属于负债类的会计要素，不进入当年的收支决算，最终结果是直接影响村集体经济组织的所有者权益：“补助收入”科目，从性质上讲，他是标准的收人类的科目，属于收人类的会计要素，主要核算财政等部门的补助资金，一般不带有项目“帽子”或不形成资产，年终要进入当年的决算，收入与当年支出科目相关或配比。最终结果是转入“本年收益”，参与村集体经济组织的收益分配。

在实际会计核算工作中，村集体经济组织对上级拨入的各项资金，应分清拨入资金的性质，分门别类的选用“补助收入”科目或“专项应付款”科目进行会计处理。以确保村集体的“本年收益”及“会计报表”的真实准确。

三、所有者权益科目核算

所有者权益是指所有者在村集体组织中享有的经济利益。是资产减去负债后的余额。村集体经济组织的所有者权益包括资本、公积公益金、未分配收益等。

（一）资本

（1）本科目核算村集体经济组织实际收到投入的资本。

（2）村集体经济组织收到以固定资产作为投资时，按照投资各方确认的价值，借记“固定资产”科目，贷记本科目；收到以劳务形式投资时，按当地劳务价格，借记“在建工程”等科目，贷记本科目；收到以其他形式投资时，借记“银行存款”“库存物资”等有关科目，贷记本科目。将公积公益金转增资本时，借记“公积公益金”科目，贷记本科目。按照协议规定投资者收回投资时，借记本科目，贷记“银行存款”“固定资产”等有关科目。

（3）原生产队积累折股股金及农业合作化时期社员入社的股份基金，也在本科目中核算。

（4）本科目应按投资的单位和个人设置明细科目，进行明细核算。

（5）本科目的期末贷方余额，反映村集体经济组织实有的资本数额。

①村集体经济组织收到以固定资产作为投资时，按照投资各方确认的价值入账。

借：固定资产

　　贷：资本

【例 6】某村集体经济组织收到某单位以水稻插秧机作为投资时，投资双方确认的价值为 5 900 元。

借：固定资产——水稻插秧机 5 900

　　贷：资本——某单位 5 900

②收到以劳务形式投资时，按当地劳务价格入账。

借：在建工程

　　贷：资本

③收到其他形式投资时。

借：银行存款、库存物资

　　贷：资本

【例 7】某村集体经济组织收到某单位以水稻种子作为投资，价值为 800 元。

借：库存物资 800

　　贷：资本 800

【例 8】某村集体经济组织收到甲单位以银行存款 10 000 元作为投资，协议中规定一年后收回投资。

借：银行存款 10 000

　　贷：资本 10 000

④将公积公益金转增资本时。

借：公积公益金

　　贷：资本

【例 9】某村集体经济组织将公积公益金 2 000 元转增资本。

借：公积公益金 2 000

　　贷：资本 2 000

⑤按照协议规定投资者收回投资时。

借：资本

　　贷：银行存款、固定资产

【例 10】承接例 3，按照协议规定投资者甲单位收回投资 10 000 元。

借：资本 10 000

　　贷：银行存款 10 000

⑥原生产队积累折股股金及农业合作化时期社员入社的股份基金，也在本科目中核算。

（二）公积公益金

村集体经济组织接受捐赠的资产计入公积公益金；对外投资中，资产重估确认价值与原账面净值的差额计入公积公益金；收到的征用土地补偿费及拍卖荒山、荒地、荒水、荒滩等使用权收入，计入公积公益金。“公积公益金”科目核算村集体经济组织从收益中提取的和其他来源取得的公积公益金。期末贷方余额，反映村集体经济组织的公积公益金数额。

（1）从收益中提取公积公益金时。

借：收益分配

　　贷：公积公益金

【例 11】村集体经济组织从收益中提取公积公益金 6 800 元。

借：收益分配 6 800

　　贷：公积公益金 6 800

（2）收到应计入公积公益金的征用土地补偿费及拍卖荒山、荒地、荒水、荒滩等“四荒”使用权价款，或者收到由其他来源取得的公积公益金时。

借：银行存款

贷：公积公益金

【例 12】村集体经济组织收到应计入公积公益金的征用土地补偿费 10 600 元。

借：银行存款 10 600

贷：公积公益金 10600

【例 13】村集体经济组织收到拍卖荒山使用权价款 9 600 元。

借：银行存款 9 600

贷：公积公益金 9 600

（3）收到捐赠的资产时。

借：银行存款

库存物资

固定资产

贷：公积公益金

【例 14】村集体经济组织收到捐赠的电脑 10 台，价值 39 000 元。

借：固定资产 39 000

贷：公积公益金 39 000

（4）按国家有关规定，并按规定程序批准后，公积公益金转增资本、弥补福利费不足或弥补亏损时。

借：公积公益金

贷：资本

应付福利费收益分配：

【例 15】按国家有关规定，并按规定程序批准后，公积公益金转增资本 6900 元、弥补福利费不足 660 元。

借：公积公益金 7560

贷：资本　6900

应付福利费　660

【例 16】按国家有关规定，并按规定程序批准后，公积公益金弥补亏损 3589 元。

借：公积公益金 3589

贷：收益分配 3589

（三）本年收益

（1）本科目核算村集体经济组织本年度实现的收益。

（2）会计期末结转经营收益时，应将“经营收入”“发包及上交收入”“农业税附加返还收入”“补助收入”“其他收入”科目的余额转入本科目的贷方，借记“经营收入”“发包及上交收入”“农业税附加返还收入”“补助收入”“其他收入”科目，贷记本科目；同时将“经营支出”“其他支出”“管理费用”科目的余额转入本科目的借方，借记本科目，贷记“经营支出”“其他支出”“管理费用”科目。“投资收益”科目的净收益转入本科目，借记“投资收益”科目，贷记本科目；如为投资净损失，借记本科目，贷记“投资收益”

科目。

(3) 年度终了，应将本年收入和支出相抵后结出的本年实现的收益，转入“收益分配”科目，借记本科目，贷记“收益分配－未分配收益”科目；如为净亏损，做相反会计分录，结转后本科目应无余额。

年终结转各项收入：

收入在发生时分别计入了各收入账户的贷方，年终要将各项收入从原账户的借方转出转入“本年收益”账户的贷方，表示本年收益的增加。

借：经营收入

发包及上交收入

补助收入

其他收入

投资收益

贷：本年收益

年终结转各项费用、支出：

各项费用、支出在发生时分别计入了各收入账户的借方，年终要将各项收入从原账户的贷方转出转入“本年收益”账户的借方，表示本年收益的减少。

借：本年收益

贷：经营支出

其他支出

管理费用

投资收益（该账户为损益类账户，如为借方余额，表示损失，年终要结转到本年收益借方）。

结转收益分配账户（将本年收益转入收益分配，本年收益年末不能有余额）。

如本年收益账户为借方余额，表示亏损。

借：收益分配—未分配收益

贷：本年收益

如果本年收益账户为贷方余额表示收益。

借：本年收益

贷：收益分配—未分配收益

某村 2014 年 12 月 31 日各损益类账户累计余额如下：经营收入 20000 元，发包及上交收入 10000 元，补助收入 30000，　投资净收益 2000 元，其他收入 3000 元，　经营支出 10000 元，管理费用 30000 元，其他支出 5000 元，将各账户收支余额结转“本年收益”账户。会计分录如下：

①结转各项收入时：

借：经营收入　　20000

借：发包及上交收入　　10000

借：补助收入　　30000

借：其他收入　　3000

贷：本年收益　　63000

②结转投资收益时：

借：投资收益 2000

　　贷：本年收益 2000

③结转各项费用时：

借：本年收益 45000

　　贷：经营支出 10000

　　贷：管理费用 30000

　　贷：其他支出 5000

经过上述各项结转后，“本年收益”账户借方发生额为45000元，贷方发生额为65000（63000＋2000）元。根据借贷方发生额之差，计算出本年度实现的收益为20000（65000－45000）元。

④将本年收益结转收益分配时：

借：本年收益 20000

　　贷：收益分配——未分配收益 20000

【例17】若上例中，投资收益账户为净损失2000元，结转时会计分录如下：

借：本年收益 2000

　　贷：投资收益 2000

此时，“本年收益”账户借方发生额为47000（45000＋2000）元，贷方发生额为63000元。根据借贷方发生额之差，计算出本年度实现的收益为16000（63000－47000）元。

（四）收益分配

（1）本科目核算村集体经济组织当年收益的分配（或亏损的弥补）和历年分配情况。地国家、集体、投资者及农户之间进行合理分配，本科目为过渡科目，一般设置“各项分配”和“未分配收益”两个二级科目。

（2）村集体经济组织用公积公益金弥补亏损时，借记“公积公益金”科目，贷记本科目（未分配收益）。

（3）按规定提取公积公益金，提取应付福利费，外来投资分利，进行农户分配等时，借记本科目（各项分配），贷记“公积公益金”“应付福利费”“应付款”“内部往来”等科目。

（4）年终，村集体经济组织应将全年实现的收益总额，自“本年收益”科目转入本科目，借记“本年收益”科目，贷记本科目（未分配收益），如为净亏损，做相反会计分录。同时，将本科目下的“各项分配”明细科目的余额转入本科目“未分配收益”明细科目，借记本科目（未分配收益），贷记本科目（各项分配）。年度终了，本科目的“各项分配”明细科目应无余额，“未分配收益”明细科目的贷方余额表示未分配的收益，借方余额表示未弥补的亏损。

（5）年终结账后，如发现以前年度收益计算不准确，或有未反映的会计业务，需要调整增加或减少本年收益的，也在本科目（未分配收益）核算。调整增加本年收益时，借记有关科目，贷记本科目（未分配收益）；调整减少本年收益时，借记本科目（未分配收益），贷记有关科目。

收益分配

村集体年终要将各项收入与费用、支出结转“本年收益”账户，计算收支后的净额，如若收大于支，说明产生了收益，这个收益属于村集体经济组织及其所有者，要按照一定的顺序和标准，按照相关政策法规当年产生的收益进行分配。

一般按照以下顺序分配。

(1) 提取公积公益金。

(2) 提取福利费。

(3) 外来投资分红。

(4) 农户分配。

(5) 其他分配。

收益分配前，对当年的收益及应分配的各种项目和分配比例，必须制定分配方案，方案要经村民成员大会或代表大会通过，并向群众公布。

收益分配时的账务处理

提取公积公益金

借：收益分配—各项分配

　　贷：公积公益金

提取福利费

借：收益分配—各项分配

　　贷：应付福利费

收益分配时的账务处理

农户分配

借：收益分配—各项分配

　　贷：内部往来—各农户

结转各项分配

借：收益分配—未分配收益

　　贷：收益分配—各项分配

【例 18】某村集体经济组织实现收益 10 万元，根据有关政策规定，经村民代表大会讨论通过，按以下收益分配按照：45%计提公积公益金，按照 10%提取福利费，15%分配农户。

(1) 结转本年收益

借：本年收益 100000

　　贷：收益分配—未分配收益　100000

(2) 提取公积公益金

借：收益分配—各项分配 45000

　　贷：公积公益金　45000

(3) 提取福利费

借：收益分配—各项分配　10000

　　贷：应付福利费　10000

(4) 农户分配

借：收益分配—各项分配　15000

贷：内部往来—各农户　15000

（5）实际支付农户

借：内部往来—各农户　15000

贷：现金　15000

（6）结转各项分配

借：收益分配—未分配收益　70000

贷：收益分配—各项分配 70000

四、生产（劳务）成本科目核算

生产（劳务）成本

村集体经济组织的生产（劳务）成本是指村集体经济组织直接组织生产或对外提供劳务等活动所发生的各项生产费用和劳务成本。

生产（劳务）成本科目核算村集体经济组织直接组织生产或对外提供劳务等活动所发生的各项生产费用和劳务成本。按生产费用和劳务成本的种类设置明细科目，进行明细核算。期末借方余额，反映村集体经济组织尚未完成的产品及尚未结转的劳务成本。

（1）发生的各项生产费用和劳务成本，应按成本核算对象归集。

借：生产（劳务）成本

贷：现金

银行存款

库存物资

内部往来

应付款

【例 19】村集体经济组织直接组织生产某种产品，领用玉米 1 000 公斤，单位成本 1.20 元。用现金支付费用 400 元。

借：生产（劳务）成本 1600

贷：库存物资 1 200

现金 400

（2）会计期间终了，对已生产完成并验收入库的工业产成品和农产品作如下会计分录。

借：库存物资

贷：生产（劳务）成本

【例 20】会计期间终了，已生产完成并验收入库的农产品 800 公斤，单位成本 2.9 元。

借：库存物资 2320（800×2.9）

贷：生产（劳务）成本 2320

（3）对外提供劳务实现销售时。

借：经营支出

贷：生产（劳务）成本

五、损益类科目核算

（一）经营收入

村集体经济组织的经营收入是指村集体经济组织进行各项生产、服务等经营活动取得的收入。包括产品物资销售收入、出租收入、劳务收入等。村集体经济组织一般应于产品物资已经发出，劳务已经提供，同时收讫价款或取得收取价款的凭据时，确认经营收入的实现。

（1）本科目核算村集体经济组织当年发生的各项经营收入。

（2）经营收入发生时，借记“现金”“银行存款”等科目，贷记本科目。

（3）本科目应按经营项目设置明细科目，进行明细核算。

（4）年终，应将本科目的余额转入“本年收益”科目的贷方，结转后本科目应无余额。

某村将闲置房屋出租给本村农户赵某，合同规定每年租赁费3000元，赵某以现金交清当年租赁费3000元。

借：现金　　　　　　　3000

　　贷：经营收入——租赁收入　　　　　3000

某村出售杨树100棵收入现金30000元，款存入信用社。出售时该杨树的账面价值为5000元。

借：银行存款　30000

　　贷：经营收入——树木收入　　30000

借：经营支出——售树成本　5000

　　贷：林木资产——非经济林木　5000

（二）经营支出

村集体经济组织的经营支出是指村集体经济组织因销售商品、农产品、对外提供劳务等活动而发生的实际支出，包括销售商品或农产品的成本、销售牲畜或林木的成本、对外提供劳务的成本、维修费、运输费、保险费、产役畜的饲养费用及其成本摊销、经济林木投产后的管护费用及其成本摊销等。

（1）本科目核算村集体经济组织因销售商品、农产品、对外提供劳务等活动而发生的实际支出。

（2）经营支出发生时，村集体经济组织借记本科目，贷记“库存物资”“生产（劳务）成本”“应付工资”“内部往来”“应付款”“牲畜（禽）资产”“林木资产”等科目。

（3）村集体经济组织应根据实际情况，采用先进先出法、加权平均法和个别计价法等方法，确定本期销售的商品、农产品等的实际成本。方法一经选定，不得随意变更。

（4）本科目应按经营项目设置明细科目，进行明细核算。

（5）年终，应将本科目的余额转入“本年收益”科目的借方，结转后本科目应无余额。

某村年终提取对外租赁的房屋折旧费1000元。会计分录如下：

借：经营支出——折旧费　1000

　　贷：累计折旧　1000

（三）发包及上交收入

（1）本科目核算农户和其他单位承包集体耕地、林地、果园、鱼塘等上交的承包金及村（组）办企业上交的利润等。本科目设置“承包金”和“企业上缴利润”两个二级科目。

（2）村集体经济组织收到上交的承包金或利润时，借记“现金”“银行存款”等科目，贷记本科目。年终，村集体经济组织结算本年应收未收的承包金和利润时，借记“内部往来”或“应收款”科目，贷记本科目。村集体经济组织收到以前年度应收未收的承包金和利润时，借记“现金”“银行存款”等科目，贷记“内部往来”或“应收款”科目。

（3）本科目应按项目设置明细科目，进行明细核算。

（4）年终，应将本科目的余额转入“本年收益”科目的贷方，结转后本科目应无余额。

1. 当年交清承包费

某村的果园承包给本村农户赵六，合同规定每年年初预交当年承包金，每年承包金30000 元，承包期限为八年。每年年初收到承包金时，会计分录如下：

借：银行存款　30000

　　贷：发包及上交收入——承包金　30000

2. 当年拖欠承包费

某村农户张三承包集体耕地 10 亩，合同规定每年年终交村集体承包金 5000 元，2014 年年终结账前已交 4000 元，欠款经村民代表会讨论 2015 年 2 月底前交清。会计分录如下：

借：银行存款　　　　4000

借：内部往来——张三　1000

　　贷：发包及上交收入——承包金　　　　5000

3. 一次性收取几年承包金。

有关政策：新签土地承包合同，年限一般不超过 5 年；新签果树林木承包合同，年限一般掌握在 8～10 年。不论承包期限多长，承包金的收取应坚持一年一收，不得提前预收。特殊情况下需预收的，必须经村民会议或村民代表会议讨论通过，但最长预收年限不得超过本届任期期限。

某村将集体果园承包给本村农户张三，合同规定承包期限为十年，年承包金 10000 元。先预收三年承包金 30000 元已存入信用社。会计分录如下：

（1）一次性预收三年承包金时：

借：银行存款　30000

　　贷：内部往来——张三　　　30000

（2）每年年终将当年应作收入部分结转时：

借：内部往来——张三　　　10000

　　贷：发包及上交收入——承包金　　10000

4. 补助收入

（1）本科目核算村集体经济组织收到的财政等有关部门的补助资金。

(2) 村集体经济组织收到补助资金时，借记“银行存款”等科目，贷记本科目。

(3) 本科目应按补助项目设置明细科目，进行明细核算。

(4) 年终，应将本科目的余额转入“本年收益”科目的贷方，结转后本科目应无余额。

某村，2021 年农业农村局向村下拨产权制度工作经费 10000 元，会计分录如下：

借：银行存款　10000 元

　　贷：补助收入　10000 元

组织部门下发的村级组织运转经费也列入些科目，志专款专用。

5. 其他收入

(1) 本科目核算村集体经济组织除“经营收入”“发包及上交收入”“农业税附加返还收入”和“补助收入”以外的其他收入。如罚款收入、存款利息收入、固定资产及库存物资的盘盈收入等。

(2) 发生其他收入时，借记“现金”“银行存款”等科目，贷记本科目。

(3) 年终，应将本科目的余额转入“本年收益”科目的贷方，结转后本科目应无余额。

某村新栽的小树被毁坏 10 棵，经查是村护林员张三工作不负责任所至，经规定程序批准，决定对其罚款 50 元，已收讫现金。会计分录如下：

借：现金　　　　　50

　　贷：其他收入　　　　50

6. 管理费用

(1) 本科目核算村集体经济组织管理活动发生的各项支出，如管理人员的工资、办公费、差旅费、管理用固定资产的折旧和维修费用等。

(2) 发生上述各项费用时，借记本科目，贷记“应付工资”“现金”“银行存款”“累计折旧”等科目。

(3) 本科目应按费用项目设置明细科目，进行明细核算。

(4) 年终，应将本科目的余额转入“本年收益”科目的借方，结转后本科目应无余额。

某村，2021 年年终计提村干部工资 10000 元。会计分录如下：

借：管理费用　　　10000

　　贷：应付工资——×××　　　10000

某村村干部张某出差去山东学习种植大棚蔬菜的经验，出差前张某预支差旅费 2000 元，回来后按规定报销住宿费、交通费等项费用 2070 元。会计分录如下：

①预支差旅费时：

借：内部往来——张某　　　2000

　　贷：现金　　　2000

②报销差旅费时：

借：管理费用　　　2070

　　贷：内部往来——张某　　　2000

　　贷：现金　　　70

某村购买会计账簿凭证，支付现金 150 元。会计分录如下：

借：管理费用　　150

　　贷：现金　　150

7. **其他支出**

（1）本科目核算村集体经济组织与经营管理活动无直接关系的其他支出。如公益性固定资产折旧费用、利息支出、农业资产的死亡毁损支出、固定资产及库存物资的盘亏、损失、防汛抢险支出、无法收回的应收款项损失、罚款支出等。

（2）发生其他支出时，借记本科目，贷记“累计折旧”“现金”“银行存款”“库存物资”“应付款”等科目。

（3）年终，应将本科目的余额转入“本年收益”科目的借方，结转后本科目应无余额。

某村临时借用李四现金 5000 元，合同约定期限六个月，到期按 1 分计付利息，计 300 元。会计分录如下：

①借款时：

借：现金　　5000

　　贷：短期借款——李四　　5000

②到期还款并支付利息时：

借：短期借款——李四　　5000

借：其他支出　　300

　　贷：现金　　5300

某村向灾区捐款 2000 元，以银行存款支付。会计分录如下：

借：其他支出　　2000

　　贷：银行存款　　2000

某村因不配合农村集体经济审计工作，被农业执法部门处以 500 元罚款，以现金支付。会计分录如下：

借：其他支出　　500

　　贷：现金　　500

8. **投资收益**

（1）本科目核算村集体经济组织对外投资取得的收益或发生的损失。

（2）村集体经济组织取得投资收益时，借记“现金”“银行存款”等科目，贷记本科目；转让、收回投资或出售有价证券时，按实际取得的价款，借记“现金”“银行存款”及有关资产科目，按原账面价值，贷记“短期投资”“长期投资”科目，按实际取得价款和原账面价值的差额，借记或贷记本科目。

（3）本科目应按投资种类设置明细科目，进行明细核算。

（4）年终，应将本科目的余额转入“本年收益”科目的贷方；如为净损失，转入“本年收益”科目的借方，结转后本科目应无余额。

六、常见财政拨款核算

(一) 收到与本年度财政拨款

1. 收到乡财政所转来财政转移支付资金

某村集体经济组织收到乡财政所转来财政转移支付资金 18 000 元，其中用于五保户救济 3 000 元。

借：银行存款　18 000

　　贷：补助收入—财政转移支付资金　　15 000

应付福利费—财政转移支付资金　3 000

收到相关补助收入时按补助项目列明细科目。

2. 收到受益期超过一年的财政拨款

某村收到财政拨付的卫生所改造费 30 000 元，卫生所项目已改造完成。

借：银行存款 30 000

　　贷：公积公益金—卫生所改造费 30 000

3. 收到福利费用拨款

某村收到财政据传的计划生育补助款 10 000 元

借：银行存款 10 000

　　贷：应付福利费—计划生育补助 10 000

(二) 征地、拍卖、接受捐赠等收入

征地补偿款包括土地补偿费、安置补助费以及地上附着物和青苗补偿款，是指被征地农民和农村集体经济组织失地后的经济补偿。根据规定，征地补偿款分两部分，一部分属于村集体经济组织，应计入“公积公益金”；另一部分属于农户，发放给个人，可通过“专项应付款”账户核算。

1. 征地补偿费

【例 21】国家建设征用土地，某村组织收到村属土地征用补偿费 200 000 元，款存银行。

借：银行存款　　200 000

　　贷：公积公益金　　200 000

【例 22】某村收到征地价款 1000000 元。其中按规定 900000 元用于失地农民安置费，其余用作村办公经费。

A. 收到补偿款时

借：银行存款　1000000

　　贷：专项应付款—征地补偿款　900000

公积公益金　　　　　　100000

收到捐赠物资、固定资产、无偿拨付的专项款、拍卖荒山等使用权等都计入公积公益金：

借：现金或银行存款、库存物资、固定资产

贷：公积公益金

国家南水北调征用某村15户村民承包地20亩，经商定青苗补偿费由南水北调办公室直接发放给失地农户，并每年通过村集体给失地农户900元/亩生活补助，补偿期限到第二轮延包结束，留归村集体的土地补偿费224000元由乡财政所代管，没有利息，村集体使用资金需填写资金申领表，并经乡政府审批后，由乡财政所划拨。年终，村集体从乡财政所支取10000元。会计分录如下：

（1）补偿失地农户青苗补偿费时：村集体不做账务处理。因为南水北调办公室直接发给失地农户。

（2）留归村集体的土地补偿费交乡财政所时：

借：应收款——乡财政所　　224000

　　贷：公积公益金　　224000

（3）从南水北调办公室支取现金并发放失地农户生活补助费时：

借：现金　18000

　　贷：内部往来——15户村民　　18000

借：内部往来——15户村民　　18000

　　贷：现金　　18000

（4）支取代管资金时：

借：银行存款　10000

　　贷：应收款——乡财政所　10000

（三）村级组织运转经费的账务处理

为保障村级组织正常运转，推动农村基层党建全面进步整体提升，巩固党在农村的执政根基，将村级组织办公经费，村党组织活动经费和服务群众专项经费列入了财政预算。乡镇、村要切实加强对“三项”经费的管理。

1. 村级组织运转经费的管理

村级组织运转经费实行“村财乡代管”，按照“代理记账，统一开户，分村设账”的原则进行管理，严格经费审批制度和开支范围。乡镇财政所要设立专账，根据资金拨付程序及时将资金拨付到农经站“代管村级资金专户”进行管理。“三项”经费实行报账制，按村级开支审批程序审批。严格落实村级财务公开制度，定期公开经费使用情况，接受群众监督。

村级组织运转经费每年使用资金不得低于年度预算的90%，剩余资金直接结转下年使用，但不能改变资金性质和用途，结转资金不做账务处理，直接转入次年对应科目的期初余额。

村级组织运转经费不允许县乡统筹使用，要足额分村拨付到村级账户，纳入村级账簿核算，村级要分项核算，不能打捆使用。“三项”经费使用应依照“量入为出”的原则，做好使用计划，不允许超支、超范围使用，支出后应及时入账，严禁跨年入账。

实际业务中，如某项活动一次性支出较多，致使当年超出了该专项的拨付资金，超出部分应当使用村自有资金支付，直接记入当年相应的费用科目，不结能转下年，用下年度的该专项资金弥补。

如果当年村级使用“三项”经费的支出发生在收到上级拨付资金之前，仍要及时记账，可先按正常使用“三项”经费的方式记账，收到上级拨付当年的“三项”经费时仍正常记账，通过正常账务处理自然弥补。

2. 村级组织运转经费的用途

（1）村级组织办公经费。主要用于日常管理工作中必要的办公用品费，水电费，报刊征订费等维持村级组织正常运转所必需的管理费用开支。

可用于日常办公用品支出、必要的办公设备购置维修、办公场所保洁费、办公用网络服务费、办公用水电费、报刊征订费等。

不得用于生产经营、工程建设项目、偿还债务等与维持村级组织正常运转无关的支出。

（2）村党组织活动经费。主要用于村党组织开展“三会一课”、主题党日、党员教育培训、救助困难党员、慰问老党员等活动所必需的开支。

可用于党组织开展“三会一课”活动所需的笔、本、党旗、党徽、条幅等；党员到红色基地参观学习的委托费、租车费及必要的统一标识支出（如小红帽、红上衣等），观看红色电影等。

不得以各种名义给全体党员统一发放现金、实物和奖品、纪念品；不得支出招待费、不得组织党员旅游；不得给党员学习发放误工补贴；不得用于与党组织活动无关的支出。

（3）服务群众专项经费。主要用于村综合服务站日常运转，公共设施维护，公共卫生防疫，村内治安、服务群众生产生活的临时劳务用工等方面村级组织服务群众的必要支出。

可用于村综合服务站日常运转（如：服务站临时用工人员工资、办公用品及必要的办公设备购置等）；公共设施的维护维修（如：村内供水设施设备、照明设施设备、监控设施设备、垃圾点、健身器材、健身广场等的维护维修等）；公共卫生防疫（如：村内街道卫生清扫用工、垃圾清运人工费机械费、防疫用工及防疫用品支出等）；村内治安（如：治保会治安巡逻所需的必需品、宣传材料印发、治安巡逻用工等）；服务群众生产生活（如：村内放水人员工资、街道照明电费等）。

不得用于村内道路硬化、占地补偿费、违建拆除费；不得发放村干部津补贴，支付各种保险费、新农合费等；不得用于给村民发放福利，不得用于偿还村集体旧欠等；不得由乡镇统一支付垃圾清运费用等。

3. 村级组织运转经费的账务处理

村级组织收到“三项”经费时，在“专项应付款”账户专门核算，下设三个二级明细账户，即办公经费、党组织活动经费、服务群众经费。使用“三项”经费时，如果形成固定资产的，在购买固定资产时，或通过“在建工程”账户核算，工程完工结转“固定资产”时，要将使用的专项应付款转入到“公积公益金”账户，增加村集体积累；如果不形成固定资产，直接冲减“专项应付款”账户。

【例 23】某村收到 2021 年度村级组织运转经费 65000 元，其中办公经费 5000 元、党组织活动经费 10000 元、服务群众经费 50000 元。订报刊支出 1000 元；购置办公用惠普品牌打印机一台，价格 1500 元；购买党员学习用本、笔等支出 2000 元；七一走访慰问困难党员，购买米面油支出 2500 元；组织党员到红色教育基地接受再教育 5000 元；疫情防控用工支出 5000 元；购买消毒药水支出 7000 元。会计分录是：

（1）收到“三项”经费

借：银行存款　　65000

　　贷：专项应付款－办公经费　5000

　　　　　　－党组织活动经费　10000

　　　　　　－服务群众经费　50000

（2）征订报刊

借：专项应付款－办公经费　1000

　　贷：银行存款　1000

（3）购买办公用打印机

借：固定资产－打印机　1500

　　贷：银行存款　1500

同时，将购买打印机所用“办公经费”转入村集体积累，会计分录为：

借：专项应付款－办公经费　　1500

　　贷：公积公益金　　1500

（4）支付党员学习用本、笔等费用

借：专项应付款－党组织活动经费　2000

　　贷：银行存款　2000

（5）支付走访困难党员费用

借：专项应付款—党组织活动经费　2500

　　贷：银行存款　2500

（6）到红色教育基地接受再教育

借：专项应付款－党组织活动经费　5000

　　贷：银行存款　5000

（7）支付疫情防控用工费用

借：专项应付款—服务群众经费　5000

　　贷：银行存款　5000

（8）支付消毒药水费用

借：专项应付款－服务群众经费　7000

　　贷：银行存款　7000

【例24】上例中，如果组织党员到红色教育基地接受再教育时支出了6000元，计算当年党员活动共计支出：2000元＋2500元＋6000元＝10500元，超出了当年上级拨付的专项资金500元，超出部分使用村级自有资金支付，直接列入当期费用。

借：专项应付款—党组织活动经费　5500

　　管理费用　500

　　贷：银行存款　6000

【例25】某村3月份用于维修村内健身器材维修支出1500元，经研究决定，在当年的“服务群众经费”列支，当年的“三项”经费尚未拨付到村。

借：专项应付款—服务群众经费　1500

　　贷：银行存款　1500

（四）扶持壮大集体经济资金的账务处理

近年来，中央和地方各级财政不断增加对村集体发展集体经济的专项资金投入，支持村级组织发展集体经济，提高村级组织自我保障和服务群众能力。为此，加强对各级财政投入资金的监管、规范会计核算，就显得十分重要。

1. 扶持壮大集体经济资金的使用管理

扶持壮大集体经济资金，重点是在承包租赁经营、开发利用集体土地资源、推进股份合作、发展楼宇经济和强化农业生产、乡村旅游、商贸流通与市场管理服务等方面进行扶持；不得用于偿还乡村债务、建设楼堂馆所、购置交通通信工具和发放个人补贴。

扶持壮大集体经济资金，要纳入村集体账内核算。

2. 扶持壮大集体经济资金的账务处理

（1）投资项目出租的核算

扶持壮大集体经济资金，一般执行先建后补，项目完成验收合格后，再拨付资金。主要有两种情况：一是由财政部门直接支付施工方扶持资金，施工过程中村集体不用进行会计核算。项目超出上级给付资金部分，由村集体支付。二是由财政部门根据项目进度，将扶持资金转入村级账户，由村依据正规票据支付相关费用。

【例 26】某村作为壮大集体经济扶持村，由施工方建造一座超市，施工费用 56 万元。上级财政直接将扶持资金 50 万元支付给施工方，尾款由村集体支付。村集体经公开招标，由外村李某中标租赁，约定租期 10 年，每年租赁费 40000 元。会计分录为：

①村集体增加固定资产。

借：固定资产－超市　　　　560000

　　贷：公积公益金　　　500000

银行存款　　　60000

②村集体对外出租，收到租赁费。

借：银行存款　40000

　　贷：经营收入－租赁收入　　　　　40000

【例 27】某村作为壮大集体经济扶持村，上级财政部门扶持资金 50 万元，用于建造两座大棚，包工包料 50 万元。在施工过程中，施工方按照工程合同约定的施工进度开据施工税票 29 万元，镇财政所先将扶持资金 29 万元转入到村级账户，由村集体支付施工方施工费。施工完工，验收合格后，支付余款。村集体经公开招标，由村民李某中标租赁，约定租期 5 年，每年每个大棚租赁费 30000 元。会计分录为：

①收到镇财政转来扶持资金。

借：银行存款　　　290000

　　贷：专项应付款—发展集体经济　290000

②支付施工费用。

借：在建工程—大棚　290000

　　贷：银行存款　290000

③工程完工，收到扶持余款。

借：银行存款　　210000

贷：专项应付款—发展集体经济 210000

④工程完工，支付工程尾款。

借：在建工程—大棚 210000

贷：银行存款 210000

⑤结转。

借：固定资产—大棚 500000

贷：在建工程—大棚 500000

借：专项应付款—发展集体经济 500000

贷：公积公益金 500000

⑥村集体对外出租，收到租赁费。

借：银行存款 60000

贷：经营收入－租赁收入 60000

【例 28】某村作为壮大集体经济扶持村，上级财政部门扶持资金 50 万元，在县城购买三间商铺，出租给张三，根据租赁协议，年租赁收入 3 万元。会计分录为：

①收到补助资金。

借：银行存款 500000

贷：专项应付款—发展集体经济 500000

②购买商铺。

借：固定资产—商铺 500000

贷：银行存款 500000

③结转补助资金。

借：专项应付款—发展集体经济 500000

贷：公积公益金 500000

④商铺租赁收入。

借：银行存款 500000

贷：经营收入－租赁收入 500000

(2) 投资入股分红的核算

【例 29】某村作为壮大集体经济扶持村，将补助资金 50 万元直接入股××蔬菜种植专业合作社，约定年入股分红 12%，年终取得入股分红款 6 万元。会计分录为：

①收到补助资金。

借：银行存款 500000

贷：专项应付款—发展集体经济 500000

②资金入股到合作社。

借：长期投资— ××蔬菜种植专业合作社 500000

贷：银行存款 500000

③结转补助资金。

借：专项应付款—发展集体经济 500000

贷：公积公益金 500000

④年终分红。

借：银行存款　　60000
　　贷：投资收益　60000

第四节　财务分析

一、财务报表编制与规定

会计报表是反映村集体经济组织一定时期内经济活动情况的书面报告。村集体经济组织应按规定准确、及时、完整地编制会计报表，定期向财政部门或农村经营管理部门上报，并向全体成员公布。

（1）村集体经济组织应编制以下会计报表。

①月份报表或季度报表：包括科目余额表和收支明细表。

②年度报表：包括资产负债表和收益及收益分配表。

各级农村经营管理部门，应对所辖地区报送的村集体经济组织的会计报表进行审查，然后逐级汇总上报。

各省、自治区、直辖市农村经营管理部门年终应汇总年度的资产负债表和收益及收益分配表，同时附送财务状况说明书，按规定时间报农业部。

（2）月份或季度会计报表的格式由各省、自治区、直辖市的财政部门或农村经营管理部门根据本制度进行规定。

二、资产负债表的格式及编制说明

（一）资产负债表的格式

村集体经济组织资产负债表的结构见表6-2。

表6-2　资产负债表

编制单位：　　　　年　月　日　　　　单位：元

资产	年初数	年末数	负债及所有者权益	年初数	年末数
流动资产：			流动负债：		
货币资金			短期借款		
短期投资			应付款项		
应收款项			应付工资		
存货			应付福利费		
流动资产合计			流动负债合计		
农业资产：			长期负债：		
牲畜（禽）资产			长期借款及应付款		
林木资产			一事一议资金		
农业资产合计			长期负债合计		

续表

资产	年初数	年末数	负债及所有者权益	年初数	年末数
长期资产：			负债合计		
长期投资			所有者权益：		
固定资产：			资本		
固定资产原价			公积公益金		
减：累计折旧			未分配收益		
固定资产净值			所有者权益合计		
固定资产清理					
在建工程					
固定资产合计					
资产总计			负债和所有者权益总计		

补充资料：

项目	金额
无法收回、尚未批准核销的短期投资确实无法收回、尚未批准核销的应收款项盘亏、毁损和报废、尚未批准核销的存货死亡毁损、尚未批准核销的农业资产无法收回、尚未批准核销的长期投资盘亏和毁损、尚未批准核销的固定资产毁损和报废、尚未批准核销的在建工程	

（二）资产负债表编制说明

（1）本表反映村集体经济组织年末全部资产、负债和所有者权益状况。

（2）本表“年初数”应按上年末资产负债表“年末数”栏内所列数字填列。如果本年度资产负债表规定的各个项目的名称和内容同上年度不相一致，应对上年末资产负债表各项目的名称和数字按照本年度的规定进行调整，填入本表“年初数”栏内，并加以书面说明。

（3）本表“年末数”各项目的内容和填列方法如下。

①“货币资金”项目，反映村集体经济组织库存现金、银行存款等货币资金的合计数。本项目应根据“现金”“银行存款”科目的年末余额合计填列。

②“短期投资”项目，反映村集体经济组织购入的各种能随时变现并且持有时间不超过一年（含一年）的有价证券等投资。本项目应根据“短期投资”科目的年末余额填列。

③“应收款项”项目，反映村集体经济组织应收而未收回和暂付的各种款项。本项目应根据“应收款”科目年末余额和“内部往来”各明细科目年末借方余额合计数合计填列。

④“存货”项目，反映村集体经济组织年末在库、在途和在加工中的各项存货的价值，包括各种原材料、农用材料、农产品、工业产成品等物资、在产品等。本项目应根据“库存物资”“生产（劳务）成本”科目年末余额合计填列。

⑤“牲畜（禽）资产”项目，反映村集体经济组织购入或培育的幼畜及育肥畜和产役畜的账面余额。本项目应根据“牲畜（禽）资产”科目的年末余额填列。

⑥“林木资产”项目，反映村集体经济组织购入或营造的林木的账面余额。本项目应根据“林木资产”科目的年末余额填列。

⑦“长期投资”项目，反映村集体经济组织不准备在一年内（不含一年）变现的投资。本项目应根据“长期投资”科目的年末余额填列。

⑧“固定资产原价”项目和“累计折旧”项目，反映村集体经济组织各种固定资产原价及累计折旧。这两个项目应根据“固定资产”科目和“累计折旧”科目的年末余额填列。

⑨“固定资产清理”项目，反映村集体经济组织因出售、报废、毁损等原因转入清理但尚未清理完毕的固定资产的账面净值，以及固定资产清理过程中所发生的清理费用和变价收入等各项金额的差额。本项目应根据“固定资产清理”科目的年末借方余额填列；如为贷方余额，本项目数字应以“－”号表示。

⑩“在建工程”项目，反映村集体经济组织各项尚未完工或虽已完工但尚未办理竣工决算的工程项目实际成本。本项目应根据“在建工程”科目的年末余额填列。

⑪“短期借款”项目，反映村集体经济组织借入尚未归还的一年期以下（含一年）的借款。本项目应根据“短期借款”科目的年末余额填列。

⑫“应付款项”项目，反映村集体经济组织应付而未付及暂收的各种款项。本项目应根据“应付款”科目年末余额和“内部往来”各明细科目年末贷方余额合计数合计填列。

⑬“应付工资”项目，反映村集体经济组织已提取但尚未支付的职工工资。本项目应根据“应付工资”科目年末余额填列。

⑭“应付福利费”项目，反映村集体经济组织已提取但尚未使用的福利费金额。本项目应根据“应付福利费”科目年末贷方余额填列；如为借方余额，本项目数字应以“－”号表示。

⑮“长期借款及应付款”项目，反映村集体经济组织借入尚未归还的一年期以上（不含一年）的借款以及偿还期在一年以上（不含一年）的应付未付款项。本项目应根据“长期借款及应付款”科目年末余额填列。

⑯“一事一议资金”项目，反映村集体经济组织应当用于一事一议专项工程建设的资金数额。本项目应根据“一事一议资金”科目年末贷方余额填列；如为借方余额，本项目数字应以号表示。

⑰“资本”项目，反映村集体经济组织实际收到投入的资本总额。本项目应根据“资本”科目的年末余额填列。

⑱“公积公益金”项目，反映村集体经济组织公积公益金的年末余额。本项目应根据“公积公益金”科目的年末贷方余额填列。

⑲“未分配收益”项目，反映村集体经济组织尚未分配的收益。本项目应根据“本年收益”科目和“收益分配”科目的余额计算填列；未弥补的亏损，在本项目内数字以“－”号表示。

资产负债表可反映村集体经济组织在一年内所掌握的经济资源及这些经济资源的分布情况、年末负债总额及其结构情况、净资产情况、财务实力、短期偿还能力和支付能力。

目前从村级资产负债表反映的情况来看，大多数村集体经济组织的所有者权益均为正数，并且有的数字较大，但事实并非如此，相关会计信息数据并不符合客观性原则的要

求，其原因主要有以下几个方面。

1. 资产负债表中的有些项目有名无实

一是应收款项目。从资产负债表上我们发现，应收款项目数额巨大，一般要占到村集体经济组织资产总额的30%左右，其中绝大多数是村民历年下欠村集体的“三提五统”等税费往来款项。农村税费改革后，根据国家有关农村税费改革政策，村民欠村集体的往来款项一律暂停征收，所以这部分债权资产基本无法变现，这对于村集体来说已没有什么实际意义。二是短期投资和长期投资项目。村集体经济组织的短期投资和长期投资一般是以前的信用社和农村合作基金会的股金及其对村集体开办的集体企业的投资。目前，这些相关单位大多已撤并或关闭或破产，兑现无门，长期也不见投资收益。对于村集体来说，这样的资产只能作为坏账处理。

2. 资产负债表中的有些项目名实不符

一是固定资产项目。首先是固定资产长期不提折旧。根据《农村集体经济组织会计制度》的规定，村集体经济组织必须建立固定资产折旧制度，按年或按季或按月提取固定资产折旧。绝大多数的农村会计服务中心对代理的村集体财务进行核算时，并没有严格遵守这一规定，长期不提折旧，当初入账是多少，现在仍然是多少，数据严重失真。其次是部分固定资产有账无物。对于村集体出售、变卖和毁损的固定资产，账务处理不规范，没有及时从账面注销已出售、变卖和毁损的固定资产的账面价值。再次是固定资产虚增现象严重。按照《农村集体经济组织会计制度》的规定，村集体的各项公益设施的工程项目完工交付使用后，对于不形成固定资产的，记入经营支出或其他支出。随着社会主义新农村建设的深入，村集体经济组织的各项公益设施不断完善，这些公益设施大都不形成固定资产。但在进行账务处理时，大多都将国家拨款建成的公益设施直接作为固定资产登记入账，无形中虚增了资产。

二是在建工程项目。村集体进行工程建设、设备安装、农业基本建设、设施大修理等发生的实际支出，反映在“在建工程”项目中，在建工程项目完工后，不按规定及时进行结转。有的已经增加了“固定资产”或“经营支出”或“其他支出”等项目，而不注销“在建工程”项目，导致资产虚增。

三是村级负债项目。相比应收款项目，债务是一个刚性数据，不能打丝毫的折扣。对于一般的农业型的村集体经济组织，发展村级经济无路，集体实力无法壮大，没有国家政策的倾斜，没有区位优势，在短期内难以化解债务。不仅如此，沉重的债务每年还要派生利息，由于国家规定村集体不能新增债务，客观上派生的利息债务也就没有入账，导致实际债务额大于账内债务额。

3. 农业资产有实无名

在《农村集体经济组织会计制度》中，将“产畜”“役畜”“经济林木”等内容作为“农业资产”单列。其价值在正常生产周期内按照直线法摊销。但绝大多数的农村会计服务中心在进行会计核算时，没有启用“农业资产”项目，而将发生的“产畜”“役畜”“经济林木”等内容的支出直接计入“其他支出”或“公积公益金”项目，人为虚减了资产。

已经发生损失但尚未批准核销的各项资产，应在资产负债表补充资料中予以披露，实质是将村集体经济组织没有实际意义的或已经根本不存在的资产予以披露，进一步明确集体的资产状况。

三、收益及收益分配表编制说明

（1）本表反映村集体经济组织年度内收益实现及其分配的实际情况。村（组）办企业和承包农户的数字不在此列。

（2）本表主要项目的内容及其填列方法如下。

①“经营收入”项目，反映村集体经济组织进行各项生产、服务等经营活动取得的收入。本项目应根据“经营收入”科目的本年发生额分析填列。

②“发包及上交收入”项目，反映村集体经济组织取得的农户和其他单位上交的承包金及村（组）办企业上交的利润等。本项目应根据“发包及上交收入”科目的本年发生额分析填列。

③“投资收益”项目，反映村集体经济组织对外投资取得的收益。本项目应根据“投资收益”科目的本年发生额分析填列；如为投资损失，以“—”号填列。

④“经营支出”项目，反映村集体经济组织因销售商品、农产品、对外提供劳务等活动而发生的支出。本项目应根据“经营支出”科目的本年发生额分析填列。

⑤“管理费用”项目，反映村集体经济组织管理活动发生的各项支出。本项目应根据“管理费用”科目的本年发生额分析填列。

⑥“经营收益”项目，反映村集体经济组织本年通过生产经营活动实现的收益。如为净亏损，本项目数字以“—”号填列。

⑦“农业税附加返还收入”项目，反映村集体经济组织按有关规定收到的财税部门返还的农业税附加、牧业税附加等资金。本项目应根据“农业税附加返还收入”科目的本年发生额分析填列。

⑧“补助收入”项目，反映村集体经济组织获得的财政等有关部门的补助资金。本项目应根据“补助收入”科目的本年发生额分析填列。

⑨“其他收入”项目和“其他支出”项目，反映村集体经济组织与经营管理活动无直接关系的各项收入和支出。这两个项目应分别根据“其他收入”科目和“其他支出”科目的本年发生额分析填列。

⑩“本年收益”项目，反映村集体经济组织本年实现的收益总额。如为亏损总额，本项目数字以号填列。

⑪“年初未分配收益”项目，反映村集体经济组织上年度未分配的收益。本项目应根据上年度收益及收益分配表中的“年末未分配收益”数额填列。如为未弥补的亏损，本项目数字以“—”号填列。

⑫“其他转入”项目，反映村集体经济组织按规定用公积公益金弥补亏损等转入的数额。

⑬“可分配收益”项目，反映村集体经济组织年末可分配的收益总额。本项目应根据“本年收益”项目、“年初未分配收益”项目和“其他转入”项目的合计数填列。

⑭“年末未分配收益”项目，反映村集体经济组织年末累计未分配的收益。本项目应根据“可分配收益”项目扣除各项分配数额的差额填列。如为未弥补的亏损，本项目数字以“—”号填列。

收益及收益分配表通过分析，可以判断经营成果，评价业绩，预测未来发展趋向。

四、总量指标分析

农村集体经济统计核算是以农村集体经济现象总体的数量特征为研究对象的社会经济统计，它通过对农村集体经济组织及其所辖（或所属）经营单位经济活动在数量方面的表现进行收集、整理和分析，以研究和认识农村集体经济发展状况和运行规律。

农村集体经济统计核算的研究对象是农村集体经济现象总体的数量特征和数量关系，其调查对象包括构成农村集体经济的各类经营单位，主要内容有：农村经济基本情况统计、农村经济收益分配统计等。

农村集体经济统计资料的搜集方法包括以下几种。

(1) 统计报表。是指按照国家有关法规规定，按统一规定的表格形式，统一的指标项目，统一的报送时间，自上而下逐级部署，自下而上逐级定期提供基本资料的一种调查制度。按报送单位的多少不同，统计报表分为全面统计报表和非全面统计报表。农村集体经济统计报表属于全面统计报表。

(2) 普查。是为了某种特定的目的而专门组织的一次性的全面调查，普查的组织方式一般有两种：一种是建立专门的普查机构，配备大量的普查人员，对调查单位进行直接的登记，如人口普查等；另一种是利用调查单位的原始记录和核算资料，颁发调查表，由登记单位填报，如物资库存普查等。这种方式比第一种简便，适用于内容比较单一、涉及范围较小的情况，特别是为了满足某种紧迫需要而进行的“快速普查”，就可以采用这种方式，它由登记单位将填报的表格越过中间一些环节直接报送到最高一级机构集中汇总。

(3) 抽样调查。抽样调查是实际中应用最广泛的一种调查方法，它是从调查对象的总体中随机抽取一部分单位作为样本进行调查，并根据样本调查结果来推断总体数量特征的一种非全面调查方法。农村集体经济统计除村农户家庭经营收支资料外，其他调查对象的数据信息主要通过全面调查获得，农民家庭经营收入支出资料采用抽样调查方法取得。

(4) 重点调查。是专门组织的一种非全面调查，它是在总体中选择个别的或部分重点单位进行调查，以了解总体的基本情况。所谓重点单位，是指在总体中具有举足轻重地位的单位。这些单位虽然少，但它们调查的标志值在总体标志总量中占有绝大比重，通过对这些单位的调查，就能掌握总体的基本情况。

(5) 典型调查。也是专门组织的一种非全面调查，它是根据调查研究的目的和要求，在对总体进行全面分析的基础上，有意识地选择其中有代表性的典型单位进行深入细致的调查，借以认识事物的本质特征、因果关系和发展变化的趋势。所谓有代表性的典型单位，是指那些最充分、最集中地体现总体某方面共性的单位。

（一）农村经济基本情况统计

农村经济基本情况统计是农经统计报表体系中的基础。它是通过对农村基层组织及生产要素的统计，掌握农村基层组织和基本生产要素的数量和构成。农村基本情况统计一般采取全面调查的统计方法，以村为起报单位，农村经济基本情况包括下列总量指标。

(1) 汇总农户数。农户是指户口在农村的常住户。汇总农户数是指参加乡村集体经济组织，并具有明确权利、义务的家庭户数。不包括在乡村地区内的国家所有的机关、团体、学校、企业、事业单位的集体户。

(2) 集体所有农用地总面积，指农村集体所有的农用地面积，即农林牧渔用地面积。

包括耕地面积、园地面积、草地面积、林地面积、水面（面积）、其他（农用地面积）。

（3）耕地面积，指经过开垦用以种植农作物并经常进行耕种的田地。包括种有作物的土地面积、休闲地、新开荒地和抛荒未满三年的土地面积。

（4）汇总劳动力数，指汇总人口中在劳动年龄内（男16～59岁、女16～54岁）的人口总数。在劳动年龄以外，能经常参加生产劳动，并能顶劳动力使用的成员，也应统计在内；在劳动年龄之内，不能经常参加劳动的，则不应统计在内。

（5）从事家庭经营的劳动力，指年内6个月以上的时间在本乡镇内从事家庭经营的劳动力。包括从事农业和非农产业的劳动力。

（6）外出务工劳动力，指年度内离开本乡镇到外地从业全年累计达3个月以上的农村劳动力。

（7）常年外出务工劳动力，指在外出劳动力中，全年累计在外劳动时间超过6个月的劳动力数量。

（8）有组织输出劳动力，是指通过政府或其他部门的组织介绍而输出的劳动力数量。不含能人带动、自发流动的外出劳动力。

（9）村组集体所有年末生产性固定资产原值，指村组集体经济组织年度结束时仍存在的直接用于生产经营或生产服务的各种固定资产的原值。凡使用年限在一年以上，单位价值在500元以上的生产经营用房屋及建筑物、机器、设备等劳动资料列为生产性固定资产。某些主要生产工具和设备，单位价值虽低于规定标准，但使用年限在一年以上的也可列为生产性固定资产。

（二）农村经济收益分配情况统计核算

农村集体经济收益分配统计是全面统计乡村集体经济组织及其所属（或所辖）经营单位全年从事各产业生产经营活动所取得的总收益，以及总收益在国家、集体和农民个人以及有关单位之间的分配情况。

农村经济收益分配统计指标体系主要包括以下几种。

收入，包括总收入、农村集体经济各经营层次收入、各产业收入、出售产品收入。

支出，包括总费用、生产费用和管理费用支出。

分配，包括分配的来源和去向，反映分配来源的指标包括净收入（总收入－总费用）、投资收益、农民外出劳务收入，三者之和构成可分配净收入；分配的去向包括提取公积公益金、提取福利费、投资分利、进行农户分配等。

1. 总收入核算

总收入指统计范围内的各生产经营单位当年的农、林、牧、渔、工业、建筑业、交通运输业、商业、饮食业、服务业等各项经营收入和利息、租金等非生产性收入。不包括用来分配、属于借贷性质或暂收性质的收入，如贷款收入、预购定金、国家投资、农民投资、救灾救济等。

总收入＝各经营层次收入之和＝各行业收入之和。

农村经济总收入＝乡（镇）办企业收入＋村组集体经营收入＋农民家庭经营收入＋其他经营收入＝农业收入＋林业收入＋牧业收入＋渔业收入＋工业收入＋建筑业收入＋运输业收入＋商饮业收入＋服务业收入＋其他收入＝总费用＋净收入。

其中，乡镇集体企业收入按各行业的全部收入计算，包括经营收入、产品销售收入、

劳务收入和其他收入等；家庭经营中的种植业、林业、牧业和渔业等，按当年收获到手的主副产品计算收入，包括已出售、自食自用和储存的主副产品在内。农民外出打工所获得劳务收入不计入家庭经营收入中，而是作为净要素收入单独统计并计入可分配净收入中。

收入的价格应按当年价格核算，也就是按当年经济活动发生时的现行价格进行核算。具体核算方法是：各种主产品、副产品出售部分按实际出售价格计算；自食自用和储存的农副产品，按出售全部该产品（包括出售给国家和在市场上出售的）综合平均价格计算。

2. 总费用核算

总费用包括生产费、管理费用和其他费用三项。但不包括乡、村两级企业中农村务工人员的工资，只包括非农村人员的工资。外来农民工的工资计入“外来人员带走劳务收入”指标中，本地农民工工资加到“农民经营所得”中。

生产费用，是指为实现当年生产经营收入应由当年负担的生产费用。凡利用不计收入的自产产品（原料）进行再生产时，不应作为生产费用支出。如自积自用畜禽厩肥和其他土杂肥、绿肥、青饲料，以及自采野生手工业原料等因不计算生产收入，故也不计入生产费用支出。生产费用必须同生产收入一致，即获得了当年某项收入而支出的费用，才能计算为当年该项收入的生产费用，包括上年预付结转应由本年负担的费用。不包括本年预付下年度的各项费用支出。

3. 净收入核算

净收入指从总收入中扣除当年经营中发生的各种费用后的余额，也就是当年的生产经营收益，公式为：净收入＝总收入－总费用。

可分配净收入，指净收入、投资收益、农民外出劳务收入三个指标的合计数。可分配净收入按分配的去向划分为国家税金、上缴国家有关部门、外来投资分利、外来人员带走劳务收入、企业各项留利、乡村集体所得、农民经营所得。

可分配净收入总额＝净收入＋投资收益＋农民外出务工收入＝国家税金＋上缴国家有关部门＋外来投资分利＋外来人员带走劳务收入＋企业各项留利＋乡村集体所得＋农民经营所得。

（三）村集体经济组织收益分配统计核算

村集体经济组织收益分配统计核算的范围包括按村或村民小组设置的社区性集体经济组织，主要包括下面的内容。

1. 经营收益核算

经营收益＝经营收入＋发包及上交收入＋投资收益－经营支出－管理费用

2. 本年收益核算

本年收益＝经营收益＋补助收入＋其他收入－其他支出

3. 可支配收益核算

可分配收益＝本年收益＋年初未分配收益＋其他转入

4. 年末未分配收益核算

年末未分配收益＝可分配收益－提取公积公益金－提取应付福利费－外来投资分利－农户分配－其他

5. 集体经营收益核算

集体经营收益＝经营收入＋发包及上交收入＋投资收益－经营支出－管理费用

其中：

（1）经营收入是指村集体经济组织进行各项生产、服务等经营活动取得的收入。

（2）发包及上交收入指村集体经济组织取得的农户和其他单位上交的承包金及村（组）办企业上交的利润等。

（3）投资收益包括对外投资分得的利润、股利和债券利息，以及投资到期收回或者中途转让取得款项高于账面价值的差额。

（4）经营支出村集体经济组织直接从事各项经营活动所耗费的各项支出。包括生产资料费以及折旧费、运输费、修理费和保险费。

（5）管理费用指村集体经济组织管理活动发生的各项支出，包括干部报酬、办公费、差旅费、管理用固定资产折旧和维修费等。

（6）经营收益指村集体经济组织本年通过生产经营活动实现的收益。

（7）年初未分配收益指村集体经济组织上年度未分配的收益。本指标应根据上年度收益及收益分配表中的“年末未分配收益”数额填列。

五、相对指标分析

（一）村集体经济基本情况分析

根据农村经济基本情况总量指标，并结合其他报表中的有关指标，可做一系列分析。文中仅介绍以下几种。

（1）每个劳动力平均负荷人口＝汇总人口数÷汇总劳动力数（上式中“汇总劳动力数”包括外出劳动力）

（2）每个劳动力创造的总（净）收入＝总（净）收入÷汇总劳动力数

（3）外出务工农民所占比重＝外出务工劳动力数÷汇总劳动力数

（4）某类型农用地比重＝该类型农用地面积÷农用地总面积

（二）村集体经济效益分析

农村经济效益分析通常有以下两个指标。

农村经济净收益率＝（农村经济净收入/农村经济总收入）× 100％

农村经济投入产出率＝（农村经济净收入/农村经济总费用）× 100％

（三）农民收入分析

农民人均纯收入＝家庭全年纯收入÷家庭常住人口

农民家庭纯收入是从农民家庭总收入中扣除费用性支出后可以直接用于进行生产和非生产性建设，改善生活的那部分收入。

第七章 家庭农场管理

第一节 家庭农场的管理

家庭农场的财务管理非常简单，因为家庭农场本来就是一个整体，不需要按企业模式来进行管理，也无须承担财务管理的相关成本。但是，家庭农场由于沿用家庭经营模式，大多数农民缺乏财务管理意识，在现代农业背景下发展起来的家庭农场，引入规模化、机械化、商品化生产和社会化服务机制，必须强化财务管理意识，提高财务管理能力。

按照财务管理的一般思路，收、支两条线必须清楚明晰，家庭农场经营者必须具备收入管理与支出管理的基本意识，为此，主要介绍收入管理和支出管理，收入合计与支出合计的差额就是当年家庭农场的实际资金结余。家庭农场的财务管理不需要专业财务人员，但要求经营者要有实时记录，做到心中有数，脑海里有一本明细账。

一、家庭农场的收入管理

收入是指一定时期内，家庭农场在销售产品、提供劳务及让渡资产使用权等日常经营活动中所形成的经济利益总流入（表 7-1）。

表 7-1 ××××年度家庭农场的收入列表

项目	金额（元）	说明
农产品销售收入		销售商品农产品所取得的资金流入
工资性收入		外出务工或为他人帮工取得的收入
商业性收入		经商盈利、出租设备设施取得的租金
服务性收入		利用设备设施为他人提供服务所取得的收入
投资性收入		投资回报、参股分红、存款利息等
补贴性收入		来自于政府的各类补贴
其他收入		奖金、受赠、偶然所得、人情收入等

（1）农产品销售收入。家庭农场是农业商品生产者，生产的农产品通过销售进入市场以后取得销售收入，就是农产品销售收入。需要注意：一是家庭农场统计收入的时候只考虑资金的流入，不考虑生产成本；二是农产品销售收入是指家庭农场所生产的各种农产品的实际销售收入，家庭农场的自留口粮、饲料粮及其他用于系统内流转的农产品，只要没有形成外部流入的直接收入，均不计为农产品销售收入。

（2）工资性收入。家庭农场的工资性收入是指家庭成员外出务工（如子女在外务工）或为他人帮工所取得的实际收入。家庭农场的未成年子女不参与家庭农场的农事操作，即使参与了也只能算是对父母的帮助；但是，家庭农场经营者的子女成年后（未独立组建家庭）外出务工且工资收入应算为家庭农场的工资性收入。家庭成员可能为社区其他组织或个人提供劳务（帮工），这也是工资性收入。

（3）商业性收入。家庭农场可能同时经营农业生产资料或其他商务活动，这是典型的商业性收入；家庭农场对外有偿租赁农业资源、机械设备、生产设施等所取得的租赁性收入（不承担具体操作，不提供操作人员），也应纳入商业性收入。

（4）服务性收入。家庭农场经营者可以利用自有农业机械设备或其他设备设施为社区居民或组织提供服务，如外销种子苗木、利用自有农机承包他人的机械作业、利用自有车辆为他人提供运输服务、利用自有设施为他人提供有偿服务，都应纳入服务性收入。

（5）投资性收入。家庭农场稳定运营以后，剩余资金可以开展多方面的投资活动，如投资某类项目可以获得投资回报，对农民专业合作社、农业企业或其他组织参股经营可以获取红利、投资期货或股票可获取回报（正向的或负向的）、银行存款具有一定的利息，这些都属于投资性收入。

（6）补贴性收入。家庭农场收到的财政等有关部门的政策性农业补贴或补助金，也是家庭农场的实际收入。中央和地方政府的农业补贴政策和其他农业支持保护政策是不断发展变化的，每年的情况都有差异，家庭农场应根据实际情况记录所收到的各类补贴或补助。在这里需要注意，农机购置补贴没有形成家庭农场的资金流入，不应计入补贴范围，但农机报废更新补贴应计入补贴性收入。

（7）其他收入。家庭农场及其家庭成员所获得的奖金（包括以奖代补）、馈赠（受赠物质应折算为金额）、偶然所得（如彩票中奖）、人情收入（收纳礼金）等。

二、家庭农场的支出管理

家庭农场的支出是指在一定时期内，家庭农场从事生产经营活动和日常生活所产生的经济利益流出（表 7-2）。家庭农场的支出包括生产性支出和生活性支出两大部分。

表 7-2　××××年度家庭农场的支出列表

项目	金额（元）	说明
土地流转费		实际支出的年度土地流转费
租赁费		实际支出的年度设备设施租赁费
物质费用开支		本年度外购种子、饲料、燃油等消耗性物质的开支
劳动雇工开支		本年度长期雇工和临时雇工的工资和奖福支出
外来服务支出		生产项目外包、技术服务外包等的实际年度开支
外来投资支出		外来投资回报、外来参股分红、贷款利息等
维修保养费用		本年度设备设施维修维护的实际支出
折旧费		按不同设备设施的折旧率提留的期间费用
基本生活开支		本年度外购食品、服饰、家具、家电等的实际开支

续表

项目	金额（元）	说明
出行开支		家庭成员出行和旅游的实际支出
水电网络费		生产和生活用的水电网络费等的实际支出
保险费		家庭成员的各类保险费及农业保险费
其他开支		人情支出、婚丧宴席支出、现金或物质损失等

（1）生产性支出。家庭农场的生产性支出包括土地流转费、设备设施租赁费、物质费用开支、劳动雇工开支、外来服务支出、外来投资支出、设备设施维修保养费用、设备设施折旧费（一般按 5 年折旧制，永久性建筑按 35 年折旧制）等，还包括农业保险费、生产用水电网络费等（这类费用合并计入生活性支出）。需要特别注意的是，计入了设备设施折旧费的农机、车辆购置费和基础设施建设费不计入当年成本支出（因为已计入折旧，不能重复计算），同时应注意农机购置费按实际支出计算原价（农机购置补贴没形成收入也不应计入支出）。

（2）生活性支出。家庭农场既是一个生产单位，同时也是一个生活单元，生产性支出和生活性支出有时不可能分得很清楚。一般来说. 家庭农场的生活性支出包括基本生活开支、出行和旅游开支、水电网络费（生活用和生产用合并计入生活开支）、保险费（家庭成员的人身保险、家庭财产保险、农业生产保险合并计入）和其他开支。

（3）管理费用。家庭农场的管理费用是指从事家庭农场管理活动所耗费的支出，是一个生产经营单位的必要开支，包括开展管理活动必需的办公材料（如账本，可计入物质费用开支）、差旅费（应计入出行开支）等，但为了简化家庭农场经营管理思路，可以将这类开支合并计入生产性开支或生活性开支中的相关项目，以简化家庭农场的财务管理环节。

第二节　家庭农场的资产管理

一、流动资产管理

流动资产是指可以在一年内或一个营业周期内变现或者可运用的资产。流动资产包括现金、银行存款、应收款项、预付款项、可变现的有价证券、存货等。

（1）现金预算。现金预算也称现金收支计划，是预计未来一段时间内的现金流量，并进行现金平衡的详细计划。现金预算可以按年、月、旬编制。利用现金收支法编制现金预算的主要步骤：①根据家庭农场的销售预算和生产经营情况，测算预测期的现金流入量；②根据家庭农场的生产经营目标，预测为实现既定经营目标而购入物质、支付费用等需要发生的现金流出量；③根据预测的现金流入量和流出量，计算出净现金流量，然后综合考虑期初现金余额和本期最佳现金余额等因素，计算出本期的现金余缺额。

（2）短期有价证券管理。短期有价证券与现金在流通过程中具有非常相似的特征，即变现能力很强，当现金流出量大于现金流入量时，家庭农场可以将短期有价证券转换成现金以补充现金的不足；当资金充实时可以进行短期证券投资来取得收益。

（3）银行存款管理。银行存款管理是家庭农场对银行存款收支及相关内容的管理，主要包括银行存款账户的开户、变更、合并、迁移、撤销和使用的管理，以及由经济活动引起的银行存款收支结算、存款核算和票据凭证等的管理（要有保存票据凭证意识）。

（4）应收账款管理。应收账款是指家庭农场已对外销售产品、材料和提供劳务等，应向购买方收取的款项，它是家庭农场流动资产的重要项目。应收账款的日常管理包括应收账款的监督、收账策略和坏账处理等。

（5）存货管理。存货是指家庭农场在生产经营过程中为销售或耗用而储备的物资，主要包括种子、农药、化肥、饲料、加工原材料、机器零配件、低值易耗品、在产品、产成品等。

二、固定资产管理

固定资产是指使用年限超过一年或一个经营周期、单位价值超过一定标准并且在使用过程中保持原有实物状态的有形资产。

（1）固定资产计价管理。家庭农场应当根据实际情况确定固定资产的入账价值。购入的固定资产不需要安装的，按实际支付的购买价加采购费、包装费、运杂费、保险费和交纳的有关税金等计价（享受的农机购置补贴不应计入原价）；需要安装或改装的，还应加上安装费或改装费。新建的房屋和建筑物、农业基础设施等固定资产，按峻工验收的决算费用计价。接受捐赠的固定资产，应按发票所列金额加上实际发生的运输费、保险费、安装调试费和应支付的相关税金等计价；无发票的则按同类设备的市价加上应支付的相关税费计价。在原有固定资产基础上改造、扩建的，按原有固定资产的价值，加上改造、扩建而增加的支出，减去改造、扩建工程中发生的变价。投资者投入的固定资产，按投资各方确认的价值计价。盘盈的固定资产，按同类设备的市价计算。

（2）固定资产折旧。固定资产在使用过程中，其价值会发生耗损，由耗损而转移到费用或成本中去的那部分价值，称为固定资产折旧。家庭农场的下列固定资产应当计提折旧：房屋和其他建筑物；机械、机器、设备、运输车辆、农业机械、农用工具器具；农业生产设施、农田水利设施。提留固定资产折旧费的方法：农业机械设备和农用工具器具等按5年折旧制每年提留原价的20%折旧费，永久性建筑按35年折旧制提取折旧费。

三、无形资产管理

无形资产是指家庭农场所拥有的没有物质实体的、可以长期获得超额收益的资产，包括专利权、非专利技术、商标权、土地使用权、著作权、文化遗产等。

（1）无形资产的计价。无形资产按取得时的实际成本计价，不同来源的无形资产计价标准不同：①投资者作为资本或合作条件投入的，按评估价确认或按合同、协议约定金额计价；②购入的无形资产按其实际支付的价款计价；③自行研制开发并依法申报取得的无形资产，按其开发过程中的实际支出计价；④接受捐赠的无形资产，按发票账单或同类无形资产的市价计价；⑤非专利技术和荣誉的计价应当经法定评估机构认定。

（2）无形资产的投资管理。家庭农场的无形资产要对外投资产生效益，应与固定资产等有形资产的投资相结合，必须重视投资的预算管理，充分评估各种影响因素，全面分析投资成本、未来收益、投资风险等，防止资产流失。

（3）无形资产的摊销管理。无形资产应从使用之日起，在有效使用年限内平均分摊其价值。摊销时应注意：①按照法律、制度、合同等规定，合理确定摊销期，没有明确规定

的一般不低于10年；②核实无形资产的取得成本；③正确计算摊销额，一般采用有效期内平均摊销法来计算。

四、农业资产管理

农业资产是指农业活动所涉及的活体动物或植物，包括幼畜、育肥畜、产畜、役畜、经济林木、非经济林木等。家庭农场的农业资产管理不仅有利于经营者及时把握农业资产数量和价值，更重要的是在进行农业资产抵押贷款时能够提供价值化度量依据。

(1) 农业资产的计价原则。农业资产按下列原则计价：购入的农业资产按照实际购买价及相关税费计价，幼畜及育肥畜的饲养费用、经济林木投产前的培植费用、非经济林木郁闭前的培植费用按实际成本计入相关资产成本。产役畜、经济林木投产后，应将其成本扣除预计残值后的部分在其正常生产周期内按直线法分期摊销，预计残值率按成本5%确定；已提足折耗但未处理仍继续使用的产役畜、经济林木不再摊销。农业资产毁损时，按规定程序批准后，按实际成本扣除应由责任人或保险公司赔偿的金额后的差额，计入其他支出。

(2) 农业资产的计价方法。家庭农场的农业资产可按三种方法计价：①原始价值，即购入农业资产的买价及相关税费的总额。②饲养价值、培植价值、管护价值。其中，饲养价值是指幼畜及育肥畜成龄前发生的饲养费用，培植价值是指经济林木投产前和非经济林木郁闭前发生的成本，管护价值是指经济林木投产后和非经济林木郁闭后发生的成本。③摊余价值，指农业资产的原始价值加饲养价值、培植费用后减去农业资产累计摊销额后的余额，反映农业资产的现有价值。

(3) 农业资产的日常管理。家庭农场要明确农业资产的计价范围，正确组织其核算和价值摊销。首先要严格农业资产分类，将对外销售和转作生产资料的农业资产区别开来，设置和登记资产目标，防止与农业物质混为一体。家庭农场应至少于每年年终对所属农业资产进行检查和清理，区别死亡原因和毁损原因，按规定程序根据不同情况分别进行处理。

第三节　技术经济效果评价

一、技术经济效果评价原则

技术经济效果的分析，要客观地反映生产过程中技术与经济之间内在关系，必须有分析评价原则，以保证技术经济效果论证的科学性。

(1) 定性分析与定量分析相结合的原则。定性分析技术经济指标的含义影响条件因素及它们之间的关系，定量分析是通过计算公式、定额统计数学方法或经济模型，用数量来衡量其技术经济效果。定性分析是定量分析的基础和前提，定量分析是定性分析的深入具体化，两者相结合才能做出正确的分析评价。

(2) 微观效益和宏观效益相统一的原则。微观效益和宏观效益是反映局部与整体利益、农户与国家利益的关系问题，两者之间的根本利益是一致的，但有时有矛盾，因此分析技术经济微观效益时要结合分析对整个地区或社会的经济效果。

(3) 经济效果、社会效果、生态效果统一的原则。分析技术经济效果时，要注重技术措施的经济效果。同时，要分析这些措施对生态和社会的影响，要有利于促进生态平衡并能取得良好的社会效果。这样才能正确评价和全面反映技术经济效果。

(4) 价值与使用价值统一的原则。技术经济效果评价时必须把满足社会需要和营利性结合起来，既要考察使用价值形态的有用效果，又要考察价值形态的收益性效果。

二、技术经济效果评价方法

(1) 比较分析法。比较分析法是将调查研究所取得的有关技术经济方面的资料数据加以整理分组，把性质相同的各种经济指标进行研究和综合分析，找出它们之间的差距，做出评价。这种比较可以在不同地区、不同时间、不同单位、不同生产项目、不同技术措施和方案之间进行。在方法上可以采用平行数列表对比，也可以采取分组法与平均数法进行比较和分析。比较分析法一般应用于分析与庭院生产规模、水平、速度、结构和效益有关的指标对比和评价。

(2) 试算分析法。试算分析是根据有关的技术经济参数和历史资料，对新技术措施、技术方案或技术政策的劳动消耗，以及可能取得的使用价值和价值量进行试算分析，以确定预期的经济效益。因为这是一种预算分析方法，分析正确性取决于下列因素：计算项目的正确性；生产因素的正确选择；历史资料；试验资料的审定和技术经济参数的正确应用；计算方法的正确性和科学性；技术条件、经济条件的正确分析等。

试算分析法的应用：①常用于新技术与老技术之间经济效果的预测和评价，以确定新技术可行性。②两项或两项以上新技术之间经济效果的试算和比较，以便选择先进而实用经济效果好的新技术。③用于不同的规划项目、不同的生产结构之间经济效果的试算比较。比如：家庭农场开发方案中对不同组合模型，可以先试算一下经济效果，以选择经济效果较大的组合模型。

(3) 综合评分法。综合评分法是对某一技术方案或某一技术措施多项指标进行综合评价的数量方法，在对家庭农场技术经济进行分析时，一项决策、措施或方案的评价常采用多指标来衡量。为解决多指标综合经济评价问题，就可运用综合评分法，把各项指标优劣，统一实行数量化，再集中一个数量化指标综合起来，求得总体得分高低，用以表示决策、措施和方案的好坏。综合评分法多用于评价庭院技术方案或技术措施的优劣。

(4) 因素分析法。因素分析法是用来分析两个或两个以上因素对经济现象、目标、水平的影响程度的一种方法，这种方法是在假定其他因素不变的条件下，逐个地分析其中一个因素的作用。需要注意的是，因素分析法是在假定其他因素不变的前提下分析某一因素变动对分析对象的影响程度。但客观上经济现象并非如此，各个因素在互相联系、制约、变动着，因此，分析结果带有一定假定性。

因素分析法常用于：①用于正确判断影响差距的各个因素，哪些是主要的，哪些是次要的。②用于分析各个因素的正反作用及其影响程度。③用于分析各因素对总量水平和平均水平的影响程度。

三、技术经济效果评价指标体系

技术经济效果评价指标体系包括技术经济效果衡量指标和技术经济效果分析评价指标

两类。技术经济效果的衡量指标是基本的，也是最主要的指标，可以直接用来衡量和比较不同的农业技术措施、方案和物质技术装备应用的经济效果的大小。常用的衡量指标主要有土地生产率、劳动生产率、成本生产率、资金生产率，以及投资效果指标。

技术经济效果的分析指标是用来反映生产经营活动状况，分析影响经济效果的各种经济因素的数值指标，如分析各种投入、产出水平，分析投入产出和资源与劳动占用的构成比例，分析各种技术应用的有效可靠性和先进程度，以及农业技术措施、生态效果的分析。在分析评价技术经济效果时，其分析评价指标可以分为两大类：①不同技术的经济效果分析指标。如种植业技术效果指标组、养殖业技术效果指标组、加工业技术效果指标组、服务业技术效果指标组和其他技术效果指标组等，其指标组均包括投入和产出指标。②生态效果分析指标。如物质能量循环指标、生态环境保护指标、无污染能源利用率、再生资源利用率等。

第四节　家庭农场的风险控制

一、家庭农场的经营风险

（一）自然风险

自然风险是指由于自然力的不规则变化所引起的物理化学现象而导致物质毁损和人员伤亡。家庭农场的劳动对象是农业生物，生产环境受自然条件的影响较大，遭受自然风险的可能性大于其他类型的企业或生产经营实体。

（1）自然灾害风险。风、霜、雾、雨、雪、雹属于正常的天气现象，农作物的生长正是依赖人类对自然规律的认识，形成了作物生产的季节性。一方面，由于这种季节性是被动适应自然条件的结果，同时也带来了劳动力使用的季节性，形成了农忙与农闲，农忙时劳动力资源紧缺，农闲时劳动力资源浪费，不利于劳动力资源的均衡利用。另一方面，基于常态的气象气候认识所形成的作物生产季节性，如果出现异常天气，如倒春寒、寒露风、冻害、雹灾、冰灾、洪灾、旱灾等灾害性天气，必然导致农作物减少甚至失收，大大增加了农业经营风险。此外，洪涝灾害是农业生产需要面对的经常性灾害，地震、泥石流、台风、海啸等重大自然灾害更是无力回天。

（2）生物特性风险。生物具有自身的生长发育规律，对环境条件具有特定要求，并不能像工业生产过程一样能够实现有效的人为控制，也带来家庭农场的经营风险：幼年期个体生长缓慢，对环境资源利用率低，导致不同程度的资源浪费；生命进程相对固定，成熟期基本一致导致农产品形成上市高峰，不能实现与市场需求的耦合；鲜活产品不耐储藏运输，增加了家庭农场的经营成本，也可能因为产品滞销而造成浪费。

（二）技术风险

农业生产依赖于农业技术，家庭农场生产经营中，既存在技术不足导致无法控制的风险，也存在技术使用不当带来的风险和技术事故风险。

（1）有害生物危害。农作物的病、虫、草、鼠、鸟害以及农业动物的各类疾病，不仅直接给农业生产带来损失，有可能因为农作物病虫暴发或动物传染病流行而导致血本无归，动物养殖还可能出现人畜共患疾病而引起公共卫生事件，来自有害生物的经营风险可能给经营者带来毁灭性灾难。

(2) 技术不当风险。不成熟或不当的农业技术有可能给农业经营带来巨大风险。第二次世界大战以后，为了消灭农作物害虫，农业生产中大量使用DDT、六六六等有机农药，当时看到的结果是农药一喷害虫就死，从而异常兴奋，但大量使用这些化学农药不到二十年，人们就发现，很多害虫的天敌不见了，农药用量越来越高，甚至导致了全球性的环境污染。

(3) 技术事故风险。随着科学技术的发展，农业技术也渐趋复杂，生产人员若不能准确掌握使用技术，就有可能出现技术事故。例如，田间使用的除草剂有两大类，一类是杀死双子叶植物的，主要适合为禾本科植物除草，另一类是杀死单子叶植物的，主要适合为棉花等双子叶植物除草，如果操作者用错了除草剂种类，结果将是杂草没杀死反过来把作物伤害了。

(三) 经济风险

经济风险是指在生产经营和购销过程中，因经营管理不善、市场预测失误、价格波动较大、消费需求变化等因素，引起经济损失的风险。

(1) 市场风险。家庭农场的生产性项目，取决于农产品的市场价格和商品实现程度。遇到农产品“卖难”的后果是不言而喻的，农产品市场价格则直接关联企业效益。大部分农产品都是生活必需品，虽然市场需求量很大，但数量庞大的生产单位（包括企业和家庭），谁也无法预测市场价格，大部分经营者都是“跟风”：猪肉价高大家养猪，待产品上市时供过于求，价格下跌是必然结果。这种“跟风”所带来的农产品价格起伏，是不可避免的市场风险。与此同时，还需要面对国际市场农产品价格变化，目前我国大宗农产品价格均高于国际市场，可见家庭农场还需要面对国际竞争。

(2) 投资风险。投资风险是指企业在进行基本建设投资时承担的风险，因为基建项目在较长时间内垫付的大量资金，只能在竣工投产后，才能从逐年获得的利润中得到补偿。如因盲目投资、重复建设或因基建项目投产后连年亏损无力偿还基建贷款和利息等引发风险。农业企业的生长周期较长，投资回收期较长，遭受投资风险的可能性大。

(3) 销售风险。销售风险是指家庭农场产品销售时承担的风险，具体表现为产品积压、变质、损坏而不能转化为货币。农产品具有鲜活、不易保存、货架期短等特点，易于遭受销售风险。

(4) 财务风险。财务风险是指企业的上述三种风险损失在财务上的综合反映，以及因此发生的死账、呆账损失而承担的风险。由于商业信用的普遍化，企业之间可能形成债务链，一个企业往往同时具有债权人和债务人的双重身份，一旦一方不能按时偿还债务，就可引起相关企业发生财务风险。

(四) 社会风险

社会风险是由社会中不确定因素引起的风险，如战争动乱等不确定因素。对农业企业来说，社会风险是难以控制、难以完全消除的，以致造成损失。

农业企业的经营规模相对较大，必须雇请数量较多的生产人员、技术人员和管理人员来维持企业的正常运转，但是，如果没有很好地激发各类人员的生产积极性和主人翁意识，消极怠工、恶意破坏等行为就有可能导致非常严重的后果。

此外，家庭农场生产经营过程中，也可能发生各种人身安全事故。

二、经营风险处置对策

风险处置对策也称为风险应对策略，是对已经识别的风险进行定性分析、定量分析和风险排序，制订相应的应对措施。

（一）风险规避

风险规避是风险应对的一种方法，是指通过计划的变更来消除风险或风险发生的条件，保护目标免受风险的影响。风险规避并不意味着完全消除风险，我们所要规避的是风险可能给我们造成的损失。一是要降低损失发生的概率，这主要是采取事先控制措施；二是要降低损失程度，这主要包括事先控制、事后补救两个方面。

（1）科学决策是战略层面的规避风险措施。家庭农场进行经营决策时，必须认真分析市场，加强市场调研和市场预测，减少经营盲目性，降低经营风险。在进行家庭农场规划设计时，必须设计合理的安全防护体系，降低风险事件发生概率。

（2）加强农业基础设施建设，改善农业生产条件，加强农田水利设施建设，提高系统的抗旱防洪能力，增强家庭农场抵御自然灾害的能力。

（3）优化家庭农场生产结构，增强经营应变性，根据市场供求变化，适时调整生产经营项目，生产适销对路的产品，降低市场风险。

（4）完善经济合同制度。家庭农场需要与社区发生各种合作关系，如雇请长期用工或季节性临时雇工、将部分生产项目外包给农民专业合作社或专业企业、购销生产资料和产品等，发生这类合作关系时，尽量签署相应的协议或合同，明确双方的权利与义务，降低风险。

（5）加强人员培训，强化安全生产意识，加强生产过程的安全监控管理，机械设备和大型设施必须由具有专业知识的人员操作，避免安全事故。加强技术管理，提高相关人员的操作技术，规范农业技术应用的规范性。

（二）风险自留

风险自留是指项目风险保留在风险经营主体内部，通过采取内部控制措施等来化解风险或者对这些保留下来的项目风险不采取任何措施。风险自留与其他风险对策的根本区别在于：它不改变项目风险的客观性质，既不改变项目风险的发生概率，也不改变项目风险潜在损失的严重性。

风险自留是一种有意识的决策。主要适合于：①发生频率高但损失程度小的风险，它构成了经常发生而又无法避免的费用，比如农业机械设备和农业生产设施的维修维护，偷盗造成的损失等。②发生频率低且可能通过管理措施避免的风险，如家庭农场生产经营中可能发生安全事故，通过提高安全生产意识可尽可能避免发生。③该风险是不可保的动态风险或投机风险，如地震、台风、战争、恐怖袭击、犯罪侵害、斗殴伤残、农产品霉变等，这种情况下的风险自留往往是出于无奈。④平均保险成本高于保险受益，是指保险费用高但风险发生后保险理赔额度低，理赔程序复杂，家庭农场自己有足够力量来承担风险损失，如活体畜禽的疾病保险。⑤有意追求风险利润。如选择生产经营项目本身是有风险的，在多数情况下还表现高风险高利润特点，这也是生产经营单位的正常经营风险。

对各类具体项目，家庭农场是选择风险自留或选择风险分散，主要取决于家庭农场经营者的决策，选择风险自留就意味着全部风险由自己承担，相应的风险损失就在家庭农场的经营收益中开支。

（三）风险分散

风险分散是指增加承受风险的单位以减轻总体风险的压力，从而使经营者减少风险损失。家庭农场经营风险分散的最重要的方式就是向保险公司投保，也可以通过诸如租赁合同、服务合同、销售合同等实现风险转移。

（1）农业保险。在各类农业经营风险中，按风险可否投保划分，可分为静态风险和动态风险。静态风险即可投保风险，主要指由于自然灾害、意外事故等原因所造成的风险。这类风险具有偶然性、客观性和无利性等特点，只有损失的机会而没有获利的可能。但可以依据调查资料，进行统计分析，计算其发生的概率，估算其风险损失，以作为确定保险费的依据。静态风险可向保险公司投保。这类风险损失以保险费形式计入产品的成本。动态风险即不可投保风险，主要指市场供求变化、价格升降和经营决策失误所造成的风险。这类风险兼有风险报酬和风险损失的两种可能性，难以较准确地预测其发生的概率、风险报酬与风险损失的规模。这类风险损失不可向保险公司投保。

（2）风险转移。风险转移也称财务型非保险转移，是指通过订立经济合同，将风险以及与风险有关的财务结果转移给别人。家庭农场通过租赁合同有偿使用专业公司的大型机械设备，实现了投资风险转移；利用项目外包协议将统防统治、机械作业等外包给农民专业合作社，实现了经营风险的部分转移。

此外，家庭农场在进行土地流转时，也可鼓励当地农民以土地经营权入股，既转移了家庭农场的经营风险，同时也提高了周边农民对家庭农场的支持度和融入度。

（四）风险组合

将不是同时发生或不同强度的风险生产经营项目组合起来，以期相互依赖、相互弥补，增强整体的抗风险能力，从而减少风险损失。风险组合方式更多地适用于规模较大的企业。

三、农业保险制度

农业保险是指保险机构根据农业保险合同，对被保险人在种植业、林业、畜牧业和渔业生产中因保险标的遭受约定的自然灾害、意外事故、疫病、疾病等保险事故所造成的财产损失，承担赔偿保险金责任的保险活动。《中华人民共和国农业法》第 46 条规定：“国家建立和完善农业保险制度。国家逐步建立和完善政策性农业保险制度。鼓励和扶持农民和农业生产经营组织建立为农业生产经营活动服务的互助合作保险组织，鼓励商业性保险公司开展农业保险业务。农业保险实行自愿原则，任何组织和个人不得强制农民和农业生产经营组织参加农业保险。”为推进农业保险制度建设提供了法律依据。

第八章 农村审计

第一节 农村审计的定义与职能

一、农村审计的概念

农村审计，是县级以上农村审计行政管理部门或乡镇人民政府依法设置的审计机构和人员，依照有关法律法规规定对农村集体经济组织及其所属企业事业单位的财务收支和其他经济活动的真实性、合法性、效益性进行的审计。

农村审计的概念可以从以下几个方面理解：

(1) 审计的主体。农村审计的主体是县级以上农村审计行政管理部门和乡镇人民政府。

(2) 审计的客体或对象。农村审计的客体主要是农村集体经济组织及其所有的企业事业单位，以及其他类型的农村集体经济载体，包括村民委员会、村民小组、农村集体资产的使用单位等。

(3) 审计的主客体关系。农村审计的主体与客体之间的关系不是内部的隶属关系，客观上不存在直接的利害冲突。农村审计行政管理部门和乡镇人民政府是政府机关或政府部门，而农村集体经济组织及其所属企业事业单位属于该组织的全体农民所有。农村审计的机构和人员处于第三者地位，不介入农村集体经济组织及其所有的企业事业单位经营管理活动的具体事务。

(4) 审计的依据。农村审计是依法审计。其中审计的依据是国家宪法、法律法规及各种规章制度，包括地方立法机关或政府依据党和国家的方针政策制定的法规、规定、制度等。

(5) 审计的目的。农村审计的目的主要是为了达到严肃财经法纪，改善农村集体经济组织及其所属企业事业单位的经营管理，提高经济效益，让资金资产的使用有迹可循，从而维护农村集体经济组织及其成员的合法权益，促进农村基层组织廉政建设和社会稳定。保障农村经济社会健康发展。

(6) 审计的程序。农村审计必须按法律规定的工作程序和步骤进行。进行审计时，应当组成审计组，并在实施审计 3 日前，将审计通知书送达被审计单位。审计部门认为事前向涉嫌存在严重违法、违规行为的被审计单位送达审计通知书，可能妨碍审计正常进行的，经本级人民政府农村审计或者乡（镇）人民政府主要负责人批准，审计组可以直接持审计通知书实施审计。

审计人员根据审计项目，审查凭证、帐表，查阅文件、资料，检查现金、实物，向有关单位和人员进行调查，并取得证明材料。证明人提供的书面证明材料应当由提供者签名或盖章。审计人员，在审计过程中，应当主动听取农民群众和民主理财组织的意见。具体的审计活动结束后，负责审计工作的人员应当及时将审计结论、处理意见、工作建议、改进措施等写成书面审计报告，做出审计决定。

(7) 审计事项为：①财务制度的制定和财务、会计制度的执行情况；②财务收支及有关经济活动情况；③承包合同的签订和履行情况；④收益（利润）分配情况；⑤承包费、租金、利息、土地补偿费等集体收入的管理使用情况；⑥集体公益事业建设筹资筹劳情况；⑦集体资产经营管理和债权债务情况；⑧建设项目的预算和决算；⑨上级拨付和社会捐赠资金、物资管理使用情况；⑩主要负责人任期及离任经济责任履行情况；⑪其他需要审计的事项。

二、农村审计的职能

审计的职能是指审计本身所固有的体现审计本质属性的内在功能。如前所述，就审计的本质来看，审计是独立性的经济监督活动。因此，审计的职能是客观存在的。其最基本的职能是经济监督，这是由社会经济关系条件和社会经济发展的客观需求所决定的。同时审计的职能也不是一成不变的，它要随着社会经济关系条件及社会经济发展的客观需求的变化，而不断地发展变化。因此，当审计发展到一定的历史阶段时，就由经济监督基本职能派生出经济评价和经济鉴证职能。明确认识审计的职能，对于指导审计工作实践，充分发挥审计的职能作用，完成审计的任务，建立健全我国农村审计监督体系和制度，具有重要意义。

具体而言，农村审计具有以下职能。

(一) 经济监督职能

监督指监察和督促。经济监督指监察和督促被审计单位的经济活动在规定的范围内和正常的轨道上进行。

古代封建王朝的官厅审计，为维护王朝的统治和利益，代理皇家专司财经监督的职责，对侵犯皇室利益者予以惩处。资本主义国家审计为维护资产阶级的整体利益，代理国家专司经济监督的职责，对损害资本主义利益的行为进行严格的审查和处罚。内部审计同样要对本部门、本单位的经济活动进行检查，依照法规依据或标准加以评价和衡量，明辨是非，揭发违法违纪和不经济行为，追究受托者经济责任，这些都是其执行经济监督职能的具体体现。我国的审计实践证明，越是搞活经济，越是需要加强审计监督。开展农村集体经济审计，可以揭露农村财务管理中存在的问题，克服管理混乱的现象，健全财务管理制度，促进集体经济组织完善和执行内部控制制度，帮助集体经济组织理顺经济关系通过审计监督，可以严肃财经纪律、维护国家和人民的利益，可以加强宏观调控和管理，可以促进提高农村集体经济组织的经济效益。可见，经济监督仍然是农村审计的基本职能。农村集体经济组织依法接受审计监督，并根据审计意见进行整改，报告整改情况。审计事项包括：财务收支、对外投资收益、合同签订和履行、债权债务、征地补偿费使用、公积公益金提取和使用、集体资产管理运营、财政补助资金使用和收益分配等重大事项以及农村集体经济组织主要负责人经济责任和离任审计。重点加强对财政资金、土地征用、工程建设、项目投资、资产出租处置、收益分配及其他大额资金、资产资源经营等方面审计力度。审计工作经费应纳入本级预算，有条件的地方可以聘请第三方专业机构开展工作。

（二）经济评价职能

评价指评定和建议。经济评价指通过审核检查，评定被审计单位的经济决策、计划、预算和方案是否先进可行，经济活动是否按既定的决策和目标进行，经济效益是高是低，以及管理经济活动的规章制度是否健全、有效等，从而有针对性地提出意见和建议，以促进其改善经营管理，提高经济效益。

审核检查被审计单位的经济资料及其经济活动，是进行经济活动评价的前提。只有查明了被审计单位的经济活动及其结果的真相，才能按照一定的标准，进行对比分析，形成各种经济评价意见。经济评价的过程，同时也是肯定成绩、发现问题的过程，建议就是审计人员围绕所发现的问题，分析问题形成原因，提出改进经济管理工作、提高效率的办法和途径。开展农村集体经济审计，可以揭露农村财务管理中存在的问题，克服管理乱象，健全财务管理制度。可以对农村集体资金、资产的使用提出合理化建议，将有限的资金、资产用于发展壮大集体企业、提高农业科技含量、改善农村基础实施等项目，提高集体经济效益，壮大集体经济实力，同时，能够促进农村基层干部严格执行政策规定，加强党风廉政建设，提高村级财务公开质量，密切党群干群关系，促进农村社会稳定。

（三）经济鉴证职能

鉴证指鉴定和证明。经济鉴证指通过对被审计单位的会计报表及有关经济资料所反映的财务收支和有关经济活动的公允性、合法性的审核检查，确定其可依赖的程度，并做出书面证明，以取得审计委托人或其他有关方面的信任。农村审计是一种外部审计，具有较强的独立性，因此，农村审计结论在见证农村集体经济组织财务会计信息的正确性方面具有很高的权威。

第二节　审计实施的一般方法

审计实施的一般方法，也称审计的基本方法，是指与检查取证的程序和范围有关的方法。

审计实施的一般方法又可分为程序检查法和范围检查法两类。程序检查法是指按照什么样的顺序依次进行检查的方法，如顺查法、逆查法、插入法等。范围检查法是指采用什么样的审计手段在什么样的范围之内进行检查取证的方法，如详查法、抽查法、重制法等。

一、程序检查法

（一）顺查法

顺查法，是指按照会计业务处理的先后顺序依次进行检查的方法。顺查法也称正查法。会计人员处理会计业务的顺序是：根据审核无误的原始凭证编制记账凭证；根据记账凭证分别记入明细账、日记账和总账；最后根据账簿记录编制会计报表。顺查法审计顺序与会计业务处理顺序基本一致。其具体步骤如下：

①审阅和分析原始凭证，旨在查明反映经济业务的原始凭证是否正确可靠。

②查阅记账凭证并与原始凭证核对，旨在查明记账凭证是否正确以及与原始凭证是否

相符。

③审阅明细账、日记账并与记账凭证（或原始凭证）核对，旨在查明明细账、日记账记录是否正确无误以及与凭证内容是否相符。

④审阅总账并与相关明细账、日记账余额核对，旨在查明总账记录是否正确以及与明细账、日记账是否相符。

⑤审阅和分析会计报表并与有关总账和明细账核对，旨在查明会计报表的正确性以及与账簿记录是否相符。

⑥根据会计记录抽查盘点实物和核对债权债务，以验证债权债务是否正确、实物是否完整。

（二）逆查法

逆查法亦称倒查法或者溯源法，是指按照会计业务处理程序完全相反的方向，依次进行检查的方法。逆查法的基本做法与顺查法相反。其具体步骤如下：

①审阅和分析会计报表，旨在确定会计报表的正确性和判断哪些方面可能存在问题以及检查的必要性；

②根据会计报表分析所确定的重点审查项目，检查总账和相关的明细账、日记账，旨在从账项记录上查明问题的来龙去脉；

③审阅和分析总账并与相关明细账、日记账核对，旨在发现总账上可能存在的问题并通过明细账和日记账进行验证；

④审阅和分析明细账、日记账并与记账凭证或原始凭证核对，旨在发现明细账、日记账上可能存在的问题并通过明细账、日记账进行验证；

⑤审阅和分析记账凭证并与原始凭证核对，旨在发现记账凭证上存在的问题并通过原始凭证进行验证；

⑥审阅和分析原始凭证并抽查有关财产物资及债权债务，旨在确定被查事项的真相。

（三）插入法

插入法是相对于顺查法和逆查法而言的，它是指直接从有关明细账的审阅和分析开始的一种审计方法。该种方法在检查明细账以后，可根据需要审核记账凭证及所附的原始凭证，或审核总账与报表等。具体步骤如下：

（1）根据审计的具体目标，确定需要审查的明细账。如果确定的明细账与审计目标无关，则将造成审计资源的浪费，影响审计工作的效率和审计本身的效益；若未能将与审计目标有关的明细账确定在审查范围之内，则审计目标也很难达成。因此，有必要根据经济活动本身的内在联系或逻辑关系和审计人员自身积累的经验来判断确定与审计目标相关的明细账。

（2）审阅并分析明细账。

①审阅明细账的设置是否符合会计制度的要求和本单位的实际情况。

②审阅账户的格式是否符合要求，采用的形式是否合理。

③审阅明细账的摘要是否清楚，有无含糊不清或过简的情况。

④审阅明细账发生额是否合理，有无超出常规的问题。

⑤审阅明细账余额是否合理，有无正常情况下不应有的异常情况。

⑥审阅其他应注意的事项，包括有无提前结账的情况，红字冲销记录、更正记录、补

充记录及转记记录是否正常等。

⑦对明细账中的有关实物数量和金额指标进行必要的复核。

(3) 核对记账凭证及其所附的原始凭证，或核对账账、账表。根据明细账审阅与分析的疑点及线索，运用逆查追踪核对记账凭证及其所附的原始凭证，以查明账证、证证是否相符，处理是否符合制度规定。如销货退回，则应核对发票及合同和其他业务信件，以查明退货是否真实、理由能否成立、记录内容是否相符、账务处理是否真正冲销了原收入、退回的产品物资是否收妥并作了相应的账务处理等。也可采用顺查法核对账账、账表，以查明账账、账表之间是否一致。

(4) 审阅分析凭证或账表。核对账证、证证、账账、账表后，不管相互之间是否一致，都应对凭证与账表进行综合分析，以彻底判明经济活动情况的真实性、合法性和合理性、有效性。

(5) 根据需要再对存有疑问的债权债务进行证实，对实物进行盘点，以核实全部内容，取得充分可靠的证据。

审计实践中，顺查法、逆查法和插入法不是彼此孤立地应用，而是几种方法综合运用，这样可以兼顾工作效率和工作质量。

(四) 盘点法

盘点法是审计人员对被审计单位的各种实物资产、库存现金、有价证券等清查点数，用以确定资产数量的一种方法。盘点方式一般有两种。一种是审计人员直接现场清点，另一种是组织被审计单位自己清查点数，审计人员监盘，对于贵重物品，审计人员抽查复点。

二、范围检查法

(一) 详查法

详查法，又称精查法或详细审计法，它是指对被审计单位被查期内的所有活动、工作部门及其经济信息资料，采取精细的审计程序，进行细密周详的审核检查。

详查法在具体做法上，通常采取逐笔检查核对的办法。

详查法最大的优点是，对会计工作中的错误行为均能揭露无遗，因而，也能够做出较精确的审计结论。但应用费时、费力，工作效率很低，审计工作成本昂贵。

(二) 抽查法

抽查法指从作为特定审计对象的总体中，按照一定方法，有选择地抽出其中一部分资料进行检查，并根据其检查结果来对其余部分的正确性及恰当性进行推断的一种审计方法。

抽查法根据具体抽样方法的不同而有区别。抽查法有三种类型，即任意抽查法、判断抽查法和随机抽查法（或称统计抽查法）。

任意抽查法，指审计人员从检查的总体中任意抽取样本，既无规律可循，又无合理的根据，审计人员要承担较大的审计风险。可以说任意抽查法仅仅是为了减少审计工作量，以适应经济发展的要求而采用的权宜之计。

判断抽样法，是审计人员根据实践经验，结合审计的具体要求以及对被审计单位了解的情况，通过主观判断，从特定的审查总体中有选择、有重点地抽取部分项目进行检查，并据此来推断总体的一种抽查方法。在这种方法下，样本项目的选取依赖于审计人员的经验和分析判断能力，所以，对审计结论的可信性仍有较大的影响。

统计抽查法，是审计人员在选取样本时，根据审计工作的要求，按照随机的原则进行。统计抽查法是一种较为客观的检查方法，可以排除因主观判断失误所造成的差错。但是采用随机抽样的原则，也可能会造成样本偏倚，影响审计结论的正确程度。

抽查法最大的优点是，能使审计人员极大地提高工作效率，降低审计成本。但应用起来不大灵活，尤其是统计抽查法，更是烦琐。

第三节　会计要素审计

会计要素是指会计对象由哪些部分所构成，是会计对象按经济特征所作的最基本分类，是会计核算内容的具体化。农村集体经济组织的会计要素可划分为资产、负债、所有者权益、收入、费用和收益六大要素。本章就以这六大会计要素为标准，分类逐一阐述各自的审计方法与内容。

一、资产审计

（一）现金审计

现金是指农村集体经济组织存放于财会部门由出纳人员经管的货币，是货币资金的重要组成部分。现金是资产要素中流动性最强的资产，尽管其在资产总额中的比重不大，但农村集体经济组织发生的舞弊事件大都与现金有关，因此，审计人员应该重视现金的审计。

（二）银行存款审计

银行存款是农村集体经济组织存入银行或其他金融机构的货币资金。按照国家有关货币资金管理的规定，农村集体经济组织在日常经营活动中所发生的各项款项往来，除现金收支范围内的可使用现金结算方式直接用现金支付外，其余结算款项都必须通过银行办理转账结算。农村集体经济组织根据其业务的需要，设立银行存款账户，运用所开设的账户进行存款、取款以及各种收支转账业务。目前的银行存款结算方式有银行汇票方式、商业汇票（银行承兑汇票和商业承兑汇票）结算方式、银行本票结算方式、支票结算方式、汇兑结算方式、委托收款结算方式和托收承付结算方式七种。

对银行存款进行审计，可以促进农村集体经济组织自觉遵守财务管理制度和有关财经纪律，严格按照现金管理制度和结算纪律要求，加强货币资金收付的管理，保证货币资金的安全完整，保证银行实施金融监督的职能。

（三）应收款的审计

农村集体经济组织的应收款项是指在日常经营活动中，由于销售商品、提供劳务而应向购货单位和个人或接受劳务的单位和个人收取的款项，是集体经济组织资产的一个重要组成部分，是流动资产性质的债权，它包括两类：一是集体经济组织与外单位和外部个人发生的各种应收及暂付款项，通过“应收款”科目核算；二是集体经济组织与所属单位和

农户的经济往来业务中发生的应收及暂付款项，通过“内部往来”科目核算。

（四）存货的审计

农村集体经济组织的存货是指在正常的生产经营过程中持有以备出售的在库、在途的产成品，或者是为了出售仍处于生产过程中的在产品，或者将在生产或提供劳务过程中耗用的材料、物料等，具体包括种子、化肥、燃料、农药、原材料、机械零配件、低值易耗品、在产品、农产品和工业产成品等物资。

存货是农村集体经济组织的流动资产，是进行生产经营的物质保障，且流动性较强，应加强对存货的管理与审计。

（五）投资的审计

投资是指农村集体经济组织为通过分配来增加财富，或为谋求其他利益而将资产让渡给其他外部单位所获得的另一项资产。投资按流动性和目的不同，可以分为短期投资和长期投资；按投资的形式不同，可分为股票投资、债券投资和其他投资。

其中，短期投资是指农村集体经济组织购入的各种能随时变现并且持有时间不准备超过1年（含1年）的股票、债券等有价证券投资，投资的对象主要是购买股票、债券、基金等。长期投资是指农村集体经济组织购入的不准备在1年内（不含1年）变现的有价证券等投资，包括长期股权投资、长期债权投资和其他长期投资。

（六）固定资产的审计

农村集体经济组织的房屋、建筑物、机器、设备、工具、器具和农业基本建设设施等劳动资料，凡使用年限在1年以上、单位价值在500元以上的列为固定资产。有些主要生产工具和设备，单位价值虽低于规定标准，但使用年限在1年以上的，也可列为固定资产。

按照固定资产类会计核算内容，可将对固定资产类的审计，分为固定资产的审计、折旧的审计和在建工程的审计三部分。

定期或不定期开展固定资产审计，对有效监督和保护农村集体经济组织固定资产的安全与完整，保证固定资产的及时更新和修理，促使其合理利用固定资产具有十分重要的意义。

二、负债审计

农村集体经济组织的负债是指集体经济组织因过去的交易、事项形成的现时义务，履行该义务预期会导致经济利益流出集体经济组织。

农村集体经济组织的负债按其偿还的期限来分，可以分为流动负债和长期负债。流动负债是指偿还期限在1年以内（含1年）的负债，长期负债是指偿还期限在1年以上（不含1年）的债务。农村集体经济组织的流动负债包括短期借款、应付款项、应付工资、应付福利费以及长期负债中应在1年或1年以内偿还的部分，长期负债包括长期借款及应付款和一事一议资金。

在负债的形成和偿还过程中，可能存在着因这样或那样的原因导致错弊，从而导致会计报表发生错报。因此，对负债进行审计十分必要。

负债审计的基本内容主要包括以下几方面：

（1）了解并确定有关负债内部控制是否健全、有效和一贯遵守。

（2）确定被审计单位所记载的负债在特定期间内是否确实存在，是否为被审计单位所承担。

（3）确定被审计单位在特定期间内所发生的所有负债是否均已入账，有无遗漏有关负债业务、虚设隐瞒负债事项。

（4）被审计单位负债的形成是否真实、合法、合规，偿还是否及时。

（5）确定所有负债的会计记录是否正确无误，资产负债表和会计账册是否均已正确记录有关负债业务。

应该说，负债项目的审计同其他项目的审计一样，都要服务于审计总目标的实现，即对会计报表的合法性、真实性和会计处理方法的一贯性表示意见。负债审计不是专门用于发现错误和舞弊的，其审计目标主要是：确定各项负债的发生、偿还及计息的记录是否完整；确定各项负债的年末余额是否正确；确定各项负债在会计报表上的披露是否充分。

（一）应付款的审计

应付款是指农村集体经济组织与外单位和外部个人因发生的偿还期在 1 年以下（含 1 年）的各种应付款项及暂收款。

应付款的形成主要分为两类：一类是村集体采购商品形成的应付款；一类是外单位或个人提供劳务而形成的应付款。

（二）应付福利费的审计

应付福利费是指农村集体经济组织从收益中提取，用于集体福利、文教、卫生等方面的福利性支出（不包括兴建集体福利等公益设施支出），包括照顾烈军属、五保户、困难户的支出，计划生育的支出，农民因公伤亡的医疗费、生活补助及抚恤金等。

1. 借款的审计

农村集体经济组织的借款按期限长短可分为短期借款和长期借款，其中短期借款是指农村集体经济组织从银行、信用社和有关单位、个人借人的期限在 1 年以下（含 1 年）的各种借款。长期借款是指村集体经济组织从银行、信用社和有关单位、个人借入的期限在 1 年以上（不含 1 年）的借款。

借款资金作为一种经济资源，村集体经济组织如果能够科学正确地加以利用，根据自身资金的需求和持有情况，合理地确定借款的数量以及短长期借款的比例结构，将会促进集体经济的发展。反之，如果不顾自身实际情况，盲目举债，滥用、浪费举债资金，就有可能导致村集体经济组织不堪累累债务，从而影响村集体经济组织的发展甚至农村社会的稳定。因此，加强对农村集体经济组织借款业务的审计具有十分重要的意义。

三、所有者权益审计

所有者权益是指农村集体经济组织及其投资者在村集体经济组织资产中享有的经济利益，其金额为资产减去负债后的余额。村集体经济组织的所有者权益包括资本、公积公益金、本年收益和收益分配。

所有者权益审计，就是对农村集体经济组织所有者权益及其增减变动的合法性、真实性进行审计，其内容包括对资本、公积公益金和收益及收益分配的审计。其审计的主要目

标包括：

(1) 审查有关所有者权益内部控制制度是否健全、有效且一贯遵守，包括对有关投资协议、合同、收益分配方案、会计处理程序等方面的审查。

(2) 审查资本、公积公益金的形成、增加、减少及其有关经济业务会计记录的合法性、真实性。

(3) 审查收益分配的相关会计处理的正确性与合理性。

(4) 审查所有者权益账务登记的完整性。

(一) 资本的审计

村集体经济组织的资本是投资者实际投入到村集体经济组织中的各种资产的价值。它是村集体经济组织进行生产经营活动的前提，也是投资者分享权益，承担风险和义务的基础。

按照投资主体的不同，村集体经济组织资本可分为村（组）资本、外单位资本、个人资本、国家资本等。

(二) 公积公益金的审计

村集体经济组织公积公益金是指村集体经济组织从收益中提取的和其他来源取得的用于扩大生产经营的专项资金。它可以用来弥补亏损和转增资本，也可以用于公益设施建设，包括兴修水库、学校、医疗站等。

四、收入审计

收入是村集体经济组织在销售商品、提供劳务及让渡资产使用权等日常经营活动以及行使管理、服务职能所形成的经济利益的总流入。对于村集体经济组织而言，其收入也是来源于多种渠道的。按照来源渠道的不同，收入可分为经营收入、发包及上交收入、补助收入、投资收益及其他收入。

(一) 经营收入的审计

农村集体经济组织的经营收入是指村集体经济组织进行各项生产、服务等经营活动取得的收入，包括产品物资销售收入、出租收入、劳务收入等。村集体经济组织一般应于产品物资已经发出，劳务已经提供，同时收讫价款或取得收取价款的凭据时，确认经营收入的实现。

对经营收入的审计主要审查它的合法性和真实性以及是否按照权责发生制原则及时、正确完整地记入有关账户，并按规定进行账务处理。

(二) 发包及上交收入的审计

农村集体经济组织的发包及上交收入是指农户和其他单位因承包集体耕地、林地、果园、鱼塘等上交的承包金及村（组）办企业上交的利润等。村集体经济组织在收取农户、其他单位和个人上交的承包金或利润时，要执行国家的有关规定，坚持取之有度、用之合理、因地制宜、量力而行的原则，既不能超越农户和所属单位的承受能力，又要保证集体扩大再生产和发展公益事业的需要。

村集体经济组织在已收讫农户、承包单位上交的承包金及村办企业上交的利润款项或取得收取款项的凭据时，确认发包及上交收入的实现。年终，按照权责发生制原则，确认应收未收款项的实现。

（三）补助收入的审计

村集体经济组织的补助收入是指村集体经济组织获得的财政等有关部门的补助资金。随着农业税及其附加的取消，村集体经济组织从各级财政部门获得的补助收入会越来越多。

村集体经济组织在实际收到上级有关部门的补助款或取得有关收取款项的凭据时，确认补助收入的实现。

对补助收入的审计主要是审查核对总账与补助收入明细账是否一致；审查核对补助收入明细账与相关文件内容是否相符，与对应的现金日记账、银行存款日记账或应收款明细账等是否相符；审查收款收据存根联与记账联是否相符等，以验证补助收入的真实、完整性。

（四）投资收益的审计

投资收益是指农村集体经济组织对外投资所获得的收益以及承担的投资亏损。审计时要关注投资收益是否按照会计制度的要求完整、正确、及时地记录在总分类账与明细分类账中；审查总账与明细账是否相符合，是否按投资合同或协议的规定收取收益并如实入账。

（五）其他收入的审计

农村集体经济组织的其他收入是指除经营收入、发包及上交收入和补助收入以外的收入。比如，罚款收入、存款利息收入、固定资产及库存物资的盘盈收入、固定资产清理净收益，确实无法支付的应付款项等。

村集体经济组织在发生固定资产、产品物资盘盈，实际收讫利息、罚款等款项时，确认其他收入的实现。

对其他收入进行审计时主要是审查账务处理有无漏洞以及收入是否全部入账等。具体审查时通过核对其他收入明细账与对应的现金日记账、银行存款日记账、银行对账单、应收款明细账或内部往来账是否相符以及收款收据存根联与记账联是否相符等程序，来验证各项收入的真实、完整。

五、费用审计

费用是指集体经济组织在进行生产经营和管理活动时所发生的各种耗费的总和，对于村集体经济组织而言，其费用项目主要有三项：经营支出、管理费用和其他支出。

（一）费用的核算要求

（1）遵循权责发生制原则。根据权责发生制原则的要求，对于村集体经济组织在一定期间内发生的各项业务，凡是符合费用确认标准的本期费用，不论其款项是否付出，均应作为本期费用处理；反之，凡是不符合费用确认标准的款项，即使在本期付出，也不能作为本期费用处理，从而真实地反映村集体经济组织的财务状况和经营成果。

（2）严格划分费用支出的界限。要区分收益性支出与对外投资的界限，收益性支出与公积公益金支出的界限，收益性支出与购建固定资产支出的界限，收益性支出与往来结算款项的界限，收益性支出内部各项目的界限。

(3) 合理进行收支配比。所谓配比是指会计核算中应将收入与其相应的成本、费用相互配合，从而真实反映村集体经济组织的经营成果。

(4) 正确区分费用的不同性质。不同性质的费用分别在不同的账户中反映，不得混淆各种费用的界限。

(二) 经营支出的审计

村集体经济组织的经营支出是指村集体经济组织因销售商品、农产品、对外提供劳务等活动而发生的实际支出，包括销售商品或农产品的成本、销售牲畜或林木的成本、对外提供劳务的成本、维修费、运输费、保险费、产役畜的饲养费用及其成本摊销、经济林木投产后的管护费用及其成本摊销等。

对经营支出的审计主要是审查各项支出是否合理合法，有无乱支、超计划支出以及有无其他不应列入经营支出的费用。

(三) 管理费用的审计

管理费用是指村集体经济组织管理活动发生的各项支出，包括村集体经济组织管理人员及固定员工的工资、办公费、差旅费、管理用固定资产折旧费和维修费等。

对于管理费支出的审计要根据各单位实际情况，对办公费用实行定项限额，遵循节约原则，严加审查有无超规定超标准开支、重复报销，以及巧立名目、任意挥霍浪费的现象。

(四) 其他支出的审计

其他支出是指村集体经济组织与经营管理活动无直接关系的支出，包括集体经济组织的借款利息支出、固定资产及库存物资盘亏和非常损失、固定资产清理净损失、防汛抢险支出、坏账损失、接受罚款等支出。村集体经济组织要逐步建立健全支出的预算制度，量入为出，对非经营性开支要实行总量控制，不得超支。

六、收益及收益分配审计

收益是指农村集体经济组织在一定期间（月、季、年）内生产经营、服务和管理活动所取得的净收入，也即是收入和费用配比的结果，是收入与费用的差额。村集体经济组织的收益来源于多种渠道，其收益总额等于经营收益、补助收入以及其他收支净额的总和。

收益分配，就是指把当年村集体经济组织的财务成果，即村集体经济组织当年的收益总额连同以前年度的未分配收益按照一定的标准进行合理的分配。收益分配体现的是国家、集体、所有者以及农户个人之间的经济利益关系，也是保障村集体经济组织自主权和加强村集体经济组织经济责任重要性的重要步骤，具有很强的政策性。

第九章　完善农村土地制度

第一节　认识土地流转

在一个较长时期内，大部分地区的土地使用权流转和租赁市场很不活跃。直到20世纪90年代的中期以前，土地使用权流转的发生率一直是偏低的。近几年，随着农村产业结构战略性调整，非农产业的发展和农村富余劳动力的流动；加上农业产业化和农村现代化建设的推进，农地流转的规模开始扩大，速度开始加快，我国农地使用权市场初步形成。但无论从流转规模上还是流转机制的市场化程度上，总体上仍处于一个较低的水平。目前我国农村土地流转的形式多样，总体来看主要有以下几种。

一、互换

承包方之间为方便耕种或者各自需要，可以对属于同一集体经济组织的土地的土地承包经营权进行互换，并向发包方备案。这种开式适合因扩大专业生产规模，需要把土地相对集中成片或由于耕种不便，需要调整土地位置的农户流转土地。

二、转让

指承包方经发包方同意，可以将全部或者部分的土地承包经营权转让给本集体经济组织的其他农户，由该农户同发包方确立新的承包关系，原承包方与发包方在该土地上的承包关系即行终止。这种形式适合在非农产业已取得稳定收入来源或由于人口变化自愿放弃土地承包权的农户。

采取以上两种方式流转的农户，当事人可以向登记机构申请登记。未经登记，不得对抗善意第三人。土地经营权人有权在合同约定的期限内占有农村土地，自主开展农业生产经营并取得收益。

三、出租（转包）

出租（转包）是土地自发流转的主要形式，农民将承包的部分或全部土地使用权，在一定期限内转包给第三者，原土地承包关系不变，原承包方继续履行土地承包合同规定的权利和义务，承租方向出租方交付一定的转包金或承租双方商定其他条款。这种形式适合因从事非农产业或其他原因暂时无力经营，又不愿放弃土地的农户流转土地。目前这是农村土地流转的主要形式。

四、入股

指“土地所有权是集体的、承包经营权是农民的”前提下，把土地经营权量化成股份，通过入股形式，把农民的土地经营权集中起来，由组建的“农业股份合作公司”集中

经营，农民在交出土地经营权的同时，即成为该公司股东，原土地承包关系不变。这种形式适合农业产业化经营发展较好，龙头企业实力较强且与农户联系比较紧密的地区流转土地。

第二节 规范引导土地流转

一、土地流转必须坚持的原则

（一）坚持农村土地承包关系长期稳定的原则

农户的土地承包权是国家赋予农户的基本权利，对承包土地依法享有自主的使用权、收益权和流转权，是农民拥有长期而有保障的土地使用权的具体体现。只有保持农村土地承包关系的长期稳定，才能依法保护土地承包经营权，促进土地流转，提高土地经营效益。

（二）平等协商原则

平等协商就是土地承包经营权流转当事人的法律地位是平等的。尽管承包方生产规模小、经济实力弱、社会影响力低，但不能因此就受到歧视。受让方不能凌驾于承包方之上。在土地承包经营流转这个问题上，不允许出现一方强迫另一方的事情。

（三）自愿原则

自愿是土地承包经营权流转的最基本原则。土地承包经营权是否流转、以何种方式流转，是承包方自己的事，这是农民拥有长期而有保障的农村土地使用权的具体体现。土地承包经营权流转的主体是承包方，承包方有权依法自主决定土地承包经营权是否流转和流转的方式，任何组织和个人不得强迫或阻碍农民流转土地承包经营权。强迫承包方进行土地承包经营权流转的，该流转无效。

在当前要特别注意防止土地承包经营权流转管理中的两种倾向：一是无所作为，放任自流，使农村土地承包经营权流转处于无序状态；二是行政包办代替，违背农民意愿，不顾条件，强行推动流转，损害农民的承包权益。

（四）有偿原则

有偿土地承包经营权流转的转包费、租金、转让费等，应当由当事人双方协商确定。流转的收益归承包方所有，任何组织和个人不得擅自截留、扣缴。承包方流转土地承包经营权，可以向受让方收取一定的费用，也可以免费。无论是否收取费用，都是承包方与受让方自愿协商的结果。流转中产生的收益全部归承包方所有。流转当事人的收益受法律保护，任何组织和个人擅自截留、扣缴土地承包经营权流转收益的，应当退还。

（五）不得改变土地所有权的性质和土地的农业用途

不管采取何种流转形式，土地承包和流转的当事人都不能改变土地的所有权性质。实行农地农用，保护基本农田面积稳定是关系子孙后代和可持续发展的大事。国家把保护耕地已列入基本国策，耕地必须保证其农业用途。但有个别组织或企业等，通过土地承包经营权流转，出现了绕过《土地管理法》，明为农业开发，实为圈占耕地的现象。耕地被圈占，许多农民沦为既失地、又失业的无业人员，最终将演变成为严重的社会问题。土地承包经营权流转必须严格控制流转土地的用途，保证其真正用于农业生产经营。凡是改变土地用途的流转都不能认定为土地承包经营权流转，应依法办理土地转用手续。要切实加强农用地管理，防止借土地承包经营权流转之名非法改变耕地的农业用途。

（六）流转的期限不得超过承包期的剩余期限

承包方的承包期限应自承包合同签订之日起取得。根据《农村土地承包法》的规定，耕地的承包期为30年，其他土地的承包期更长。承包方拥有农村土地的使用权，即土地承包经营权的有效时限与承包期是一致的，超过了这个时限，承包方就没有对承包土地的支配权。因此，承包方流转土地承包经营权不能超过法定的土地承包期剩余期限。在土地承包经营权流转中，乡镇政府或村级组织未经承包方授权对外许诺流转期限，是违反法律规定的。同样，承包方自愿流转土地承包经营权，流转期超过剩余承包期的，也是违反法律规定的。超过剩余承包期的任何承诺都不受法律保护。

（七）受让方必须有农业经营能力

农用地在坚持农业用途原则的同时，还必须保证土地承包经营权流转的受让方有农业经营能力，这是保护土地资源、实现土地可持续利用的基本保证。受让方农业经营能力的认定，应包括受让方本身是否有农业经营能力、受让方承接了流转的土地后是否从事农业经营。没有农业经营能力，就不能保证其承租农户承包地的行为符合农业用途的原则，就有改变土地承包经营权流转性质的可能。

（八）在同等条件下，本集体经济组织成员优先

先其目的是鼓励土地承包经营权依法向本集体经济组织内的成员集中，以稳步扩大农业经营户的土地经营规模，发展土地适度规模经营。农户流转自己的土地承包经营权，应按照市场经济原则选择合适的受让方，受让方可以是本集体经济组织成员，也可以不是。但在同等条件下，选择本集体经济组织成员作为受让方，更有利于本集体经济组织对土地承包经营权流转情况和农业经营情况进行监管，有利于提高本集体经济组织内部的农户家庭承包经营规模。

二、加强农村土地流转的规范化运作

（一）规范土地流转形式

农村土地承包经营权，可以依法采取互换、转让、出租（转包）、入股或者其他方式流转。

（二）规范土地流转程序

（1）签订流转合同。农村土地承包经营权流转双方应当有清晰的流转意愿表达，并以书面形式签订合同。流转合同应当包括以下条款：①流转双方当事人的名称及住所。②流转期限和起止日期。③流转土地的名称、坐落、面积、质量等级和土地用途。④流转方式。⑤流转土地的用途。⑥流转价款和付款方式。⑦双方当事人的权利和义务。⑧合同的变更与解除。⑨违约责任。⑩约定的其他条款。⑪土地被依法征收、征用、占用时有关补偿费的归属乡土地承包管。理部门应当及时向流转双方提供河北省农业厅印制的流转合同书式样，并指导签订。

GF－2021－2606　　　合同编号：□□□□□□□□□□□□□□□□□□

农村土地经营权出租（转包）合同

（示范文本）

农　业　农　村　部
国家市场监督管理总局　　制定

二〇二一年九月

使用说明

一、本合同为示范文本，由农业农村部与国家市场监督管理总局联合制定，供农村土地（耕地）经营权出租（含转包）的当事人签订合同时参照使用。

二、合同签订前，双方当事人应当仔细阅读本合同内容，特别是其中具有选择性、补充性、填充性、修改性的内容；对合同中的专业用词理解不一致的，可向当地农业农村部门或农村经营管理部门咨询。

三、合同签订前，工商企业等社会资本通过出租取得土地经营权的，应当依法履行资格审查、项目审核和风险防范等相关程序。

四、本合同文本中相关条款后留有空白行，供双方自行约定或者补充约定。双方当事人依法可以对文本条款的内容进行修改、增补或者删减。合同签订生效后，未被修改的文本印刷文字视为双方同意内容。

五、双方当事人应当结合具体情况选择本合同协议条款中所提供的选择项，同意的在选择项前的□打√，不同意的打×。

六、本合同文本中涉及到的选择、填写内容以手写项为优先。

七、当事人订立合同的，应当在合同书上签字、盖章或者按指印。

八、本合同文本“当事人”部分，自然人填写身份证号码，农村集体经济组织填写农业农村部门赋予的统一社会信用代码，其他市场主体填写市场监督管理部门赋予的统一社会信用代码。

九、本合同编号由县级以上农业农村部门或农村经营管理部门指导乡（镇）人民政府农村土地承包管理部门按统一规则填写。

根据《中华人民共和国民法典》《中华人民共和国农村土地承包法》和《农村土地经营权流转管理办法》等相关法律法规，本着平等、自愿、公平、诚信、有偿的原则，经甲乙双方协商一致，就土地经营权出租事宜，签订本合同。

一、当事人

甲方（出租方）：

□社会信用代码：________________

□身份证号码：________________

法定代表人（负责人/农户代表人）：

身份证号码：________________

联系地址：________________联系电话：____________

经营主体类型：□自然人□农村承包经营户□农民专业合作社□家庭农场□农村集体经济组织□公司□其他：________

乙方（承租方）：______________

□社会信用代码：______________

□身份证号码：

法定代表人（负责人/农户代表人）：

身份证号码：________________

联系地址：________________联系电话：

经营主体类型：□自然人□农村承包经营户□农民专业合作社□家庭农场□公司□其他：

二、租赁物

（一）经自愿协商，甲方将________亩土地经营权（具体见下表及附图）出租给乙方。

序号	村（组）	地块名称	地块代码	坐落（四至）				面积（亩）	质量等级	土地类型	承包合同代码	备注
				东	南	西	北					
1												
2												
3												

（二）出租土地上的附属建筑和资产情况现状描述：

____

____

出租土地上的附属建筑和资产的处置方式描述（可另附件）：

____

____

三、出租土地用途

出租土地用途为____。

四、租赁期限

租赁期限自________年________月________日起至________年________月________日止。

五、出租土地交付时间

甲方应于________年________月日前完成土地交付。

六、租金及支付方式

（一）租金标准

双方当事人选择第________种租金标准。

1. 现金。即每亩每年人民币________元（大写：________）。

2. 实物或实物折资计价。即每亩每年________________公斤（大写：________）□小麦□玉米□稻谷□其他：________或者同等实物按照□市场价□国家最低收购价为标准折合成货币。

3. 其他：____。

租金变动：根据当地土地流转价格水平，每________年调整一次租金。具体调整方式：____。

（二）租金支付

双方当事人选择第________种方式支付租金。

1. 一次性支付。乙方须于________年________月________日前支付租金________元（大写：________________）。

2. 分期支付。乙方须于每年________月________日前支付（□当□后一）年租金________元（大写：________________）。

3. 其他：____。

（三）付款方式

双方当事人选择第________种付款方式。

1. 现金

2. 银行汇款

甲方账户名称：________________________________

银行账号：________________________________

开户行：________________________________

3. 其他：____。

七、甲方的权利和义务

（一）甲方的权利

1. 要求乙方按合同约定支付租金；

2. 监督乙方按合同约定的用途依法合理利用和保护出租土地；

3. 制止乙方损害出租土地和农业资源的行为；

4. 租赁期限届满后收回土地经营权；

5. 其他：____。

（二）甲方的义务

1. 按照合同约定交付出租土地；

2. 合同生效后________日内依据《中华人民共和国农村土地承包法》第三十六条的规定向发包方备案；

3. 不得干涉和妨碍乙方依法进行的农业生产经营活动；

4. 其他：____。

八、乙方的权利和义务

（一）乙方的权利

1. 要求甲方按照合同约定交付出租土地；

2. 在合同约定的期限内占有农村土地，自主开展农业生产经营并取得收益；

3. 经甲方同意，乙方依法投资改良土壤，建设农业生产附属、配套设施，并有权按照合同约定对其投资部分获得合理补偿；

4. 租赁期限届满，有权在同等条件下优先承租；

5. 其他：____。

（二）乙方的义务

1. 按照合同约定及时接受出租土地并按照约定向甲方支付租金；

2. 在法律法规政策规定和合同约定允许范围内合理利用出租土地，确保农地农用，符合当地粮食生产等产业规划，不得弃耕抛荒，不得破坏农业综合生产能力和农业生态环境；

3. 依据有关法律法规保护出租土地，禁止改变出租土地的农业用途，禁止占用出租土地建窑、建坟或者擅自在出租土地上建房、挖砂、采石、采矿、取土等，禁止占用出租的永久基本农田发展林果业和挖塘养鱼；

4. 其他：____。

九、其他约定

（一）甲方同意乙方依法

□投资改良土壤、建设农业生产附属、配套设施

□以土地经营权融资担保□再流转土地经营权

□其他：____

（二）该出租土地的财政补贴等归属：________________________。

（三）乙方向________□缴纳□不缴纳　风险保障金________元（大写：________），合同到期后的处理：____。

（四）本合同期限内，出租土地被依法征收、征用、占用时，有关地上附着物及青苗补偿费的归属：____。

（五）其他事项：____。

十、合同变更、解除和终止

（一）合同有效期间，因不可抗力因素致使合同全部不能履行时，本合同自动终止，甲方将合同终止日至租赁到期日的期限内已收取的租金退还给乙方；致使合同部分不能履行的，其他部分继续履行，租金可以作相应调整。

（二）如乙方在合同期满后需要继续经营该出租土地，必须在合同期满前________日内书面向甲方提出申请。如乙方不再继续经营的，必须在合同期满前________日内书面通知甲方，并在合同期满后________日内将原出租的土地交还给甲方。

（三）合同到期或者未到期由甲方依法提前收回出租土地时，乙方依法投资建设的农业生产附属、配套设施处置方式：

□由甲方无偿处置。

□经有资质的第三方评估后，由甲方支付价款购买。

□经双方协商后，由甲方支付价款购买。

□由乙方恢复原状。

□其他：____。

十一、违约责任

（一）任何一方违约给对方造成损失的，违约方应承担赔偿责任。

（二）甲方应按合同规定按时向乙方交付土地，逾期一日应向乙方支付年租金的万分之________（大写：________）作为违约金。逾期超过________日，乙方有权解除合同，甲方应当赔偿损失。

（三）甲方出租的土地存在权属纠纷或经济纠纷，致使合同全部或部分不能履行的，甲方应当赔偿损失。

（四）甲方违反合同约定擅自干涉和破坏乙方的生产经营，致使乙方无法进行正常的生产经营活动的，乙方有权解除合同，甲方应当赔偿损失。

（五）乙方应按照合同规定按时足额向甲方支付租金，逾期一日乙方应向甲方支付年租金的万分之________（大写：________）作为违约金。逾期超过________日，甲方有权解除合同，乙方应当赔偿损失。

（六）乙方擅自改变出租土地的农业用途、弃耕抛荒连续两年以上、给出租土地造成严重损害或者严重破坏土地生态环境的，甲方有权解除合同、收回该土地经营权，并要求乙方赔偿损失。

（七）合同期限届满的，乙方应当按照合同约定将原出租土地交还给甲方，逾期一日应向甲方支付年租金的万分之________（大写：________）作为违约金。

十二、合同争议解决方式

本合同发生争议的，甲乙双方可以协商解决，也可以请求村民委员会、乡（镇）人民政府等调解解决。当事人不愿协商、调解或者协商、调解不成的，可以依据《中华人民共和国农村土地承包法》第五十五条的规定向农村土地承包仲裁委员会申请仲裁，也可以直接向人民法院起诉。

十三、附则

（一）本合同未尽事宜，经甲方、乙方协商一致后可签订补充协议。补充协议与本合同具有同等法律效力。

补充条款（可另附件）：____。

（二）本合同自甲乙双方签字、盖章或者按指印之日起生效。本合同一式________份，由甲方、乙方、农村集体经济组织、乡（镇）人民政府农村土地承包管理部门、________________________，各执一份。

甲方： 乙方：

法定代表人（负责人/农户代表人）签字： 法定代表人（负责人/农户代表人）签字：

签订时间：________年________月________日 签订时间：________年________月________日

签订地点：________________________ 签订地点：________________

发包方（盖章） 乡、镇人民政府（盖章）

附件清单：

序号	附件名称	是否具备	页数	备注
1	甲方、乙方的证件复印件			
2	出租土地的权属证明			
3	出租土地四至范围附图			
4	其他（例如：附属建筑及设施清单、村民会议决议书及公示材料、代办授权委托书和证件复印件等）			
共计 份， 页。				

GF－2021－2607　　　　　　合同编号：

□□□□□□□□□□□□□□□□□□

农村土地经营权入股合同

（示范文本）

农　业　农　村　部
国家市场监督管理总局　　制定

二〇二一年九月

使用说明

一、本合同为示范文本，由农业农村部与国家市场监督管理总局联合制定，供农村土地（耕地）经营权入股的当事人签订合同时参照使用。

二、合同签订前，双方当事人应当仔细阅读本合同内容，特别是其中具有选择性、补充性、填充性、修改性的内容；对合同中的专业用词理解不一致的，可向当地农业农村部门或农村经营管理部门咨询。

三、合同签订前，工商企业等社会资本通过入股取得土地经营权的，应当依法履行资格审查、项目审核和风险防范等相关程序。

四、本合同文本中相关条款后留有空白行，供双方自行约定或者补充约定。双方当事人依法可以对文本条款的内容进行修改、增补或者删减。合同签订生效后，未被修改的文本印刷文字视为双方同意内容。

五、双方当事人应当结合具体情况选择本合同协议条款中所提供的选择项，同意的在选择项前的□打√，不同意的打×。

六、本合同文本中涉及到的选择、填写内容以手写项为优先。

七、当事人订立合同的，应当在合同书上签字、盖章或者按指印。

八、本合同文本"当事人"部分，自然人填写身份证号码，农村集体经济组织填写农业农村部门赋予的统一社会信用代码，其他市场主体填写市场监督管理部门赋予的统一社会信用代码。

九、本合同编号由县级以上农业农村部门或农村经营管理部门指导乡（镇）人民政府农村土地承包管理部门按统一规则填写。

根据《中华人民共和国民法典》《中华人民共和国农村土地承包法》和《农村土地经营权流转管理办法》等相关法律法规，本着平等、自愿、公平、诚信、有偿的原则，经甲乙双方协商一致，就土地经营权入股事宜，签订本合同。

一、当事人

甲方（入股方）：________________

□社会信用代码：

□身份证号码：

法定代表人（负责人/农户代表人）：____________________

身份证号码：________________

联系地址：________________联系电话：

经营主体类型：□自然人□农村承包经营户□农民专业合作社□家庭农场□农村集体经济组织□公司□其他：

乙方（受让方）：______________

社会信用代码：________________

法定代表人（负责人）：________________

身份证号码：__________________

联系地址：________________联系电话：________________

经营主体类型：□农民专业合作社□公司□其他

二、入股标的物

（一）经自愿协商，甲方将________亩土地经营权（具体见下表及附图）入股乙方。

序号	村（组）	地块名称	地块代码	坐落（四至）				面积（亩）	质量等级	土地类型	承包合同代码	备注
				东	南	西	北					
1												
2												
3												

（二）入股土地上的附属建筑和资产情况现状描述：

____。

入股土地上的附属建筑和资产的处置方式描述（可另附件）：

____

____。

三、入股土地用途

入股土地用途为____。

四、入股期限

入股期限自________年________月________日起至________年________月________日止。

五、入股土地交付时间

甲方应于________________年________月日前完成土地交付。

六、股份分红及支付方式

（一）股份分红标准

双方当事人约定入股土地所占的□出资额________（大写：________________）□股份数________（大写：________________）□其他：________________________。

双方当事人选择第________种股份分红标准。

1. 按股分红。即根据□出资额□股份数□其他：________________________分配盈余或者利润。

2. 保底收益＋按股分红。保底收益每亩每年________元（大写：________），每________年调整一次保底收益。具体调整方式：________________________。

按股分红根据□出资额□股份数□其他：________分配盈余或者利润。

3. 其他：____。

（二）股份分红支付

双方当事人选择第________种方式支付股份分红。

1. 按股分红。乙方须于每年________月________日前分配（□前一□当）年盈余或者利润。

2. 保底收益＋按股分红。乙方须于每年________月________日前支付（□当□后一）年保底收益________元（大写：________）。乙方须于每年________月________日前分配（□前一□当）年盈余或者利润。

3. 其他：____。

（三）付款方式

双方当事人选择第________种付款方式。

1. 现金

2. 银行汇款

甲方账户名称：________________________

银行账号：________________________

开户行：________________________

3. 其他：____。

七、甲方的权利和义务

（一）甲方的权利

1. 要求乙方按合同约定支付股份分红；

2. 按照合同约定和乙方章程规定行使成员或者股东权利；

3. 监督乙方按合同约定的用途依法合理利用和保护入股土地；

4. 制止乙方损害入股土地和农业资源的行为；

5. 入股期限届满后收回土地经营权；

6. 其他：____。

（二）甲方的义务

1. 按照合同约定交付入股土地；

2. 合同生效后________日内依据《中华人民共和国农村土地承包法》第三十六条的规定向发包方备案；

3. 不得干涉和妨碍乙方依法进行的农业生产经营活动；

4. 其他：____。

八、乙方的权利和义务

（一）乙方的权利

1. 要求甲方按照合同约定交付入股土地；

2. 在合同约定的期限内占有农村土地，自主开展农业生产经营并取得收益；

3. 经甲方同意，乙方依法投资改良土壤，建设农业生产附属、配套设施，并有权按照合同约定对其投资部分获得合理补偿；

4. 入股期限届满，有权在同等条件下优先续约；

5. 其他：____。

（二）乙方的义务

1. 按照合同约定及时接受入股土地并按照约定向甲方支付股份分红；

2. 保障甲方按照合同约定和章程规定行使成员或者股东权利；

3. 在法律法规政策规定和合同约定允许范围内合理利用入股土地，确保农地农用，符合当地粮食生产等产业规划，不得弃耕抛荒，不得破坏农业综合生产能力和农业生态环境；

4. 依据有关法律法规保护入股土地，禁止改变入股土地的农业用途，禁止占用入股土地建窑、建坟或者擅自在入股土地上建房、挖砂、采石、采矿、取土等，禁止占用入股的永久基本农田发展林果业和挖塘养鱼；

5. 其他：____。

九、其他约定

（一）甲方同意乙方依法

□投资改良土壤□建设农业生产附属、配套设施

□以土地经营权融资担保□再流转土地经营权

□其他：____。

（二）该入股土地的财政补贴等归属：________________________。

（三）乙方向________□缴纳□不缴纳　风险保障金________元（大写：________），合同到期后的处理：____。

（四）本合同期限内，入股土地被依法征收、征用、占用时，有关地上附着物及青苗补偿费的归属：____。

（五）其他事项：____。

十、合同变更、解除和终止

（一）合同有效期间，因不可抗力因素致使合同全部不能履行时，本合同自动终止，甲方将合同终止日至入股到期日的期限内已收取的股份分红退还给乙方；致使合同部分不

能履行的，其他部分继续履行，股份分红可以作相应调整。

（二）如乙方在合同期满后需要继续经营该入股土地，必须在合同期满前________日内书面向甲方提出申请。如乙方不再继续经营的，必须在合同期满前________日内书面通知甲方，并在合同期满后________日内将原入股的土地交还给甲方。

（三）合同到期或者未到期由甲方依法提前收回入股土地时，乙方依法投资建设的农业生产附属、配套设施处置方式：

□由甲方无偿处置。

□经有资质的第三方评估后，由甲方支付价款购买。

□经双方协商后，由甲方支付价款购买。

□由乙方恢复原状。

□其他：____。

十一、违约责任

（一）任何一方违约给对方造成损失的，违约方应承担赔偿责任。

（二）甲方应按合同规定按时向乙方交付土地，逾期一日应向乙方支付________元（大写：________________）违约金。逾期超过________日，乙方有权解除合同，甲方应当赔偿损失。

（三）甲方入股的土地存在权属纠纷或经济纠纷，致使合同全部或部分不能履行的，甲方应当赔偿损失。

（四）甲方违反合同约定擅自干涉和破坏乙方的生产经营，致使乙方无法进行正常的生产经营活动的，乙方有权解除合同，甲方应当赔偿损失。

（五）乙方应按照合同规定按时足额向甲方支付股份分红，逾期一日应向甲方支付________元（大写：________）违约金。逾期超过________日，甲方有权解除合同，乙方应当赔偿损失。

（六）乙方擅自改变入股土地的农业用途、弃耕抛荒连续两年以上、给入股土地造成严重损害或者严重破坏土地生态环境的，甲方有权解除合同、收回该土地经营权，并要求乙方赔偿损失。

（七）合同期限届满的，乙方应当按照合同约定将原入股土地交还给甲方，逾期一日应向甲方支付________元（大写：________________）违约金。

十二、合同争议解决方式

本合同发生争议的，甲乙双方可以协商解决，也可以请求村民委员会、乡（镇）人民政府等调解解决。当事人不愿协商、调解或者协商、调解不成的，可以依据《中华人民共和国农村土地承包法》第五十五条的规定向农村土地承包仲裁委员会申请仲裁，也可以直接向人民法院起诉。

十三、附则

（一）本合同未尽事宜，经甲方、乙方协商一致后可签订补充协议。补充协议与本合同具有同等法律效力。

补充条款（可另附件）：________________________。

（二）本合同自甲乙双方签字、盖章或者按指印之日起生效。本合同一式______份，由甲方、乙方、农村集体经济组织、乡（镇）人民政府农村土地承包管理部门、____________，各执一份。

甲方：　　　乙方：

法定代表人（负责人/农户代表人）签字：　　　　法定代表人（负责人）签字：

签订时间：______年______月______日　　签订时间：______年______月______日

签订地点：______________　　签订地点：______

发包方（盖章）　　　　　　乡、镇人民政府（盖章）

附件清单：

序号	附件名称	是否具备	页数	备注
1	甲方、乙方的证件复印件			
2	入股土地的权属证明			
3	入股土地四至范围附图			
4	其他（例如：附属建筑及设施清单、村民会议决议书及公示材料、代办授权委托书和证件复印件等）			
共计　　份，　　页。				

（2）备案。土地承包经营权互换、转让的，当事人要经发包方同意，受让方应当与发包方重新签订承包合同。当事人也可以向登记机构申请登记。未经登记，不得对抗善意第三人。承包方可以自主决定依法采取出租（转包）、入股或者其他方式向他人流转土地经营权，并向发包方备案。

（3）申请鉴证。流转双方可以向乡人民政府申请流转合同鉴证，由乡人民政府依法对合同的合法性、可行性进行审查，对符合规定的予以鉴证；对不符合规定的不予鉴证，并指导其进行修订。

（4）申请登记。采取互换、转让方式流转土地承包经营权，当事人申请办理土地承包经营权登记的，县级农业（农经）行政主管部门应当予以受理，并依照农业部印发的《农

村土地承包经营权证管理办法》的规定办理。

(5) 建档。乡、镇人民政府应当建立农村土地承包经营权流转情况登记册，及时准确记载农村土地承包经营权流转情况。以出租（转包）、入股或者其他方式流转的，及时办理相关登记；以转让、互换方式流转承包土地的，及时办理有关承包合同和土地承包经营权证变更等手续。乡、镇人民政府应当对农村土地承包经营权流转合同及有关文件、文本、资料等进行归档并妥善保管。流转五年以上的土地流转合同可一式五份，甲、乙双方，乡镇、村及当地农业主管部分或当地档案馆妥善保管一份。)

（三）规范土地流转管理

土地流转主要应在农户之间进行。对于承包方自愿委托发包方或中介组织流转其承包土地的，应当由承包方出具土地流转委托书。没有承包方的书面委托，任何组织和个人无权以任何方式决定流转农户的承包土地。确定土地流转的价格要公平合理，并充分考虑到今后土地升值和物价变化等因素 6 由乡（镇）政府或村级组织出面租赁农户的承包地再进行转租或发包的"反租倒包"应予制止；工商企业投资开发农业，应当主要从事产前、产后服务和"四荒"资源开发，采取公司加农户和订单农业的方式，带动农户发展产业化经营。各地不得提倡工商企业长时间、大面积租赁和经营农户承包地。土地依照法律和政策由企业、外商、大户租赁后，村集体经济组织或村民委员会以及县、乡主管机关要切实加强监督管理。一方面要加强对合同履行情况的监管，确保合同条款的落实，特别是租金的按时兑现；另一方面要对经营者的土地使用情况进行监督，不得擅自改变土地的农业用途。各设区市农业（农经）行政主管部门要开展土地流转工作执法检查，及时发现和处理土地流转工作中的违规、违法问题；县（市、区）农业（农经）行政主管部门和乡、村，要切实履行职责，积极指导土地流转合同的签订、变更、解除工作，妥善调解和处理土地流转纠纷，促进土地流转规范化发展。

（四）培育和规范各种类型的土地流转中介组织

目前，有些地方通过建立土地信托服务中心等中介服务组织，及时、全面、准确地掌握土地流转的动态，为流转双方提供信息、中介或担保服务。这种做法只要以服务农户为主，不与农民争利，不违反现行法律应予支持。从事农村土地承包经营权流转服务的中介组织，应当向县级以上地方人民政府农业（农经）行政主管部门备案并接受其指导，依照法律和有关规定提供流转中介服务。各级农业（农经）行政主管部门要加强服务、管理和监督，确保这一新生事物始终沿着健康的轨道规范发展。

第三节　完善我国农村土地制度的措施

一、健全严格规范的农村土地管理制度

土地是国家的宝贵资源，只有建立与生产力发展相适应的土地制度和法律，才能保护好、发展好。如果这样的制度不建设好，仅靠人治是不行的。农村基层干部是国家和农民之间的桥梁纽带，但是，他们中间有一部分人素质不是很高，在现行体制下，管好用好土地存在问题较多。国家应设立专门的农村土地管理机构，负责对农地的分配、经营和管理。土地的承包、转让、征占都要制定严格的法规、制度。按照产权明晰、用途管制、节约集约、严格管理的原则，进一步健全严格规范的农村土地管理制度。

二、确立长久的土地承包制度

适应现代形式的语言：土地关系是农村最基本的生产关系，以土地制度为核心的基本经营制度是党在农村的政策基石。国家利用五年时间对农村家庭承包土地进行确权登记，明确了承包土地的地块、面积、空间位置等信息并为农户颁发了土地承包经营权证书。党的十九大提出《中共中央 国务院关于保持土地承包关系稳定并长久不变的意见》，明确了巩固和完善家庭承包经营制度的基本方向，明确了保持土地承包关系长期稳定的基本原则。“两不变、一稳定”，即保持土地集体所有、家庭承包经营的基本制度长久不变，确保农民集体有效行使土地所有权、集体成员平等享有土地承包权；保持农户依法承包集体土地的基本权利长久不变，家庭经营在农业生产经营中居于基础性地位；农村集体经济组织成员有权依法承包集体土地，任何组织和个人都不能剥夺和非法限制。保持农户承包地稳定，农民家庭是土地承包经营的法定主体，严禁发包方及其他经济组织或个人违法调整。第二轮土地承包到期后应坚持延包原则，不得将承包地打乱重分，确保绝大多数农户原有承包地继续保持稳定。第二轮土地承包到期后再延长三十年，农村土地承包关系从第一轮承包开始保持稳定长达七十五年，这是实行“长久不变”的重大举措，也是具体体现。

三、完善规范征地制度

中央应抓紧完善相关法律法规和配套政策，完善规范征地制度。要求严格界定公益性和经营性建设用地，逐步缩小征地范围，完善征地补偿机制。首先，《土地管理法》规定“国家为了公共利益的需要，可以依法对集体所有的土地实行征用”。《决定》明确界定政府征地权，主要限于公益性征地，不能征用经营性用地。所谓公益性用地，是指国家财政出资，完全用于公共事业、非营利性的建设用地。其次，《决定》强调逐步缩小征地范围，完善征地补偿机制，按照同地同价原则及时足额给农村集体组织和农民合理补偿，解决好被征地农民就业、住房、社会保障。也就是在减少征地、保护耕地的同时，提高补偿标准，妥善安置失地农民。

四、完善土地承包经营权的流转制度

坚持“依法、自愿、有偿”的土地流转原则。具体政策上要注意三点：要确保农户在土地流转中的主体地位。坚持土地流转双方自愿协商，互惠互利。自行选择流转形式、流转期限和补偿标准等。保障农民在土地流转中的利益，切实做到流转收益归农户。要坚持“因地制宜，形式多样化”的土地流转方式。在形式上，可根据当地发展水平和群众意愿，采取反租倒包、转包（转让）、租赁、股份合作、互换等形式；在价格上，可以通过招标经营等形式，由市场确定，也可以在坚持公平合理前提下，由双方协商或市场评估而定；在期限上，既可以长期流转，也可以季节流转。土地承包经营权流转要做到“三不”。即不得改变土地所有制性质，不得改变土地用途，不得损害农民土地承包权益，就是要确实保障农民对承包土地的占有、使用、收益等权利。坚守 18 亿亩耕地红线，保证国家粮食安全。

五、完善农村宅基地制度

中央强调严格宅基地管理，依法保障农户宅基地用益物权。明确指出农村宅基地和村庄整理所节约的土地，要复垦为耕地。如果调剂为建设用地，必须符合土地利用规划建设用地。

参考文献

[1] 中央农业广播电视学校组. 农村财务管理 [M], 北京：中国农业出版社，2019.

[2] 李锦顺. 农业产业化经营与农业技术推广工作创新 [M], 北京：华龄出版社，2022.

[3] 刘德江，饶晓娟. 生态农业技术 [M], 北京：中国农业大学出版社，2021.

[4] 吕玉霞. 农业技术培训的创新研究 [M], 长春：吉林科学技术出版社，2020.

[5] 王迎宾. 农业技术推广 [M], 北京：化学工业出版社，2020.

[6] 李大红，蒋炳伸，孔少华. 现代生态农业技术研究 [M], 北京：现代出版社，2018.

[7] 姚杰章，戴琼.《农村集体经济组织财务制度》解读与应用 [M], 北京：中国财政经济出版社，2022.

[8] 农业农村部农村合作经济指导司. 全国农村财务管理规范化建设典型案例 [M], 北京：中国农业出版社，2021.

[9] 肖晓英. 农业科研事业单位财务管理与实践 [M], 沈阳：辽宁大学出版社有限责任公司，2021.

[10] 平准. 农业企业会计核算与纳税、财务报表编制实务 [M], 北京：人民邮电出版社，2020.

[11] 孙万刚等. 农业科研单位财务管理实践与创新 [M], 北京：中国农业出版社：农村读物出版社，2020.

[12] 徐静，潘艳坤. 农村财务管理 [M], 北京：中国农业出版社，2020.